U0353504

装备科技译著出版基金

胶体纳米晶太阳电池

Solar Cells Based on Colloidal Nanocrystals

［德］ Holger Borchert　著

黄庆红　译

黄庆梅　审

国防工业出版社

·北京·

著作权合同登记　图字:军-2016-147号

图书在版编目(CIP)数据

胶体纳米晶太阳电池／(德)霍尔格·博尔歇特
(Holger Borchert) 著;黄庆红译. —北京:国防工
业出版社,2017.7
书名原文:Solar Cells Based on Colloidal Nanocrystals
ISBN 978-7-118-11333-4

Ⅰ. ①胶... Ⅱ. ①霍...②黄... Ⅲ. ①纳米材料-应
用-太阳能电池-研究 Ⅳ. ①TM914.4

中国版本图书馆 CIP 数据核字(2017)第 183143 号

※

国防工业出版社 出版发行
(北京市海淀区紫竹院南路23号　邮政编码100048)
北京嘉恒彩色印刷有限责任公司印刷
新华书店经售
*
开本 710×1000　1/16　插页8　印张13¼　字数232千字
2017年7月第1版第1次印刷　印数1—2000册　定价79.00元

(本书如有印装错误,我社负责调换)

国防书店:(010)88540777　　发行邮购:(010)88540776
发行传真:(010)88540755　　发行业务:(010)88540717

谨以此书献给我的父亲和母亲,感谢他们的培养和教育

——译者

译 者 序

　　全球对清洁能源的需求在日益增长,需要开发更加环境友好的清洁能源。太阳电池作为清洁能源日益受到人们的重视。目前,最常用的太阳电池技术是将晶体硅作为光敏材料。相对新型的太阳电池是有机太阳电池,其光敏层是能够传导载流子的有机材料。有机太阳电池具有生产成本低、可在柔性衬底安置等优势,但具有转换效率低和使用寿命短的问题。为克服这些问题,有机材料和无机胶体纳米晶相结合的杂化太阳电池应运而生。胶体纳米晶具有部分可控的物理和化学特性,从而为杂化太阳电池带来生机勃勃的创新潜力。

　　本书针对太阳电池这一迅猛发展的清洁能源领域,详细介绍了胶体纳米晶太阳电池的基本原理、技术现状和相关材料的光电特性。主要内容包括:胶体半导体纳米晶和导电聚合物的物理与化学特性,胶体半导体纳米晶和导电聚合物的 X 射线光电子能谱,吸收和光致发光谱以及电子自旋共振光谱;利用电子显微镜测定胶体纳米晶的粒子尺寸,利用循环伏安法分析胶体半导体纳米晶缺陷态;对各种胶体纳米晶太阳电池的特性分析,包括杂化聚合物/纳米晶太阳电池,无机纳米晶(镉化合物、铅化合物)作有源层太阳电池,量子点敏化太阳电池,导电聚合物、富勒烯和半导体纳米晶三元混合物体异质结太阳电池。本书的重点是,在无机太阳电池和有机太阳电池之间开辟一条二者兼容的光伏技术路径。作者利用完备的实验技术手段,尝试将不同种类的有机聚合物与无机纳米材料(晶硅、镉化合物、铅化合物)相组合,测试组合材料系统的电荷输运性质,既有界面施主﹣受主电荷转移的理论分析,还有胶体纳米晶太阳电池的伏安测量、载流子迁移率测量等实验表征手段。这也是本书与其他只关注太阳电池的理论设计或实际应用书籍的最大区别。

　　本书适用于太阳电池或光伏技术领域的科学和技术工作者,是开展胶体纳米晶太阳电池领域研究和产品开发的一本技术参考书。本书还可以作为专业教科书,为大专院校物理学、化学、材料科学和相关专业的师生提供参考。

　　本书出版得到了工业和信息化部电子科学技术情报研究所军工电子研究部和科技处的大力支持,同时得到了中国电子材料行业协会常务副秘书长袁桐女士和保定英利绿色能源控股有限公司首席技术官/光伏材料与技术国家重点实验室主任宋登元博士的鼎力协助,得到复旦大学物理系蔡群教授对相关术语的翻译指教,并且得到国防工业出版社牛旭东责任编辑的热心指导和具体帮助,特此致以衷心的感谢!

黄庆红

2017 – 5 – 14

前　　言

胶体纳米晶太阳电池是一个正在快速发展的研究领域。当晶体颗粒的物理尺寸降低到纳米尺度时,晶体颗粒的许多物理和化学特性会发生显著变化。这为调节材料性质以用于特定场合敞开了机遇之门。半导体纳米晶通过与导电聚合物(或无机吸收层)相结合,可作为有效吸收太阳光的可调材料,应用于薄膜太阳电池。因而,利用液体介质合成纳米尺度颗粒的化学方法为从溶液沉积制备吸收层提供了可行性。而且与有机太阳电池相类似,相对简单和有成本效益的工艺如印刷技术可用于制造所需薄膜。

有机太阳电池是一个相对年轻和正在开发的领域,近年来已经出版数本书对此技术进行全面综述和深入探讨。将导电聚合物与无机半导体纳米晶相结合的杂化系统方法在有机太阳电池或有机电子器件的论著中有所涉及,但是专门论述无机纳米晶太阳电池的著作尚属罕见。此外,近年来基于纳米颗粒的太阳电池已经取得突飞猛进的发展,具有其特殊性,值得在专著中集中论述其进展。这正是我写这本书的主要原因和动机。

对胶体纳米晶太阳电池的研究横跨数个学科,覆盖物理学、化学和材料科学的许多方面。本书旨在为涉及的各学科之间搭起桥梁,将不同领域的重要基础原理融入一个应用领域。本书汇集了相关材料和不同类型纳米粒子太阳电池的研究现状,为研究人员、博士、学生、工程师以及其他有兴趣应用胶体纳米粒子太阳电池的技术人员提供参考。本书还可以作为先进的教科书,辅导物理学、化学、材料科学和相关领域的专业讲座。

本书由三部分组成:第1部分阐述胶体纳米晶和导电聚合物的总体特性;第2部分聚焦于相关领域的材料表征方法选择,给出不同方法的简单介绍,讨论了各种方法在探索材料和太阳电池特性中的应用潜力;第3部分描述了太阳电池使用胶体纳米晶的各种概念,总结了此领域研究现状和最新发展趋势。

作为本书作者,我要向支持我写这本书、阅读部分手稿或是帮助我设计本书框架的热心朋友表示衷心感谢。在此我想提到我的妻子,Yulia Borchert 博士,以及现在和以前的同事,Martin Knipper 博士,Marta Kruszynska 博士,Florian Witt 博士,以及 Elizabeth von Hauff 博士、教授。我要向 Jürgen Parisi 博士、教授表示格外感谢。因为是 Jürgen Parisi 教授给我提出计划建议,在他的工作组我获得从事科学研究的机会,而此书正是实验研究的结晶。我希望此书能够提供有用和令人欣喜的工作成果,希望读者喜欢阅读此书。

霍尔格·博尔希特

（Holger Borchert）

2014 年 2 月,于德国奥尔登堡(Oldenburg)

缩　略　语

APCE	Absorbed photon – to – current efficiency	吸收光电转换效率
BHJ	Bulk heterojunction	体异质结
CIS	Copper indium disulfide	二硫化铜铟
CTC	Charge transfer complex	电荷转移复合物
CT state	Charge transfer state	电荷转移态
CV	Cyclic voltammetry	循环伏安法
CVD	Chemical vapor deposition	化学气相沉积
DSSC	Dye – sensitized solar cell	染料敏化太阳电池
EDX	Energy dispersive X – ray analysis	能量色散 X 射线分析
EMA	Effective mass approximation	有效质量近似
EPM	Empirical pseudopotential method	经验赝势法
EPR	Electron paramagnetic resonance	电子顺磁共振
EQE	External quantum efficiency	外量子效率
ESR	Electron spin resonance	电子自旋共振
FEG	Field emission gun	场发射电子枪
FF	Fill factor	填充因子
FIB	Focused ion beam	聚焦离子束
FRET	Förster resonance energy transfer	福斯特共振能量转移
HAADF	High angle annular dark – field	大角环形暗场
HDA	Hexadecylamine	十六烷基胺
HOMO	Highest occupied molecular orbital	最高占有分子轨道
HRTEM	High – resolution transmission electron microscopy	高分辨率透射电子显微术
ICBA	Indene – C_{60} bisadduct	茚 C_{60} 双加成物
ICMA	Indene – C_{60} monoadduct	茚 C_{60} 单加成物
IPCE	Incident photon – to – current efficiency	入射光电转换效率
IQE	Internal quantum efficiency	内量子效率
ITO	Indium tin oxide	铟锡氧化物
LCAO	Linear combination of atomic orbitals	原子轨道线性组合
L – ESR	Light – induced electron spin resonance	光诱导电子自旋共振

LSPR	Localized surface plasmon resonance	局域表面等离子体共振
LUMO	Lowest unoccupied molecular orbital	最低空分子轨道
MDMO – PPV	Poly[2 – methoxy – 5 – (3′,7′ – dimethyloctyloxy) – 1,4 – phenylene vinylene]	聚[2 – 甲氧基 – 5 – (3′,7′ – 二甲基辛氧基) – 1,4 – 苯乙炔]
MEG	Multiple exciton generation	多激子产生
MEH – PPV	Poly[2 – methoxy – 5 – (2′ – ethylhexyloxy) – para – phenylene vinylene]	聚[2 – 甲氧基 – 5 – (2′ – 乙基己氧基) – 对苯乙炔]
MO	Molecular orbital	分子轨道
MPP	Maximum power point	最大功率点
OFET	Organic field effect transistor	有机场效应晶体管
OPV	Organic photovoltaics	有机太阳电池
P3EBT	Poly(3 – (ethyl – 4 – butanoate) thiophene)	聚(3 – (乙基 – 4 – 丁酸甲酯)噻吩)
P3HS	poly(3 – hexylse-lenophene)	聚(3 – 己基硒酚)
P3HT	Poly(3 – hexylthiophene)	聚(3 – 己基噻吩)
P3OT	Poly(3 – octylthiophene)	聚(3 – 辛基噻吩)
PANI	Polyaniline	聚苯胺
PCBM	Phenyl – C_{61} – butyric acid methyl ester	苯基 – C_{61} – 丁酸甲酯
PCE	Power conversion efficiency	功率转换效率
PCPDTBT	Poly[2,6 – (4,4 – bis – (2 – ethylhexyl) – 4H – cyclopenta[2,1 – b;3,4 – b′] dithiophene) – alt – 4,7 – (2,1,3 – benzothiadiazole)]	聚[2,6 – (4,4 – 双 – (2 – 乙基己基) – 4H – 环戊二烯[2,1 – b;3,4 – b′]噻吩) – alt – 4,7 – (苯并噻二唑)]
PDFDPTM	Poly[2,7 – (9,9 – dioctylfluorine) – alt – 2 – ((4 – (diphenylamino) phenyl) thiophen – 2 – yl) malononitrile]	聚[2,7 – (9,9 – 二辛基氟) – alt – 2 – ((4 – (二苯氨基)苯基)噻吩)丙二腈]
PDI	Polydispersity index	多分散指数
PDTPBT	Poly(2,6 – (N – (1 – octylnonyl) dithieno[3,2 – b;20,30 – d]pyrrole) – alt – 4,7 – (2,1,3 – benzothiadiazole))	聚(2,6 – (N – (1 – 辛壬)二噻吩并吡咯) – alt – 4,7 – (苯并噻二唑))
PEDOT;PSS	Poly(3,4 – ethylenedioxythiophene):poly(styrene sulfonate)	聚(3,4 – 乙烯二氧噻吩):聚(苯乙烯磺酸)
PESA	Photoelectron spectroscopy in air	大气中光电子能谱
photo – CELIV	Photocharge extraction by linearly increasing voltage	通过线性增加电压提取光电荷
PIA	Photoinduced absorption	光诱导吸收

PL	Photoluminescence	光致发光
PPP	Poly(para – phenylene)	聚对苯
PPV	Poly(para – phenylene vinylene)	聚对苯乙炔
PSFDHTBT	Poly[(2,7 – silafluorene) – alt – (4,7 – di – 2 – thienyl – 2,1,3 – benzothiadiazole)]	聚[(2,7 – 硅芴) – alt – (4,7 – 二 – 2 – 噻吩基 – 2,1,3 – 苯并噻二唑)]
PV	Photovoltaics	光生伏打
PVD	Physical vapor deposition	物理气相沉积
PVP	Polyvinylpyrrolidone	聚乙烯吡咯烷酮
Q – DLTS	Charge – based deep level transient pectroscopy	电荷 – 深能级瞬态谱
SAXS	Small – angle X – ray scattering	小角 X 射线散射
SCLC	Space charge limited current	空间电荷限制电流
SEM	Scanning electron microscopy	扫描电子显微术
SILAR	Successive ionic layer adsorption and reaction	连续离子层吸附反应法
STEM	Scanning transmission electron microscopy	扫描透射电子显微术
TBP	Tributylphosphine	三丁基膦
TCO	Transparent conducting oxide	透明导电氧化物
TDPA	Tetradecylphosphonic acid	十四基膦酸
TEM	Transmission electron microscopy	透射电子显微术
TOP	Trioctylphosphine	三辛基膦
TOPO	Trioctylphosphine oxide	三辛基氧化膦
UHV	Ultra – high vacuum	超高真空
UPS	Ultraviolet photoelectron spectroscopy	紫外光电子能谱术
XPS	X – ray photoelectron spectroscopy	X 射线光电子能谱术
XRD	X – ray diffraction	X 射线衍射

目　　录

第 1 部分　材料

第 2 部分　胶体纳米晶和聚合物薄膜特征

第 3 部分　胶体纳米晶太阳电池

第1章 概 述

摘要: 太阳电池吸收阳光并将太阳辐射转换为人类所需的电能。目前全球的能源需求在持续增长,而化石燃料却日益枯竭,因此需要更加环保的清洁能源,所以太阳电池的重要性日益凸显。迄今为止,最常用的太阳电池是将硅晶作为光敏材料。能源专家正在寻找替代硅晶的其他材料。相对新颖的尝试是有机太阳电池,其光敏层是传导电荷的有机材料。有机太阳电池具有成本效益,可以规模生产并具其他特点,例如可以采用安置在弯曲或柔性表面上的柔性基板。但有机太阳电池的光/电转换效率和使用寿命却受到限制。替代单纯有机太阳电池的是有机材料和无机胶体纳米晶相结合的杂化(hybrid)太阳电池。胶体纳米晶具有令人感兴趣的部分可控物理化学特性,将会引发太阳电池技术的创新和突破。本书将对胶体纳米晶太阳电池基本原理与最新进展进行回顾与综述。

2014 年,全世界人口大约有 72 亿,人口每年持续增长 8000 万。随着人口增长,日益扩大的工业生产需求和为改善生存条件的自然需求导致全球的能源需求日益强烈[1]。今天,绝大部分消费能量来自化石能源:石油、煤和天然气。迄今已知的化石燃料资源储备仅能支撑到今后数十年。然而着眼于更远未来,化石燃料资源是有限的,未来开采将愈发困难,因为不是所有储藏都同样容易利用。此外,化石燃料燃烧排放二氧化碳对气候环境会产生不利影响[2]。基于上述原因,需要寻找化石燃料以外的其他能源。一种可替代能源是核能,但核能技术具有高安全风险,并需要处理核废料等诸多难题。而且全世界的铀储备是有限的,从海水提取铀相当困难。幸好地球上还存在一种无碳排放可再生能源:太阳光辐射。如果太阳能是世界能源问题的较容易的解决方案,那么作者就不需要写本书。遗憾的是,以有效方式和低廉成本把太阳能转换成其他形式能量仍然面临巨大险阻。

光伏技术是将太阳能转换成电能的技术。从原理而言,任意类型太阳电池都遵循如下基本步骤:首先吸收太阳光,吸收的光子能量将吸光材料中的电子激发到更高能;受到激发的电子在原有能级留下一个空穴——带正电荷的准粒子。从此意义来说,光吸收在吸光材料内产生带电粒子:电子激发到更高能级时相应空穴留在原能级。为了在外部电路利用载流子,需要在空间隔离正、负电荷,输运并萃取电荷到太阳电池外部电极上。因而能量转换进程依次排序为光

1

吸收电荷生成、电荷隔离、电荷输运和电荷萃取。各种类型太阳电池都可以将上述进程付诸于实践进行开发。

至今占市场主导地位的光伏技术是基于 pn 结——将 p 型和 n 型掺杂晶体硅——作为光吸收材料的太阳能发电技术[3]。图 1.1 给出平衡态 pn 结能级示意图，说明太阳电池中隔离电荷的基本工作原理。硅是间接能带半导体，禁带宽度为 1.1eV，只有波长小于 1100nm 的光子可以被晶体硅吸收，激发电子从价带跃迁到导带[4]。将电子激发到导带并使空穴留在价带的驱动力是 pn 结能带结构[3]。晶体硅太阳电池光/电转换效率可以达到 25%[5,6]，其使用寿命持续 20 年或更长[7]，能安装到太阳能发电厂、各种类型建筑物屋顶等。尽管有着相对高的转换效率和较长的使用稳定性，晶体硅太阳电池与化石燃料发电和核能发电竞争，仍面临严重挑战。因为晶体硅太阳电池制造成本和电池模块安装成本相对较高，晶体硅太阳电池所需硅晶圆的生产是成本密集和能量密集的[3]。晶体硅太阳电池的另一个缺陷是其模块难以弯曲和质量较大，因此限制了其安装表面和使用范围。

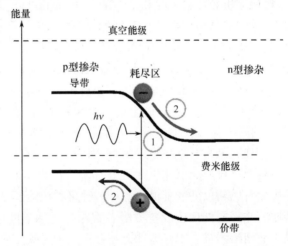

图 1.1　平衡态的 pn 结能级图。p 型和 n 型掺杂区的费米能级排成一行，在界面形成耗尽区。如果一个能量 $h\nu$ 大于禁带宽度的光子被吸收，便生成一个电子 - 空穴对（步骤①）。耗尽区的能带弯曲为电荷分离提供一个驱动力（步骤②）

鉴于晶体硅太阳电池的上述缺陷，人们开发了可替代硅材料的光伏技术。另一类型的薄膜太阳电池是基于 $Cu(In_xGa_{1-x})(S_ySe_{1-y})_2$ 化合物，采用溅射和蒸发工艺制备光敏层薄膜的无机化合物太阳电池[8-11]。这些化合物半导体通常缩写为 CIS（纯 $CuInS_2$）、CIGS（含 Ga 材料）、CISe（含 Se 材料）或 CIGSe（含 Ga 和 Se 材料），都具有黄铜矿结构，通过调节元素成分，其能带隙范围可达 1.04 ~ 2.4 eV[12,13]。化合物薄膜太阳电池已经进入规模化生产阶段，单个电池光/电转换效率达到20%,电池最小模块光/电转换效率达到19%[5]。此类型电池不需要昂贵的硅晶圆制造技术,但需要溅射或蒸发工艺来沉积光吸收材料,因而仍然需要相对高的制备成本。另一个尚待讨论的关键问题是需要比较昂贵的 In 元素,此元素的地球蕴藏量低,并且广泛用于显示器和其他电子技术领域。

替代晶体硅太阳电池的其他光伏技术还有碲化镉(CdTe)太阳电池[9]、非晶硅和微晶硅太阳电池[8]以及有机太阳电池(OPV)[14-17]。有机太阳电池中性能最佳的是染料敏化太阳电池(DSSC)[18]。传统染料敏化太阳电池中,附着在多孔二氧化钛(TiO_2)上的有机染料捕获太阳光,当电子从染料转移到 TiO_2 网后,需要一种液体电解质重新生成染料[18]。传统染料敏化太阳电池光/电转换效率可达12%[5],此技术的困难在于有机染料分子的长期稳定性,以及液体电解质的存在使得处理电池器件工艺变得复杂化。在过去几年,通过引入高电导率钙钛矿作为光敏层,基于钙钛矿的染料敏化太阳电池取得了引人注目的进展。据权威科学期刊报道,钙钛矿太阳电池的光/电转换效率达到12.3%[19,20],2013年专题科学会议上报告此数据达到15%。

另一种有机太阳电池涉及导电聚合物,此类型光伏技术属于本书研讨范畴,故将在本书中详细描述典型聚合物太阳电池工作原理。图1.2 给出典型聚合物/富勒烯(C_{60})太阳电池结构示意图。

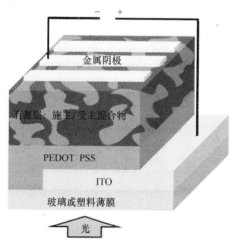

图1.2 典型有机太阳电池结构图说明,导电聚合物
和受主材料作为有源层,并形成体异质结

通常制备工艺从一块玻璃或涂覆在铟锡氧化物(ITO)结构层上的塑料薄膜做起。ITO 是一种简并半导体材料,具有良好导电性,同时在宽广光谱区具有高透明度[21]。因而,ITO 适合作为太阳电池的电极材料,光透过此电极进入电池体内。在 ITO 上面附着一薄层空穴传导聚合物,通常是聚(3,4-乙烯二氧噻

3

吩):聚(苯乙烯磺酸)(PEDOT: PSS),采用旋涂或其他沉积技术从溶液沉积此聚合物薄膜。PEDOT: PSS 层的作用是:一方面,使 ITO 表面更加光滑,因为商用 ITO 衬底通常比较粗糙;另一方面,PEDOT:PSS 层选择性输运空穴,而电子难以通过。下一步是制备有源层(active layer),对于可溶性有机材料,可通过溶液制备有源层。有源层是有机太阳电池的核心,目前已有样品的有源层是两种材料的二元混合物:导电聚合物和富勒烯衍生物。两种材料并未形成完全均匀的混合物,而是在纳米尺度区间形成分相区。聚合物和富勒烯形成的精细互穿网络构成体异质结(BHJ)[15-17,22,23]。最终利用热蒸发在有源层上沉积金属阴极完成太阳电池制备。需要强调的是图 1.2 给出的器件结构仅仅是描述体异质结太阳电池工作原理的典型样例。实践中需要对器件结构反复修正,形成愈发复杂的层级序列。

聚合物/富勒烯体异质结太阳电池中的导电聚合物是吸收太阳光的主要成分。从能量角度看,聚合物/富勒烯混合形成施主/受主系统[15-17,24]。这意味着前沿轨道(frontier orbital),比如两种材料的最高占有分子轨道(HOMO)之间以及最低空分子轨道(LUMO)之间有偏移,如图 1.3 所示。

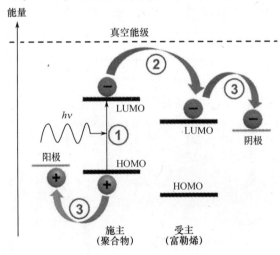

图 1.3 施主/受主系统能级图(开路条件下)。Ⅱ型异质结中,电子施主材料的 HOMO 和 LUMO 能级都高于受主材料对应的能级。施主如果吸收一个光子,一个电子则跃迁到 LUMO 能级,一个空穴保留在 HOMO 能级(步骤①)。由于受主的 LUMO 能级较低,被激发电子从施主转移到受主(步骤②)。正负电荷分离,电子和空穴分别输运到阴极和阳极(步骤③)

参见图 1.3,受主 HOMO 和 LUMO 能级均低于施主对应能级。这种能级的相关位置状态被称作Ⅱ型异质结。当聚合物施主吸收阳光时,其 HOMO 能级中的一个电子激发到 LUMO 能级,再从聚合物 LUMO 能级跃迁到富勒烯受主较低的 LUMO 能级。上述电荷转移步骤将聚合物施主 HOMO 能级中的电子和空穴进行了空间隔离。

请注意,此原理图较为简化,因为忽略了电子和空穴之间的库仑引力作用。更精确的是,电子迁移到受主较低 LUMO 能级的能量增益至少要补偿电荷迁移中的库仑结合能[25]。施主/受主界面的电荷迁移是隔离正负电荷的重要一步。电荷被隔离后,空穴穿越网状导电聚合物到达 ITO/PEDOT:PSS 阳极,电子穿越网状富勒烯到达金属阴极。到达阴极的电子被输运到外部电路,再从阳极回注到太阳电池。

如上所述,电荷在施主/受主界面迁移并输运到电极进程中,通常被称为有源层形貌的体异质结精细结构起到重要作用[15-17,22,26]。聚合物吸收光产生库仑束缚电子-空穴对,称为激子。与无机半导体相比,有机半导体激子结合能更高[27]。因而,将激子分离成自由载流子需要电荷穿越施主/受主界面的迁移过程。这意味着吸收光产生的激子首先要扩散到材料界面。此时有机半导体的另一个特性开始起作用:通常使用的导电聚合物具有相对短的激子扩散长度,大约 10nm[28]。如果施主/受主界面太远,吸收光子后产生的电子-空穴对将直接辐射复合。由此创新一个用于有源层的体异质结概念:一方面,层厚度足以吸收大部分太阳光,同时两种材料组元紧密相连;另一方面,两种材料互穿网络的任意性导致电荷输运到电极的路径并不理想。因而,控制和优化体异质结太阳电池有源层的形貌是有机光伏技术领域的一个重要问题[15-17,22,26]。

聚合物/富勒烯体异质结太阳电池是有发展前景的有机光伏技术。但涉及的有机半导体材料尚未实现低成本、大规模生产。另一方面,基于碳化学的材料不包含稀有元素,因此大规模生产有机半导体至少不会受到地球蕴含量的限制。体异质结太阳电池的一个重要特征是有机材料在特定溶剂中可溶,因而材料层的制备原理上可用相对简单的沉积工艺,如印刷工艺或旋涂工艺[29,30]。这预示着与晶硅光伏技术或其他依赖高温或者真空工艺的薄膜光伏技术相比,将极大节省成本。而且,不少类型的有机太阳电池在原理上适合在柔性衬底上制备,比如涂覆在适宜材料表面的透明塑料薄膜可以作为导电电极。这为使用高效卷对卷工艺制备有机太阳电池模块提供了机会[29]。更为重要的是,这为在曲面或柔性表面上安装使用有机太阳电池敞开了希望之门,而其他类型太阳电池无法在这些曲面安装。最常见的例子是在旅行袋或其他织物上集成太阳电池模块。因此,有机太阳电池将开创一个其他类型太阳电池不能进入的应用市场。需要指出的是,广阔的光伏市场通常不用于消费电子领域,而主要是大面积应用,如太阳能公园或光伏建筑(BIPV)。如何使有机太阳电池在太阳能公园或光伏建筑应用中取得竞争优势,是有机光伏领域的科学家和工程师面临的现实挑战。

尽管有机半导体种类繁多,但针对太阳电池应用的材料研究长期以来已经集中在相对狭窄的范畴。导电聚合物主要采用聚烷基噻吩,如聚 3 - 己基噻吩(P3HT)或聚对苯乙炔(PPV)衍生物。广泛使用的富勒烯衍生物必定是苯基 - C_{61} - 丁酸甲酯(PCBM)。采用上述材料,有机体异质结太阳电池光/电转换效率达到 5%[31]。在过去几年,研究注意力集中于开发新型和更适合的有机半导体材料,如使用其他聚合物和富勒烯衍生物展现出更佳的吸光特性[32-34]。目前,权威科学期刊上报道的单体异质结太阳电池最高转换效率是 7.4%[34]。

在叠层太阳电池中,覆盖不同光谱区的两种吸光层材料可更有效地捕获阳光。过去几年报道的聚合物叠层电池转换效率达到 8.9%[36,37]。2013 年具有不同聚合物/富勒烯吸光层的 3 结太阳电池实现转换效率 9.6%[37]。致力于有机太阳电池商业化应用的公司已经公布单元级电池转换效率达到 10% ~ 12%[5,38],但其材料成分和器件结构仍属商业秘密。有机太阳电池的微型模块已实现转换效率 8%[5]。

改进有机体异质结太阳电池的策略之一是用无机胶体纳米晶半导体替代富勒烯受主[39-43],其基本器件结构与图 1.2 相同,只是把有源层的电子受主材料更换为无机纳米粒子。鉴于有机 - 无机双吸光层的特性,此类太阳电池称作杂化太阳电池。

无机结晶固体有各种材料特性,从而构成给定化合物的物理特征,如熔解温度、半导体能级禁带宽度或纯净晶体物质的电导率。已经发现一种引人注目的现象,当材料颗粒尺度减少到几纳米时,材料的许多物理和化学特性发生巨大改变[44-49]。其中令人关注的特性是量子尺寸效应:由于量子力学效应,当粒子尺度减少到几纳米时,半导体禁带宽度增加[44,45,50]。因此通过控制半导体纳米粒子尺寸,可以调谐光吸收和荧光发射等光学特性。图 1.4 以胶体 InP 纳米晶为例说明量子效应的影响。

此例说明控制粒子尺度将为调节所需材料特性敞开大门。在 InP 特例中,可能应用涉及可控颜色发光二极管[52]。从太阳电池角度来看,调谐半导体禁带宽度为控制材料吸收光谱范围提供了可能性。与广泛使用在有机光伏技术中的富勒烯衍生物相比,材料吸收光谱范围的可控性是胶体半导体纳米晶的一个吸引人的优势。除了可调谐吸收特征,胶体纳米晶还有其他引人注目的物理特性用于太阳电池。比如,由于量子尺寸效应,可以调节给定导电聚合物能级的能带边相对位置。这将为相应体异质结太阳电池提高电压开辟途径[53]。

因此,聚合物体异质结太阳电池中的无机半导体纳米晶可提供超越富勒烯的某些优势。但是与聚合物/富勒烯太阳电池相比,利用导电聚合物和胶体纳米晶混合物作为吸光层的杂化太阳电池性能稍显落后[39-43],到目前为止报道的杂化太阳电池转换效率仅为 5.5%[54-56],人们现在还无法从无机纳米晶替代富勒烯受主的潜在优势中真正受益。从长远来看,此研究领域的一项重要工作是继

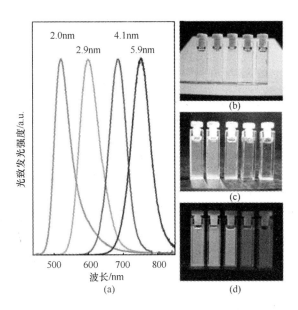

图 1.4　粒子直径不同的 HF 光刻蚀 InP 纳米晶归一化光致发光谱(a)；含有不同尺寸
InP 纳米晶的胶体溶液照片(b)；采用白色闪光灯(c)和 366nm 紫外光(d)照射的
相同溶液照片。最小纳米粒子(直径约 2nm)发射绿色荧光，较大 InP 纳米晶(直径
约 4nm)发红光(得到文献[51]的复制许可。美国物理研究所 2005 年版权所有)

续深入理解聚合物太阳电池的器件物理原理，阐明此光伏系统的限制因素，尤其
是要探索有机聚合物/富勒烯系统和杂化聚合物/纳米粒子系统之间的具体
差异。

　　本书对各种太阳电池和涉及材料的相关基础知识进行了系统阐述，介绍了
当前胶体半导体纳米晶太阳电池的最新研究进展，揭示了此领域的未来研究方
向。本书共有三部分。第 1 部分专注于相关材料，即胶体纳米晶和导电聚合物
的开发以及重要特性。第 2 部分介绍相关表征技术的选择，并聚焦于各个技术
的最新发现。第 3 部分阐述了采用胶体半导体纳米晶的体异质结太阳电池的最
新进展，其中第 13 章介绍了第 2 类型无机纳米晶太阳电池，称为肖特基太阳电
池和耗尽型异质结太阳电池。这两种太阳电池都是创新概念电池，其吸光层可
以从溶液制备。与杂化体异质结太阳电池不同，肖特基太阳电池和耗尽型异质
结太阳电池的有源层只有无机纳米粒子。此类型太阳电池的光电特性优于目前
的杂化太阳电池，因而是一个重要的可替代概念[57,58]。最后一章深入探讨太阳
电池中使用胶体制备纳米晶的几种设想，包括采用导电聚合物、富勒烯和半导体
纳米晶三元混合物的体异质结太阳电池，以及量子点敏化太阳电池。量子点敏
化太阳电池与染料敏化太阳电池相似，但使用半导体纳米晶而不是有机染料作
为光敏层[59]。

参考文献

[1] S. A. Holditch, R. R. Chianelli, MRS Bull. 33, 317 (2008)

[2] M. I. Hoffert, K. Caldeira, A. K. Jain, E. F. Haites, L. D. D. Harvey, S. D. Potter, M. E. Schlesinger, S. H. Schneider, R. G. Watts, T. M. L. Wigley, D. J. Wuebbles, Nature 395, 881(1998)

[3] M. Tao, Electrochem. Soc. Interface 17(4), 30 (2008)

[4] C. Kittel, Introduction to Solid State Physics, 8th edn. (Wiley, New York, 2005)

[5] M. A. Green, K. Emery, Y. Hishikawa, W. Warta, E. D. Dunlop, Prog. Photovoltaics Res. Appl. 22, 1 (2014)

[6] S. W. Glunz, High – efficiency crystalline silicon solar cells. Adv. OptoElectron. (2007). doi:10. 1155/ 2007/97370

[7] D. Heinemann, W. Jürgens, R. Knecht, J. Parisi, 30 years at the service of Renewable energies. Einblicke (Research Journal of the University of Oldenburg, Germany) 54, 6 (2011)

[8] M. A. Green, J. Mater. Sci. : Mater. Electron. 18, S15 (2007)

[9] M. Powalla, D. Bonnet, Thin – film solar cells based on the polycrystalline compound semiconductors CIS and CdTe. Adv. OptoElectron. (2007). doi:10. 1155/2007/97545

[10] R. Knecht, M. S. Hammer, J. Parisi, I. Riedel, Phys. Status Solidi A 210, 1392(2013)

[11] J. Keller, R. Schlesiger, I. Riedel, J. Parisi, G. Schmitz, A. Avellan, T. Dalibor, Sol. Energy Mater. Sol. Cells 117, 592 (2013)

[12] T. Tinoco, C. Rincon, M. Quintero, G. Sanchez Perez, Phys. Status Solidi A 124,427 (1991)

[13] V. S. Saji, S. – M. Lee, C. W. Lee, J. Korean Electrochem. Soc. 14, 61 (2011)

[14] S. E. Shaheen, D. S. Ginley, G. E. Jabbour, MRS Bull. 30, 10 (2005)

[15] B. C. Thompson, J. M. J. Frechet, Angew. Chem. Int. Ed. 47, 58 (2008)

[16] C. Deibel, V. Dyakonov, Rep. Prog. Phys. 73, 096401 (2010)

[17] C. J. Brabec, S. Gowrisanker, J. J. M. Halls, D. Laird, S. Jia, S. P. Williams, Adv. Mater. 22, 3839 (2010)

[18] M. Grätzel, J. Photochem. Photobiol. , C 4, 145 (2003)

[19] M. M. Lee, J. Teuscher, T. Miyasaka, T. N. Murakami, H. J. Snaith, Science 338,643 (2012)

[20] J. M. Ball, M. M. Lee, A. Hey, H. J. Snaith, Energy Environ. Sci. 6, 1739 (2013)

[21] S. K. Hau, H. –L. Yip, J. Zou, A. K. –Y. Jen, Org. Electron. 10, 1401 (2009)

[22] H. Hoppe, N. S. Sariciftci, J. Mater. Chem. 16, 45 (2006)

[23] J. E. Slota, X. He, W. T. S. Huck, Nano Today 5, 231 (2010)

[24] P. W. M. Blom, V. D. Mihailetchi, L. J. A. Koster, D. E. Markov, Adv. Mater. 19, 1551(2007)

[25] C. Deibel, T. Strobel, V. Dyakonov, Adv. Mater. 22, 4097 (2010)

[26] L. –M. Chen, Z. Hong, G. Li, Y. Yang, Adv. Mater. 21, 1434 (2009)

[27] M. Knupfer, Appl. Phys. A 77, 623 (2003)

[28] P. E. Shaw, A. Ruseckas, I. D. W. Samuel, Adv. Mater. 20, 3516 (2008)

[29] A. C. Hübler, H. Kempa, in Organic Photovoltaics, ed. by C. Brabec, V. Dyakonov, U. Scherf (Wiley – VCH, Weinheim, 2008)

[30] C. Girotto, B. P. Rand, J. Genoe, P. Heremans, Sol. Energy Mater. Sol. Cells 93,454 (2009)

[31] W. Ma, C. Yang, X. Gong, K. Lee, A. J. Heeger, Adv. Funct. Mater. 15, 1617 (2005)

[32] S. H. Park, A. Roy, S. Beaupre, S. Cho, N. Coates, J. S. Moon, D. Moses, M. Leclerc, K. Lee, A. J. Heeger, Nat. Photonics 3, 297 (2009)

[33] H. - Y. Chen, J. Hou, S. Zhang, Y. Liang, G. Yang, Y. Yang, L. Yu, Y. Wu, G. Li, Nat. Photonics 3, 649 (2009)

[34] Y. Liang, Z. Xu, J. Xia, S. - T. Tsai, Y. Wu, G. Li, C. Ray, L. Yu, Adv. Mater. 22, E135 (2010)

[35] T. Ameri, G. Dennler, C. Lungenschmied, C. J. Brabec, Energy Environ. Sci. 2, 347 (2009)

[36] L. Dou, J. You, J. Yang, C. - C. Chen, Y. He, S. Murase, T. Moriarty, K. Emery, G. Li, Y. Yang, Nat. Photonics 6, 180 (2012)

[37] W. Li, A. Furlan, K. H. Hendriks, M. M. Wienk, R. A. J. Janssen, J. Am. Chem. Soc. 135, 5529 (2013)

[38] R. F. Service, Science 332, 293 (2011)

[39] W. E. J. Beek, R. A. J. Janssen, in Hybrid Nanocomposites for Nanotechnology, ed. by L. Merhari (Springer Science + Business Media, New York, 2009)

[40] Y. Zhou, M. Eck, M. Krüger, Energy Environ. Sci. 3, 1851 (2010)

[41] H. Borchert, Energy Environ. Sci. 3, 1682 (2010)

[42] T. Xu, Q. Qiao, Energy Environ. Sci. 4, 2700 (2011)

[43] M. Wright, A. Uddin, Sol. Energy Mater. Sol. Cells 107, 87 (2012)

[44] H. Weller, Angew. Chem. Int. Ed. 32, 41 (1993)

[45] H. Weller, Adv. Mater. 5, 88 (1993)

[46] A. P. Alivisatos, J. Phys. Chem. 100, 13226 (1996)

[47] A. Eychmüller, J. Phys. Chem. B 104, 6514 (2000)

[48] R. Schlögl, S. B. Abd Hamid, Angew. Chem. Int. Ed. 43, 1628 (2004)

[49] C. Burda, X. Chen, R. Narayanan, M. A. El - Sayed, Chem. Rev. 105, 1025 (2005)

[50] D. V. Talapin, N. Gaponik, H. Borchert, A. L. Rogach, M. Haase, H. Weller, J. Phys. Chem. B106, 12659 (2002)

[51] S. Adam, D. V. Talapin, H. Borchert, A. Lobo, C. McGinley, A. R. B. de Castro, M. Haase, H. Weller, T. Möller, J. Chem. Phys. 123, 084706 (2005)

[52] F. Hatami, W. T. Masselink, J. S. Harris, Nanotechnology 17, 3703 (2006)

[53] J. E. Brandenburg, X. Jin, M. Kruszynska, J. Ohland, J. Kolny - Olesiak, I. Riedel, H. Borchert, J. Parisi, J. Appl. Phys. 110, 064509 (2011)

[54] S. Ren, L. - Y. Chang, S. - K. Lim, J. Zhao, M. Smith, N. Zhao, V. Bulovic, M. Bawendi, S. Gradecak, Nano Lett. 11, 3998 (2011)

[55] R. Zhou, R. Stalder, D. Xie, W. Cao, Y. Zheng, Y. Yang, M. Plaisant, P. H. Holloway, K. S. Schanze, J. R. Reynolds, J. Xue, ACS Nano 7, 4846 (2013)

[56] Z. Liu, Y. Sun, J. Yuan, H. Wei, X. Huang, L. Han, W. Wang, H. Wang, W. Ma, Adv. Mater. 25, 5772 (2013)

[57] F. Hetsch, X. Xu, H. Wang, S. V. Kershaw, A. L. Rogach, J. Phys. Chem. Lett. 2, 1879 (2011)

[58] E. H. Sargent, Nat. Photonics 6, 133 (2012)

[59] P. V. Kamat, J. Phys. Chem. C 111, 2834 (2007)

第 1 部分

材料

第 2 章　胶体半导体纳米晶物理学与化学

摘要:纳米晶是几何尺度在数纳米范围的微晶,每个微晶粒包含数百到数千个原子。因为晶体的尺寸受到限制,纳米晶材料拥有与块状体材料截然不同的物理和化学特性。因此通过减少粒子尺寸,有可能调节材料的某些物理特征。一个突出例子是量子尺寸效应:降低粒子尺寸后导致半导体禁带宽度增大。通过控制晶体材料的几何尺寸来调谐材料特性,将为纳米晶材料提供宽广的应用机会。按照确定尺寸和形状制备纳米晶的科学是胶体化学。胶体化学合成过程中有机配位体(Ligand)分子被束缚在纳米粒子表面,可以按照结构要求合成各种功能纳米晶。本章目的是概述胶体半导体纳米晶物理学和化学,阐明胶体合成的基本原理,简要介绍依赖于尺寸的材料特性,并选择重要特性如量子尺寸效应给予详细描述。

2.1　胶体合成基本概念

如第 1 章所述,纳米技术通过控制结构参数(如粒子尺寸),来调节某些高度相关的材料特性,以适于各种用途[1-6]。为了控制材料特性,需要一些制备所需粒子尺寸和形状的纳米晶的方法。这些方法可以归结为"自上而下方法"和"自下而上方法"两类[7]。在自上而下方法中,宏观材料结构尺寸处于微米级或纳米级,运用不同类型的光刻技术。光刻方法很重要并广泛用于工业加工领域。但光刻分辨力通常限制到 50nm。

在自下而上方法中,使用原子或分子前驱体(precursor)设计制备纳米结构材料。此类型的重要方法有:化学气相沉积(CVD)[8,9]、物理气相沉积(PVD)[10,11]和胶体化学合成。胶体化学合成是实现精确控制结构参数比如粒子尺寸和形状的一种方法,该方法相应控制了材料的物理和化学特性。因此,胶体纳米晶吸引了众多应用领域的高度关注,其中之一是光电器件,如发光二极管[12]或太阳电池[13,14]。下文将简要揭示胶体化学合成的基础知识,更加完整和翔实的纳米晶胶体合成见文献[6,15-18]。

胶体化学合成是一种湿化学方法,其目标是合成在溶剂中以稳定分散相形式存在的纳米晶,该体系称作胶体溶液。为了实现目标,需要使用一种表面活性剂,称作配位体或稳定剂。溶液中黏着在无机纳米晶表面的表面活性剂具备各种功能。功能之一是作为溶液中纳米晶的间隔团,防止和抑制纳米晶聚集,避免形成块状体材料(bulk material)。功能之二是提供溶解度,如果没有表面活性剂附着在晶体表面,大部分情况下无机晶体在溶液中不稳定从而沉淀。例如,假如有机分子作为配位体,其拥有的功能团束缚在纳米晶表面,有机分子的一个长烃链与溶剂分子相互作用,非极性有机溶剂将会保持稳定。用作配位体的典型分子是硫醇、烷基胺或羧酸。图2.1给出胶体溶液小纳米晶稳定性说明示意图。

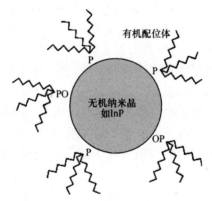

图2.1　一个无机纳米晶及其有机配位体外壳示意图。此例中无机晶体是 InP,配位体壳是三辛基膦(TOP)和三辛基氧化膦(TOPO)混合物。两种配位体都能附着在纳米晶表面,并有一个烃链提供非极性有机溶剂中的溶解度,如甲苯或正己烷

纳米晶胶体合成工艺必须选择适当的原材料,即前驱体。用作前驱体的通常是各种金属盐,其可溶解于适当溶剂产生离子。溶解的离子通常称作单体,在反应溶液中单体附着于纳米晶表面上。胶体溶液纳米晶的形成通常有两个阶段:成核与生长[15]。首先在成核阶段,所需化合物必须形成小结晶种子。化合物的溶解性产物必须超过其溶解度。例如,二元化合物 AB,将含有高浓度 A 元素溶解前驱体的溶液和高浓度 B 元素溶解前驱体的溶液混合到一起。一旦晶核形成,单体就会附着在晶核表面从而使纳米晶在溶液中生长。纳米晶生长是一个动态过程,一方面新单体可以附着在已有晶体上,但同时纳米晶也会溶解,单体从晶体表面分离并释放回到溶液。从生长到溶解最终形成净增长率[19,20]。图2.2给出此动态过程说明。

胶体纳米晶的动态生长过程很复杂,研究者已付出大量努力对生长过程进行理论描述[19]。可以区别下列两种情形:溶液中过量单体附着生长与奥斯特瓦尔德(Ostwald)熟化生长[15]。第一种情形,单体存在于浓度相对高的溶液中,可附着在已有纳米晶的表面。通常在化学反应早期出现此情形。随后,当大多数

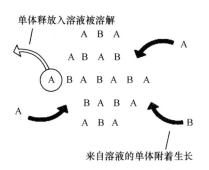

图2.2　胶体纳米晶动态生长过程示意图。
生长速率与溶解速率的差异导致一个净增长率

单体附着在纳米晶上时,反应溶液中的游离单体已被耗尽,在此阶段纳米晶系综(ensemble)仍然通过Ostwald熟化生长。因为溶解与生长的动力学平衡,一个单体可从一个纳米晶粒子表面分离,再附着在另一个纳米晶粒子表面。实验和理论表明,一给定纳米晶系综的净增长率依赖于纳米晶粒子尺寸[19]。更详细研究发现存在一个临界半径。大于临界半径的粒子将生长,小于临界半径的粒子将溶解。这种以小晶体为代价生长大尺寸纳米晶的机制称作Ostwald熟化。此Ostwald熟化工艺的热力学驱动力是表面能。粒子直径越小,其表面–体积比率越大。结果是Ostwald熟化降低了纳米晶系综的总体表面能。在此简要说明的机理并非是可能发生的唯一反应过程。比如,纳米晶可能会聚集而生长。在此过程中,两个晶粒合并成一个大晶体,但不一定产生纳米晶的晶界。以氧化锌(ZnO)为例,通过准球形颗粒的定向连接可以形成单晶纳米棒[21],个别晶体以需要的方式合并但无须产生晶界。

　　一个广泛用于制备无机化合物纳米晶的方法是热注入法[22]。此方法中,一种元素前驱体和一种稳定剂溶解在高沸点溶剂中,此溶液被加热到高温(通常200~300℃)。第二种元素前驱体单独溶解后被注入到第一种溶液中。注入时反应温度快速下降几十摄氏度,注入后的溶液呈现过饱和,开始快速成核阶段,成核导致单体消耗从而快速降低自由单体的浓度。其结果是注入后所需化合物很快不再超越溶解度积(solubility product),成核终止生长阶段开始。热注入法为及时分离成核和生长阶段提供了可行性[15]。此方法与“一罐合成法”形成鲜明对照。一罐合成法中两种前驱体在同一溶液中同时溶解,在前驱体完全溶解前纳米晶已经开始形成。在成核阶段终止前第一个纳米晶早已生长。在许多实验例子中,成核和生长阶段的分离将导致纳米晶尺寸和形状的更佳控制[23]。另一方面,一罐合成法具备更容易提高产量的优势[23]。

　　需要指出的是,稳定配位体对胶体纳米晶生长动力学产生强大影响。比如,被配位分子覆盖纳米晶的表面成分将影响新单体在纳米晶表面附着的概率。配位体在溶液中还起到稳定单体的作用。另一个重要事实是,配位体在纳米晶表面的键合本身是一个动态过程,附着于纳米晶表面的配位体和溶液中的自由配位体达成平衡[24]。

除了防止聚集、提供溶解度和控制生长动态,覆盖配位体还有其他作用。比如,一个配位体外壳可以防止纳米晶表面氧化[25],钝化表面的悬挂键[26]。此钝化效应对于太阳电池极为重要,将在第 12 章讨论。如果配位体不仅有一个附着于纳米晶表面的官能团,而且还有伸向溶液一端的另一个官能团,则配位体外壳还可功能化纳米晶表面。通过与配位体外壳交联[27]或将无机纳米晶附着于生物分子[7,28],可为创建纳米晶超结构敞开大门。

2.2 材料简要概述

利用胶体化学合成法方式已经成功合成了各种材料的纳米晶,对胶体化学合成纳米晶的全面概述会超越本书范围。下文将给出几个优选实例。

已经深入研究了 Ⅱ - Ⅵ 族半导体纳米晶,其中包括镉(Cd)硫属化合物(CdS、CdSe、CdTe)[29-33]。CdSe 纳米晶在纳米化学领域被视作主要研究对象,因为可以高质量合成准球形 CdSe 量子点,在 1~10nm 范围调谐粒子平均直径,尺寸分布标准偏差为 5%[30,32]。镉硫属化合物半导体纳米晶不仅可以制备成准球形量子点,而且可开发细长纳米结构,如纳米棒[34-36]或四角(tetrapods)结构[35,36]。Peng 等于 2000 年采用胶体化学合成法制备了长宽比为 10∶1 的 CdSe 纳米棒[34]。图 2.3 给出了胶体化学合成法制备的 CdSe 纳米棒样品。

通过胶体化学成功制备的其他 Ⅱ - Ⅵ 族半导体是硫化锌(ZnS)[37,38]或硒化锌(ZnSe)纳米晶[39]。Ⅲ - Ⅴ 族半导体主要研究了砷化铟(InAs)[40]和磷化铟(InP)纳米晶[41,42]。最近,利用胶体化学合成法制备了高质量的三元半导体化合物,如硫铟铜(CuInS$_2$)[43,44]或硫铟银(AgInS$_2$)纳米晶[43]。此外,研究人员还在致力于开发核-壳纳米晶,即第一种半导体被第二种半导体壳所覆盖。核-壳纳米晶的示例有 CdSe/CdS[45]、CdSe/ZnS[32]、InP/ZnS[46],或者被不同 Ⅱ - Ⅵ族或Ⅲ - Ⅴ族材料包围的 InAs 纳米晶[47]。

胶体化学合成的其他材料还有铅(Pb)硫属化合物[48,49]、宽禁带金属氧化物,如胶体 ZnO[21]或 TiO$_2$ 纳米晶[50,51]、稀土氧化物[52],以及各种金属[53,54]和金属合金[55,56]。读者若要对胶体化学合成法制备的各种材料和复合纳米结构获得更完整印象,可见文献[57]:胶体合成的最新进展。

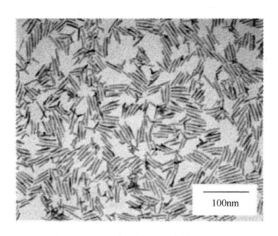

图 2.3　CdSe 纳米棒透射电子显微镜图像。纳米棒平均长度为 (34.5 ± 4.4) nm，
长宽比为 10:1。样品还含有低于 5% 的四角结构 CdSe
（转载自文献 [35]，2000 年美国化学学会版权所有）

2.3　依赖于粒子尺寸的材料特性

材料尺寸效应的最突出例子是在第 1 章提及的量子尺寸效应。图 2.4 给出了半导体禁带宽度尺寸相关示意图。

可以看出，包括几百到几千个原子的小纳米晶是扩展固体与大分子之间的中间物。如果原子数太少，能带则不是准连续的。相反，能量结构可以理解为分立能级构成的能带。为简单起见，本书将固体物理中的"能带"术语应用于半导体纳米晶。读者应该意识到这是一种简化描述。

以下将对量子尺寸效应的物理起源进行详细描述。需要考虑的一个物理量是吸收光产生电子 – 空穴对的结合能。在固体半导体中，一个电子 – 空穴对或一个激子处于库仑束缚态，电子位于导带，空穴位于价带。在这种 Mott Wannier 激子状态下，电子 – 空穴对在晶体内移动。对 Mott Wannier 激子的量子力学描述与氢原子问题非常相似，可以写出如下薛定谔方程：

$$\hat{H}\Psi = E\Psi \tag{2.1}$$

哈密顿量和势能分别为

$$\hat{H} = -\frac{\hbar^2}{2m_e^*}\Delta_e - \frac{\hbar^2}{2m_h^*}\Delta_h + V \tag{2.2}$$

$$V = -\frac{e^2}{4\pi\varepsilon_r\varepsilon_0|\boldsymbol{r}_e - \boldsymbol{r}_h|} \tag{2.3}$$

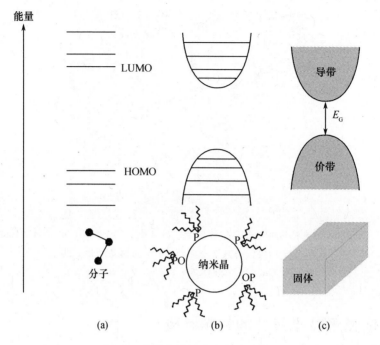

图 2.4　半导体量子尺寸效应示意图。

图(a)显示出原子轨道线性组合形成的分子轨道(依据原子轨道线性组合 (LCAO)
近似得到)。图(b)的一个小纳米晶是分子与扩展固体的中间物,其能带不再是连续
的,而包含分立能级,最低未占有能级与最高占有能级之间的能带隙随粒径减少而增大。

图(c)的固体材料中,大量原子形成的原子轨道产生准连续能带,对于半导体材料,

价带和导带之间的禁带宽度为 E_G

式中:m_e^*、m_h^* 分别为电子和空穴的有效质量;ε_r 为相对介电常数;$|r_e - r_h|$ 为电
子和空穴之间距离。薛定谔方程给出从能量标度原点到价带最大值之间的激子
态量化能级[58]:

$$E_n = E_G - \frac{e^2}{8\pi\varepsilon_r\varepsilon_0 a_B} \cdot \frac{1}{n^2} \quad n = 1,2,\cdots \tag{2.4}$$

式中:E_G 为禁带宽度;n 为量子数值;a_B 为激子玻尔半径,可视作电子和空穴在
最低激发态(相应的 $n=1$)的平均距离。激子玻尔半径由下列公式表达,类似于
氢原子的玻尔半径:

$$a_B = \frac{4\pi\varepsilon_r\varepsilon_0\hbar^2}{e^2} \cdot \left(\frac{1}{m_e^*} + \frac{1}{m_h^*}\right) = \frac{4\pi\varepsilon_r\varepsilon_0\hbar^2}{\mu e^2} \tag{2.5}$$

式(2.5)中的约化质量 μ 需要根据电子和空穴的有效质量计算得到。从前
面的方程可以看到,激子能级位于导带最小值以下。图 2.5 说明上述讨论。

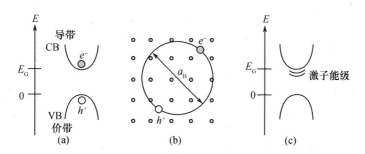

图 2.5　Mott Wannier 激子示意图。图(a)是分别位于导带和价带的电子与空穴的能级图，图(b)是在晶体中移动的激子空间示意图，图(c)是从薛定谔方程推导出的激子能级图

根据式(2.5)，激子玻尔半径仅取决于介电常数和有效质量。从已知的材料参数可容易计算出电子和空穴的平均距离，半导体此数值的典型范围在 1 ~ 10nm[59]。利用激子玻尔半径和相对介电常数可以计算出激子结合能，此数值是激子最低能级与导带最小值之差。典型结合能数值在 5 ~ 500meV[58]。表 2.1 总结了常用半导体材料的相对介电常数、激子玻尔半径和激子结合能，相对介电常数通常依赖于频率。在众多量子尺寸效应研究工作中，一般使用光学频率[60-62]。依据式(2.4)检验表中数据时，只有部分材料比如硅的数据与表格相一致。因而读者应该意识到一些报告数值具有很大程度的不确定性。

表 2.1　各种半导体材料相对介电常数、激子玻尔半径和激子结合能 ΔE(最低激子能级与导带最小值之差)

半导体材料	ε_r	激子玻尔半径/nm	ΔE/meV
Si	11.9(光频)[63]	4.3[59]	14.7[58]
CdS	5.2(光频)[64]	2.8[59]	29.0[58]
	8.3(静态)[64]		
CdSe	6.2(光频)[64]	4.9[59] ~ 5.4[65]	15.0[58]
	9.6(静态)[64]		
PbS	17.2(光频)[64]	18.0[66]	2.3(计算值)
	161.0(静态)[64]		
PbSe	25.0(光频)[64]	46.0[67]	0.6(计算值)
	227.0(静态)[64]		
ZnSe	8.1 ~ 9.1[63]	3.8[59]	22.0(计算值)
InP	10.6(光频)[64]	9.6[65]	4.0[58]
	15.0(静态)[64]		
InAs	12.3(光频)[64]	36.8[65]	1.6(计算值)
	15.2(静态)[64]		

（续）

半导体材料	ε_r	激子玻尔半径/nm	E/meV
GaAs	10.9（光频）[60]	11.3[65]～12.5[59]	4.2[58]
	12.5（静态）[65]		
AgBr	12.5[63]	4.2[59]	20.0[58]

注：表中（静态）代表静态相对介电常数，（光频）代表光频相对介电常数。数据来源见方括号内的文献。（计算值）表示 ΔE 是根据式（2.4）计算得到的激子结合能

目前为止，Mott Wannier 激子描述对象仅限于无限大固体。对于小半导体纳米晶来说，Mott Wannier 激子描述又有何异同？根据表 2.1，许多种类半导体材料的激子玻尔半径只有几纳米，与小纳米晶在同一尺寸量级。如果纳米晶粒子尺寸小于半导体材料的激子玻尔半径，粒子中的电子－空穴对平均距离将与体材料不同。相反，激子将局限在更小空间。此情形称为强约束机制。下面将着重研讨此机制。对弱约束机制和中间约束机制的讨论见文献[59,68]。作为强约束机制结果，量子态能量将与相应体材料不同。定性来说，式（2.4）中的激子玻尔半径被纳米晶粒子直径所取代。在强约束机制中，库仑相互作用不是确定最低激发态能量的主要因素，如下所述。采用量子力学方法处理问题时，可用一阶微扰理论处理库仑相互作用。在此情况下修正因子出现，代表库仑项的 E^{Coulomb} 最终表示为[59,60,69]

$$E^{\text{Coulomb}} = -\frac{e^2}{8\pi\varepsilon_r\varepsilon_0 a_B} \cdot \frac{1}{n^2} \xrightarrow{R_{\text{Nano}} < a_B} E^{\text{Coulomb}} = -\frac{1.8e^2}{4\pi\varepsilon_r\varepsilon_0 R_{\text{Nano}}} \cdot \frac{1}{n^2} \quad (2.6)$$

式中：R_{Nano} 为半导体纳米晶的半径。此公式表示了最低激发态能量与纳米晶尺寸的相关性。然而，此公式还不能单独解释量子尺寸效应，因为更小的粒子尺寸将增强电子与空穴之间的库仑吸引力从而降低能量。需要说明粒子尺寸减少时禁带宽度增加的原理。

强约束机制下另一个起主要作用的效应是载流子能量被量化，因为必须将载流子视作约束在盒子中的粒子。描述此状态的最简化模型是一个无限球形势。对无限球形势阱内的问题详尽处理案例见文献[70]。相应定态薛定谔方程的哈密顿量表述如下：

$$\hat{H} = -\frac{\hbar^2}{2m_e^*}\Delta_e - \frac{\hbar^2}{2m_h^*}\Delta_h + V(r) \qquad V(r) = \begin{cases} 0, & r \leqslant R_{\text{Nano}} \\ \infty, & r > R_{\text{Nano}} \end{cases} \quad (2.7)$$

势场是径向对称的。方程解用三个量子数表征：主量子数 n、角动量量子数 l 和磁量子数 m。由于纳米晶内势场为 0，电子与空穴互不相关，可以将电子和空穴视作独立粒子。因而有两套独立的 n、l、m 量子数集分别表征电子和空穴的量子态。与氢原子类似，量子数 $l = 0,1,2,\cdots$ 被命名为 S，P，D，$\cdots$ 态，具有 $2l+1$

个多重能级。一个给定载流子(电子或空穴)的能量本征值表述如下：

$$E_{nl} = \frac{\hbar^2 \cdot \chi_{n,l}^2}{2m^* R_{Nano}^2} \tag{2.8}$$

式中：$\chi_{n,l}$ 为 l 阶球贝塞尔函数的 n 次方根；m^* 为有效质量。能量独立于量子数 m，最低能级是 $l=0$ 和 $n=1$ 的 S 态。相应球贝塞尔函数 $\chi_{n,l}$ 的根等于 π，能量表述为[59]

$$E_{1s} = \frac{\hbar^2 \cdot \pi^2}{2m^* R_{Nano}^2} \tag{2.9}$$

当电子和空穴都在 1S 态(标记为 $1S_e1S_h$)时，式(2.9)给出电子–空穴对最低激发态。约束于无限球形势垒的能量成为

$$E_{1S_e1S_h}^{sph \cdot potential} = \frac{\hbar^2 \cdot \pi^2}{2m_e^* R_{Nano}^2} + \frac{\hbar^2 \cdot \pi^2}{2m_h^* R_{Nano}^2} = \frac{\hbar^2 \cdot \pi^2}{2\mu R_{Nano}^2} \tag{2.10}$$

与库仑项式(2.6)一起，下列表达式给出能量原点与价带最大值之间的最低激发态能量：

$$E_{1S_e1S_h} = E_g + E_{1S_e1S_h}^{sph \cdot potential} + E^{Coulomb} = E_g + \frac{\hbar^2 \cdot \pi^2}{2\mu R_{Nano}^2} - 1.8\frac{e^2}{4\pi\varepsilon_r\varepsilon_0 R_{Nano}} \tag{2.11}$$

式(2.11)是强约束机制($R_{Nano} \ll a_B$)中对量子尺寸效应的最简单理论描述。公式假定一个无限球形势，并只考虑电子和空穴的库仑相互作用。更精确的是，库仑项是利用一阶微扰理论处理库仑相互作用的结果。借助于式(2.5)，最低激发态能量式(2.11)可以表示成相对介电常数、激子玻尔半径和粒子半径的函数：

$$E_{1S_e1S_h} = E_g + \frac{\pi e^2 a_B}{8\varepsilon_r\varepsilon_0 R_{Nano}^2} - 1.8\frac{e^2}{4\pi\varepsilon_r\varepsilon_0 R_{Nano}} \tag{2.12}$$

图 2.6 可视化地呈现出方程式(2.12)中各项对于 CdSe 尺寸相关禁带宽度的贡献。对于小尺寸粒子，球形势的量化项显然比库仑项更占主导地位。图 2.6 还对相对简单的方程式(2.12)与 CdSe 纳米晶实验数据进行了比较。Jasieniak 等[71]和 Yu 等[72]已经建立了尺寸曲线，反映半导体纳米晶的吸收谱第一激子峰能量与粒径的关联性。图 2.7 是不同镉硫属化合物的吸收峰位与粒径的关联曲线。

Jasieniak 等[71]的最新分析与图 2.7 的曲线有很好的一致性，其响应曲线也包括在图 2.6 中，CdSe 体材料禁带宽度必须减去以便于与理论曲线相比较。在这种比较中，假定吸收谱第一激子峰的能量直接对应于最低能量的变迁，比如，对应于尺寸相关禁带宽度的能量变迁。准确地说这不是显而易见的。一个确定直接带隙半导体禁带宽度的方法是构划 $(OD \cdot h\nu)^2$，OD 代表光密度，$h\nu$ 是光子能量。

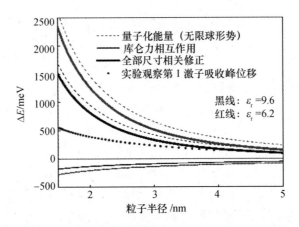

图 2.6　球形 CdSe 纳米晶的最低激发态能量随粒径改变而变化的曲线图。全部粒径相关修正(粗实线)量根据式(2.12)计算是 $E_{1S_e1S_h} - E_g$，使用 $a_B = 5.15\text{nm}$，$\varepsilon_r = 9.6$(黑线)或 $\varepsilon_r = 6.2$(红线)。细虚线表示无限球形势，细实线表示库仑相互作用。作为比较，点线代表实验观察的 CdSe 纳米晶第一激子吸收峰位移线，此曲线根据文献[71]的公式计算而来，并减去 1.74eV 作为 CdSe 体材料的禁带宽度[58]

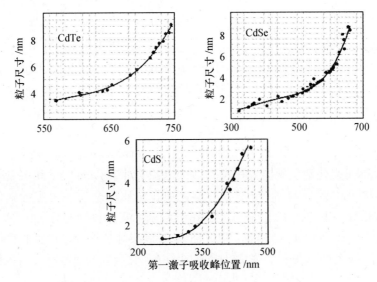

图 2.7　准球形 CdTe、CdSe 和 CdS 纳米晶粒径(直径)与紫外－可见吸收光谱区第一激子吸收峰的关系曲线(转载自文献[72],2003 年美国化学学会版权所有)

　　吸收边曲线线性部分外推到光子能量轴的交点产生直接带隙半导体的禁带宽度。在某些情况下此外推法也应用于确定半导体纳米晶的禁带宽度。图 2.8 说明了此外推法在小 CdSe 纳米晶吸收谱确定禁带宽度的样例。可以看出,此方法确定的禁带宽度比简单假定第一激子吸收峰对应的禁带宽度略低。

另一重要点是许多半导体纳米晶呈现斯托克斯位移[75],即吸收光谱和荧光光谱最大能量间存在差异。这种现象导致争论,是否使用光致发光吸收谱来确定最低激发态能量更准确? 尽管有此争论,但读者还是可以从图 2.6 的比较中清楚看到,本章的理论描述显然高估了 CdSe 禁带宽度的尺寸相关性,特别是小粒子情形。

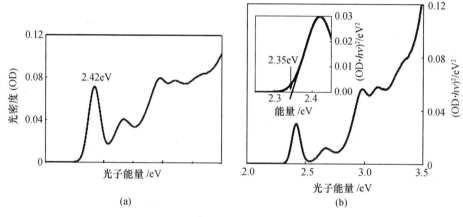

图 2.8　胶体 CdSe 纳米晶(平均直径 2.5nm)典型吸收谱。纳米晶采用文献[74]描述的制程,利用油酸作为钝化配位体制备。图(a)显示一个正常的吸收谱。图(b)给出 $(OD \cdot h\nu)^2$ 与光子能量的曲线图,以确定禁带宽度。图(b)中的小图显示近吸收边的线性外推到能量轴的交点

上述理论模型的一个主要缺陷是忽略了纳米晶环境。1984 年,Brus 等[60]揭示出具有不同介电常数的周围介质会产生一种介电溶剂化能,通过一个极化项描述此能量并在式(2.11)作为修正项出现。另一种简化是假定一个无限球形势。已经开发出更复杂的模型来保持与实验数据的一致性。例如,Pellegrini 等[64]利用一个有限势垒的球形势,再现了数种半导体禁带宽度的实验可观察位移。图 2.9 给出此研究的 CdS 和 CdSe 量子点数据。

对于光电子学应用,半导体纳米晶的可调谐禁带宽度是最重要的尺寸相关材料特性。利用此现象可以调节光吸收频段范围,这与太阳电池的有效光吸收相关。对于发光材料,带边光致发光的波长直接与禁带宽度有关,因而,调谐禁带宽度可以直接控制发射光的颜色,发光二极管是此机理的最好应用实例。此外,通过改变粒径可以调谐价带最大值和导带最小值相对于真空能级的绝对能量位置。此特性与器件相关,几种材料组分之间的能带排列对器件特性有重要影响。

除了光学特性,还有大量的其他材料特性与粒子尺寸相关。比如,热力学特性,如熔化温度或转变温度,固体不同晶相之间的压力等都与粒子尺寸相关。此外,金属的磁学性质或催化性能都是与尺寸相关的,但对这些现象的讨论已超出

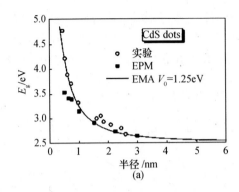 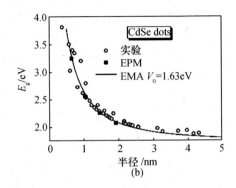

图 2.9　球形 CdS(a)和 CdSe(b)纳米晶禁带宽度的尺寸相关图。实验数据(圆圈符号,
来自文献[30,72,76])与一个假定具有有限势垒(势垒高度 V_0)的球形势理论计
算(实线)进行了比较。(实心点对应于经验赝势法(EPM),来自文献[77,78]。)
(此图转载得到文献[64]的许可,2005 年美国物理研究所版权所有)

本书范围。

2.4　依赖于胶体纳米晶表面的材料特性

　　小纳米晶大约包含1000 个原子,其中的大多数原子是表面原子。可以容易估算出表面原子数,在此以准球形铂(Pt)纳米晶为例进行解释。元素 Pt 是面心立方(fcc)晶体结构,其晶格常数 $a = 0.392\text{nm}$。(1 1 1)晶面间距 $d_{111} = a/\sqrt{3} = 0.266\text{nm}$。原子密度(单位体积原子数)$\rho_{at} = 4/a^3 = 66.4$ 个原子/nm^3,因为一个立方晶胞包含 4 个原子。在最简单的估算方法中,可以假定纳米晶表面主要由(1 1 1)晶面构成,在面心立方结构中,此晶面有最大的晶格间距。在连续密度模型中,表面原子主要位于围绕在球形纳米晶外厚度为 0.266nm 的球形壳。其结果是,表面壳的体积除以全部球形体积就是表面原子所占的分数比。图 2.10对此进行了直观展示。对于直径 2.2nm 的粒子,大约有 1/2 个原子位于表面。考虑多面体晶体形状的表面原子数估计改进模型应用示例见文献[87]。示例表明小纳米晶的表面原子数量不可忽略不计,即表面原子总体上对材料特性有强烈影响。

　　正如先前的解释,胶体纳米晶表面通常由稳定分子(配位体)所覆盖。配位体的特性和表面覆盖度很大程度上决定了胶体的许多物理和化学特性。一个与配位体壳相关的化学特性是溶解度。根据束缚在表面的配位体特性,纳米晶可以溶解到各种溶剂中。例如,配位体硫醇或胺有一端是具有官能团(分别为巯基或氨基)的脂肪族烃链,官能团一端与纳米晶表面相键合,脂肪族烃链则进入溶液,为非极化有机溶剂如正己烷或甲苯提供溶解度。反之,纳米粒子在极化溶

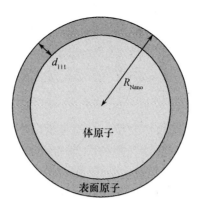

$R_{\text{Nana}} = 1.1\text{nm}$

$d_{111} = 0.226\text{nm}$

$N_{\text{total}} = \dfrac{4}{3}\pi \cdot R_{\text{Nano}}^3 \cdot 66.4 \, \dfrac{\text{个原子}}{\text{nm}^3} = 370$

$\dfrac{N_{\text{surface}}}{N_{\text{total}}} = \dfrac{V_{\text{surface}}}{V_{\text{total}}} = \dfrac{R_{\text{Nano}}^3 - (R_{\text{Nano}} - d_{111})^3}{R_{\text{Nano}}^3}$

$= 0.50$

图 2.10　直径 2.2nm 的球形 Pt 纳米晶示意图。假定表面主要是由 (111) 晶面构成，大约有 50% 的原子位于纳米晶表面。此粒子尺寸的原子总数为 370 个

剂如水中是不溶解的。如果包含 OH 基团的配位体进入溶液，将为极化溶剂如水提供溶解度。图 2.11 说明了有关溶解度的概念。

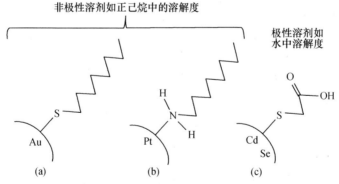

图 2.11　结合到纳米晶表面的各种配位体示意图。(a) 辛硫醇覆盖的 Au 纳米粒子，(b) 辛胺覆盖 Pt 纳米粒子，(c) 巯基乙酸覆盖 CdSe 纳米粒子。烷基或烷基胺配位体的脂肪组烃链提供非极化有机溶剂 (a)(b) 中的溶解度，而具有附加极化官能团的配位体提供极化溶剂如水中的溶解度 (c)。在与金结合或与镉化合物结合的硫醇键 (a)(c) 情形下，证据表明硫基的 H 原子可以折分，结果是 S 原子与表面原子之间的共价键产生[88,89]。在氨基 (b) 情形中，N 原子的电子孤对与表面原子极有可能形成一个配价键，尽管明确支持这种假设的文献尚未看到

胶体纳米晶溶解度是一个重要化学特征。比如,在生物应用领域通常必须实现水中的溶解度,因为生物细胞生存在水溶剂里。但相对于太阳电池,溶解度也很重要,因为用于处理薄膜的溶液的溶剂选择通常对薄膜特性有很大影响[90]。

通过选择合适的配位体作为合成工艺的稳定剂可以实现所需溶剂的溶解度。一个替代方案是进行配位体交换。在这种情况下,合成后的纳米晶配位体壳经过后制备处理被新的配位体壳所替代,新配位体则由其他小分子组成。作为一个实例,Gaponik[91]开发了一个CdTe纳米晶的配位体交换方法。水溶性CdTe纳米晶最初由巯基乙酸覆盖,通过配位体交换,由十二烷基硫醇替代巯基乙酸,最终转移到非极性有机溶剂中。

与光电子应用高度相关的配位体的另一个功能,是纳米晶表面悬挂键的饱和(或钝化)。位于表面的原子比晶体内的原子有更少的"邻居",因而表面原子具有被称为悬挂键的不饱和键。对于半导体,悬挂键的存在导致禁带内存在能级。比如,Fu和Zunger[92]计算了InP量子点的电子结构。研究表明,InP体材料低温禁带宽度为1.45eV,一个单一In悬挂键导致产生低于导带最小值的0.21eV能级,一个P悬挂键产生略微高于价带最大值的一个缺陷能级[92]。尺寸2nm大小的量子点禁带宽度为2.5eV,其表面的单一In悬挂键导致产生低于导带最小值的0.50eV能级,表面的单一P悬挂键产生高于价带最大值的0.64eV能级。实例表明,像悬挂键这样的缺陷能级是尺寸相关的,可以存在于禁带深处。

禁带中的能级可以作为载流子的陷阱态。如果胶体纳米晶用于发光二极管的发射极,消除陷阱态是关键。在此讨论半导体纳米晶的光致发光,即光激发产生电子–空穴对后的电子–空穴辐射复合。图1.4的InP量子点光致发光谱对应于带边光致发光。这表明电子和空穴在导带与价带边沿复合,因而发射光子的能量对应于禁带宽度。对于无缺陷纳米晶,带边光致发光的电子和空穴的辐射复合应该占主导地位,这样的纳米晶应该有高的光致发光量子效率(量子效率定义为发射光子与吸收光子的比值)。如果存在陷阱态,电子和空穴就被俘获在这些缺陷态中,相应的带边光致发光受到抑制,光致发光量子产率下降。一个俘获在禁带中陷阱态的电子会有怎样的结局?俘获电子原理上具有弛豫回基态的多种可能性。一种可能是在缺陷态辐射复合[93,94],在此情形中,能量小于禁带宽度的光子将发射。然而,由于电子与光子相互作用,能量在晶格内耗散还导致非辐射复合,此情形中陷阱态载流子不产生任何光致发光。真正发生的复合过程类型依赖于具体材料系统。图2.12描述了半导体纳米晶中吸收和光致发光的过程,半导体纳米晶中复合过程的更详细讨论见文献[61]。

因为类似表面悬挂键这样的缺陷降低了带边光致发光量子效率,为了获得

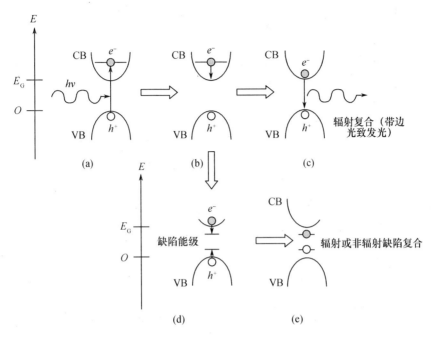

图 2.12　半导体纳米晶中吸收与复合过程的图示说明。(a) 一个光子被吸收后产生电子 – 空穴对,电子被激发到导带的一个高能级;(b) 电子非辐射弛豫到导带最小值;(c) 通过带边光致发光电子和空穴在带边辐射复合;(d) 或者代替步骤(c),载流子最终被缺陷态所俘获;(e) 缺陷态中的载流子进行非辐射复合

高发光纳米晶,有必要消除表面悬挂键。一种避免表面悬挂键产生的深陷阱态是使与纳米晶表面键合的有机配位体分子饱和[26]。例如据报道,由三辛基膦/三辛基氧化膦(TOP/TOPO)和十六烷基胺混合物组成的配位体壳的 CdSe 量子点,其光致发光量子效率在室温可达到 10% ~ 25%。在此需要指出的是,通常不是所有的表面原子都被配位体分子所覆盖。例如,假如像 TOP 这样的分支分子用作配位体,其空间需求太大,难以完整覆盖晶体表面。

使悬挂键饱和的替代策略是制备核 – 壳纳米晶结构,第 2 种半导体壳外延生长在核纳米晶上。此外延共生需要核与壳材料之间的晶格参数失配小于10%。此情形下的壳材料可以钝化核分子表面几乎所有的悬挂键。以 CdSe 量子点为例,CdSe 量子点被生长的 ZnS 壳所包围,此核 – 壳结构使光致发光量子点产率提高到 40% ~ 60%。因而,核 – 壳纳米结构对于高光致发光的应用场合十分必要。

问题在于为什么壳材料表面的悬挂键不能阻止高光致发光。这与核 – 壳纳米晶能带结构相关。以 CdSe/ZnS 核 – 壳纳米晶作为 I 型异质结构为例,壳材料比核材料拥有更宽的禁带宽度,核材料的能带边沿位于壳材料能带内(图

2.13)。此结构的壳材料产生一个围绕核材料载流子(电子和空穴)的势阱,因而,载流子出现在纳米晶表面的概率降低(在核－壳纳米晶壳表面的存在概率小于在纯核材料粒子表面的存在概率)。因而,纯核材料粒子表面的缺陷比核－壳纳米晶表面的悬挂键缺陷更重要。

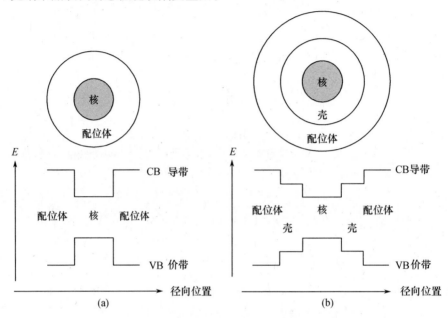

图 2.13　能带结构示意图。(a)单一材料和(b)Ⅰ型异质结构核－壳纳米晶能带结构。
导带和价带边是径向位置的函数。此简化表示假定存在一个矩形势阱结构

在Ⅱ型异质结构中,两种半导体的导带和价带发生能带偏移,所以核材料的导带和价带都高于壳材料,或都低于壳材料(图 2.14)。因此,此纳米晶中的电子和空穴被隔离,电子位于核材料,空穴位于壳材料,反之亦然。Ⅱ型核－壳纳米晶示例是 CdTe/CdSe 或 CdSe/ZnTe 核－壳纳米晶[95]。Ⅱ型核－壳纳米晶的电子和空穴辐射复合发生在不同材料的界面,载流子位于不同材料的能带中,因此由于能带偏移,跃迁能量不再对应于核材料的禁带宽度,而是低于核材料的禁带宽度。相对于纯核材料的带边光致发光,Ⅱ型核－壳纳米晶发射光的波长强烈位移。在需要光子波长转换的应用中,Ⅱ型异质结构是受欢迎的纳米材料。

在此需要指出的是,为避免载流子的缺陷态,对纳米粒子悬挂键进行钝化不仅在纳米晶作为发光材料的应用领域十分重要,而且在纳米晶作为吸收材料时的光伏器件应用领域,表面的良好钝化亦十分重要,因为材料中的陷阱态对器件光电转换效率无益。此问题将在第 12 章详细讨论。

特性与纳米晶表面设计相关的最后一个例子,是使用多于一个官能团的有机配位体可为胶体纳米晶共价附着于生物分子或建造超结构敞开大门:构筑纳

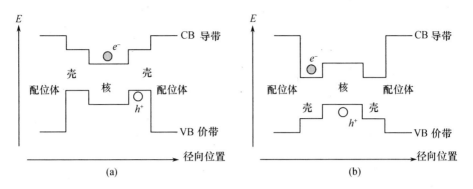

图 2.14 Ⅱ型核-壳纳米晶能带结构示意图。
(a) 电子位于核材料,空穴位于壳材料。(b) 电子位于壳材料,空穴位于核材料。
(a)和(b)表示两种能带偏移状态

米粒子作为"原子"的二维和三维晶体。一个巯基或氨基官能团可以建立配位体与纳米晶,如一个生物分子或另一个纳米晶之间的化学键。这将使半导体纳米晶成为生物系统的荧光标记[7,28]。半导体纳米晶还能用于各种传感器[96]。

图 2.15 给出 CdTe/CdSe 或 CdSe/ZnTe 对应的吸收和光致发光谱。

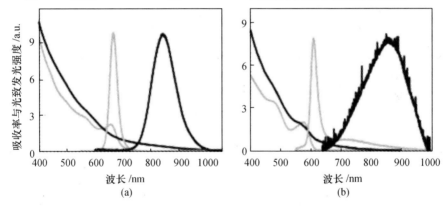

图 2.15 吸收率和归一化光致发光谱。(a)纯 CdTe 纳米晶(半径 3.2nm,灰线)和
CdTe/CdSe 核-壳纳米晶(核半径 3.2nm,壳厚度 1.1nm,黑线)。(b)纯 CdSe 纳米晶
(半径 2.2nm,灰线)和 CdSe/ZnTe 核-壳纳米晶(核半径 2.2nm,壳厚度 1.8nm,黑线)
(数据来自文献[95],美国化学学会 2003 年版权所有)

参考文献

[1] H. Weller, Angew. Chem. Int. Ed. 32, 41 (1993)

[2] H. Weller, Adv. Mater. 5, 88 (1993)

[3] A. P. Alivisatos, J. Phys. Chem. 100, 13226 (1996)

［4］A. Eychmüller, J. Phys. Chem. B 104, 6514 (2000)

［5］R. Schlögl, S. B. Abd Hamid, Angew. Chem. Int. Ed. 43, 1628 (2004)

［6］C. Burda, X. Chen, R. Narayanan, M. A. El - Sayed, Chem. Rev. 105, 1025 (2005)

［7］C. M. Niemeyer, Angew. Chem. Int. Ed. 40, 4128 (2001)

［8］K. L. Choy, Prog. Mater Sci. 48, 57 (2003)

［9］M. Kumar, Y. Ando, J. Nanosci. Nanotechnol. 10, 3739 (2010)

［10］M. M. Frank, M. Böumer, Phys. Chem. Chem. Phys. 2, 3723 (2000)

［11］M. Bäumer, M. M. Frank, M. Heemeier, R. Kühnemuth, S. Stempel, H. - J. Freund, Surf. Sci. 454 - 456, 957 (2000)

［12］A. L. Rogach, N. Gaponik, J. M. Lupton, C. Bertoni, D. E. Gallardo, S. Dunn, N. L. Pira, M. Paderi, P. Repetto, S. G. Romanov, C. O'Dwyer, C. M. Sotomayor Torres, A. Eychmüller, Angew. Chem. Int. Ed. 47, 6538 (2008)

［13］W. E. J. Beek, R. A. J. Janssen, in Hybrid Nanocomposites for Nanotechnology, ed. by L. Merhari (Springer Science + Business Media, New York, 2009)

［14］Y. Zhou, M. Eck, M. Krüger, Energy Environ. Sci. 3, 1851 (2010)

［15］C. B. Murray, C. R. Kagan, M. G. Bawendi, Ann. Rev. Mater. Sci. 30, 545 (2000)

［16］H. Weller, Philos. Trans. R. Soc. London A 361, 229 (2003)

［17］Y. Yin, A. P. Alivisatos, Nature 437, 664 (2005)

［18］X. Peng, Nano Res. 2, 425 (2009)

［19］D. V. Talapin, A. L. Rogach, M. Haase, H. Weller, J. Phys. Chem. B 105, 12278 (2001)

［20］H. Borchert, D. V. Talapin, N. Gaponik, C. McGinley, S. Adam, A. Lobo, T. Möller, H. Weller, J. Phys. Chem. B 107, 9662 (2003)

［21］C. Pacholski, A. Kornowski, H. Weller, Angew. Chem. Int. Ed. 41, 1188 (2002)

［22］C. de Mello Donega, P. Liljeroth, D. Vanmaekelbergh, Small 1, 1152 (2005)

［23］M. Protière, N. Nerambourg, O. Renard, P. Reiss, Nanoscale Res. Lett. 6, 472 (2011)

［24］I. Moreels, J. C. Martins, Z. Hens, Chem. Phys. Chem. 7, 1028 (2006)

［25］X. Wang, P. Sonström, D. Arndt, J. Stöver, V. Zielasek, H. Borchert, K. Thiel, K. Al - Shamery, M. Bäumer, J. Catal. 278, 143 (2011)

［26］K. E. Knowles, D. B. Tice, E. A. McArthur, G. C. Solomon, E. A. Weiss, J. Am. Chem. Soc. 132, 1041 (2010)

［27］R. P. Andres, J. D. Bielefeld, J. I. Henderson, D. B. Janes, V. R. Kolagunta, C. P. Kubiak, W. J. Mahoney, R. G. Osifchin, Science 273, 1690 (1996)

［28］M. Bruchez Jr, M. Moronne, P. Gin, S. Weiss, A. P. Alivisatos, Science 281, 2013 (1998)

［29］R. Rossetti, J. L. Ellison, J. M. Gibson, L. E. Brus, J. Chem. Phys. 80, 4464 (1984)

［30］C. B. Murray, D. J. Norris, M. G. Bawendi, J. Am. Chem. Soc. 115, 8706 (1993)

［31］J. E. B. Katari, V. L. Colvin, A. P. Alivisatos, J. Phys. Chem. 98, 4109 (1994)

［32］D. V. Talapin, A. L. Rogach, A. Kornowski, M. Haase, H. Weller, Nano Lett. 1, 207 (2001)

［33］J. Kolny - Olesiak, V. Kloper, R. Osovsky, A. Sashchiuk, E. Lifshitz, Surf. Sci. 601, 2667 (2007)

［34］X. Peng, L. Manna, W. Yang, J. Wickham, E. Scher, A. Kadavanich, A. P. Alivisatos, Nature 404, 59 (2000)

［35］L. Manna, E. C. Scher, A. P. Alivisatos, J. Am. Chem. Soc. 122, 12700 (2000)

[36] S. D. Bunge, K. M. Krueger, T. J. Boyle, M. A. Rodriguez, T. J. Headley, V. L. Colvin, J. Mater. Chem. 13, 1705 (2003)

[37] R. Kho, C. L. Torres – Martinez, R. K. Mehra, J. Colloid Interface Sci. 227, 561(2000)

[38] W. – S. Chae, R. J. Kershner, P. V. Braun, Bull. Korean Chem. Soc. 30, 129 (2009)

[39] P. D. Cozzoli, L. Manna, M. L. Curri, S. Kudera, C. Giannini, M. Striccoli, A. Agostiano, Chem. Mater. 17, 1296 (2005)

[40] A. A. Guzelian, U. Banin, A. V. Kadavanich, X. Peng, A. P. Alivisatos, Appl. Phys. Lett. 69, 1432(1996)

[41] A. A. Guzelian, J. E. B. Katari, A. V. Kadavanich, U. Banin, K. Hamad, E. Juban, A. P. Alivisatos, R. H. Wolters, C. C. Arnold, J. R. Heath, J. Phys. Chem. 100, 7212(1996)

[42] D. V. Talapin, N. Gaponik, H. Borchert, A. L. Rogach, M. Haase, H. Weller, J. Phys. Chem. B106, 12659 (2002)

[43] R. Xie, M. Rutherford, X. Peng, J. Am. Chem. Soc. 131, 5691 (2009)

[44] M. Kruszynska, H. Borchert, J. Parisi, J. Kolny – Olesiak, J. Am. Chem. Soc. 132, 15976(2010)

[45] I. Mekis, D. V. Talapin, A. Kornowski, M. Haase, H. Weller, J. Phys. Chem. B 107, 7454(2003)

[46] S. Haubold, M. Haase, A. Kornowski, H. Weller, Chem. Phys. Chem. 2, 331 (2001)

[47] Y. W. Cao, U. Banin, J. Am. Chem. Soc. 122, 9692 (2000)

[48] Q. Dai, Y. Wang, X. Li, Y. Zhang, D. J. Pellegrino, M. Zhao, B. Zou, J. Seo, Y. Wang, W. W. Yu, ACS Nano 3, 1518 (2009)

[49] E. Witt, F. Witt, N. Trautwein, D. Fenske, J. Neumann, H. Borchert, J. Parisi, J. Kolny – Olesiak, Phys. Chem. Chem. Phys. 14, 11706 (2012)

[50] A. Petrella, M. Tamborra, M. L. Curri, P. Cosma, M. Striccoli, P. D. Cozzoli, A. Agostiano, J. Phys. Chem. B 109, 1554 (2005)

[51] Y. Li, M. Zhang, M. Guo, X. Wang, Rare Met. 29, 286 (2010)

[52] F. Söderlind, M. A. Fortin, R. M. Petoral Jr, A. Klasson, T. Veres, M. Engström, K. Uvdal, P. – O. Käll, Nanotechnology 19, 085608 (2008)

[53] N. R. Jana, X. Peng, J. Am. Chem. Soc. 125, 14280 (2003)

[54] T. Hyeon, Chem. Commun. 927 (2003)

[55] K. Ahrenstorf, O. Albrecht, H. Heller, A. Kornowski, D. Görlitz, H. Weller, Small 3, 271(2007)

[56] X. Wang, J. Stöver, V. Zielasek, L. Altmann, K. Thiel, K. Al – Shamery, M. Bäumer, H. Borchert, J. Parisi, J. Kolny – Olesiak, Langmuir 27, 11052 (2011)

[57] J. Park, J. Joo, S. G. Kwon, Y. Jang, T. Hyeon, Angew. Chem. Int. Ed. 46, 4630(2007)

[58] C. Kittel, Introduction to Solid State Physics, 8th edn. (Wiley, New York, 2005)

[59] S. V. Gaponenko, Optical Properties of Semiconductor Nanocrystals (Cambridge University Press, Cambridge, 1998)

[60] L. E. Brus, J. Chem. Phys. 80, 4403 (1984)

[61] J. Z. Zhang, J. Phys. Chem. B 104, 7239 (2000)

[62] Y. Wang, A. Suna, W. Mahler, R. Kasowski, J. Chem. Phys. 87, 7315 (1987)

[63] K. F. Yang, H. P. R. Frederikse, J. Phys. Chem. Ref. Data 2, 313 (1973)

[64] G. Pellegrini, G. Mattei, P. Mazzoldi, J. Appl. Phys. 97, 073706 (2005)

[65] H. Fu, L. – W. Wang, A. Zunger, Phys. Rev. B 59, 5568 (1999)

[66] M. Navaneethan, K. D. Nisha, S. Ponnusamy, C. Muthamizhchelvan, Rev. Adv. Mater. Sci. 21, 217

(2009)

[67] H. Du, C. Chen, R. Krishnan, T. D. Krauss, J. M. Harbold, F. W. Wise, M. G. Thomas, J. Silcox, Nano Lett. 2, 1321 (2002)

[68] A. L. Efros, M. Rosen, Annu. Rev. Mater. Sci. 30, 475 (2000)

[69] D. E. Gomez, M. Califano, P. Mulvaney, Phys. Chem. Chem. Phys. 8, 4989 (2006)

[70] S. G. Prussin, Nuclear Physics for Applications (Wiley – VCH, Weinheim, 2007)

[71] J. Jasieniak, L. Smith, J. van Embden, P. Mulvaney, M. Califano, J. Phys. Chem. C 113, 19468 (2009)

[72] W. W. Yu, L. Qu, W. Guo, X. Peng, Chem. Mater. 15, 2854 (2003)

[73] H. S. Zhou, I. Honma, H. Komiyama, J. W. Haus, J. Phys. Chem. 97, 895 (1993)

[74] F. Zutz, I. Lokteva, N. Radychev, J. Kolny – Olesiak, I. Riedel, H. Borchert, J. Parisi, Phys. Status Solidi A 206, 2700 (2009)

[75] O. I. Micic, H. M. Cheong, H. Fu, A. Zunger, J. R. Sprague, A. Mascarenhas, A. J. Nozik, J. Phys. Chem. B 101, 4904 (1997)

[76] T. Vossmeyer, L. Katsikas, M. Giersig, I. G. Popovic, K. Diesner, A. Chemseddine, A. Eychmüller, H. Weller, J. Phys. Chem. 98, 7665 (1994)

[77] M. V. Rama Krishna, R. A. Friesner, Phys. Rev. Lett. 67, 629 (1991)

[78] L. – W. Wang, A. Zunger, Phys. Rev. B 53, 9579 (1996)

[79] J. Z. Jiang, L. Gerward, D. Frost, R. Secco, J. Peyronneau, J. S. Olsen, J. Appl. Phys. 86, 6608 (1999)

[80] J. Z. Jiang, L. Gerward, R. Secco, D. Frost, J. S. Olsen, J. Truckenbrodt, J. Appl. Phys. 87, 2658 (2000)

[81] C. – J. Lee, A. Mizel, U. Banin, M. L. Cohen, A. P. Alivisatos, J. Chem. Phys. 113, 2016 (2000)

[82] E. V. Shevchenko, D. V. Talapin, A. Kornowski, F. Wiekhorst, J. Kötzler, M. Haase, A. L. Rogach, H. Weller, Adv. Mater. 14, 287 (2002)

[83] J. – I. Park, M. G. Kim, Y. – W. Jun, J. S. Lee, W. – R. Lee, J. Cheon, J. Am. Chem. Soc. 126, 9072 (2004)

[84] C. T. Campbell, Science 306, 234 (2004)

[85] M. Haruta, M. Daté, Appl. Catal. A 222, 427 (2001)

[86] A. Wolf, F. Schüth, Appl. Catal. A 226, 1 (2002)

[87] R. Van Hardeveld, F. Hartog, Surf. Sci. 15, 189 (1969)

[88] W. Shi, Y. Sahoo, M. T. Swihart, Colloids Surf. A 246, 109 (2004)

[89] H. Borchert, D. V. Talapin, N. Gaponik, C. McGinley, S. Adam, A. Lobo, T. Möller, H. Weller, J. Phys. Chem. B 107, 9662 (2003)

[90] B. Sun, N. C. Greenham, Phys. Chem. Chem. Phys. 8, 3557 (2006)

[91] N. Gaponik, D. V. Talapin, A. L. Rogach, A. Eychmüller, H. Weller, Nano Lett. 2, 803 (2002)

[92] H. Fu, A. Zunger, Phys. Rev. B 56, 1496 (1997)

[93] Y. Gong, T. Andelman, G. F. Neumark, S. O'Brien, I. L. Kuskovsky, Nanoscale Res. Lett. 2, 297 (2007)

[94] V. Babentsov, F. Sizov, Opto – Electron. Rev. 16, 208 (2008)

[95] S. Kim, B. Fisher, H. – J. Eisler, M. Bawendi, J. Am. Chem. Soc. 125, 11466 (2003)

[96] A. N. Shipway, E. Katz, I. Willner, Chem. Phys. Chem. 1, 18 (2000)

第3章　导电聚合物物理学与化学

摘要:2000年,诺贝尔化学奖颁发给发现和开发导电聚合物的研究人员 Alan J. Heeger、Alan G. MacDiarmid 和 Hideki Shirakawa,其初期研发工作可追溯到20世纪70年代末。聚合物通常被视为电绝缘材料,然而一定聚合物结构拥有特定的电子构型时材料呈现导电性。导电聚合物的出现开辟了一个研究和工程新领域:有机电子学。今天已有几种类型聚合物被世人所知,有机电子学正在飞速发展。本章将对令人兴奋的聚合物材料的物理和化学特征进行总体概述,并选择与有机电子学应用密切相关的物理和化学特征进行讨论。

3.1　有机材料电导率

3.1.1　杂化

有机材料的基础是碳化学。有机分子中能够存在的其他元素是 H、O、N、S、P 和卤化物,即 F、Cl、Br 和 I。为了理解有机材料的导电现象,必须了解分子的电子构型。碳原子有六个电子,依据洪特(Hund)规则,电子完全占据基态 1s 和 2s 轨道,三个能量简并 2p 轨道中的两个各自被一个电子占据,电子构型表示为 $(1s)^2(2s)^2(2p_x)^1(2p_y)^1$[1]。图3.1给出原子轨道及其基态占有示意图。

在基态构型,一个分子的碳原子与其他原子形成两个共价键,受到相互垂直的 2p 轨道方向制约,共价键之间呈90°角。但是此现象不是自然产生,而是通过杂化,即碳原子形成杂化轨道。在此对杂化现象给予简述,更详尽描述见文献[1]。

简言之,碳杂化轨道是 2s 和 2p 轨道的混合态。用数学语言来说,混合态是 2s 和 2p 波函数的线性组合。为了实现杂化态,设想碳原子通过一个 2s 电子跃迁到第3个空的 2p 轨道而先受到激发,如图3.1(b)所示。在此激发态,所有属于 L 壳的轨道(即主量子数 $n=2$)都填充一个电子。形成杂化轨道现在有三种可能。第1种情形,2s 和所有三个 2p 轨道都参与杂化,初始轨道的线性组合可形成四个等效的 sp^3 杂化轨道,其形状类似不对称的哑铃,哑铃端点指向一个正四面体的各个顶角。在 sp^3 杂化碳原子中,四个杂化轨道的每一个都占据一个电子。图3.2(a)说明 sp^3 杂化轨道的形状和取向。

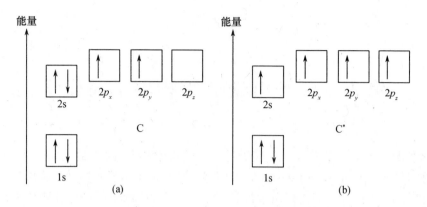

图 3.1　一个基态碳原子的电子构型图。(a) 1s 和 2s 轨道被自旋方向相反的两个电子填满,剩余两个电子占据两个简并 2p 轨道,使得总自旋量子数最大。(b)一个 2s 轨道电子跃迁到 2p 轨道的激发态示意图

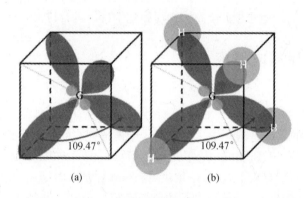

图 3.2　(a) 碳 sp^3 杂化轨道指向一个正四面体各个顶角(等效于一个立方体的四个顶角)的示意图。杂化轨道是非对称的,在此只是示意性描绘。深绿和浅绿不同颜色表示具有相反符号轨道所属波函数区域。(b)说明一个甲烷(CH_4)分子,氢原子的 1s 轨道与碳原子的 sp^3 轨道相交叠形成四个共价键,示意图中轨道的相对尺寸是任意的

　　问题在于,如果实现杂化态需要从基态激发一个 2s 电子,为什么碳原子一定形成这种杂化轨道? 为了回答这个问题,必须考虑一给定分子中碳原子的环境。对于原子碳,sp^3 杂化态能量高于基态,所以杂化在原子碳情形中不会发生。然而分子中情形截然不同,以最简单的碳氢化合物甲烷分子为例,碳原子基态结构不可能在一个碳原子和四个氢原子之间建立共价键。如上讨论,当 $2p_x$ 和 $2p_y$ 轨道各自有一个电子参与时,相邻原子间会形成两个共价键。相反,如果碳原子处于 sp^3 杂化态,四个单一电子占据的杂化轨道会与四个氢原子的 1s 轨道相交叠,如图 3.2(b)所示。换句话说,sp^3 杂化碳原子能与四个相邻原子建立共价键。由于每个共价键对应分子的结合能,激发碳原子的能量付出最终由建

立更多的共价键来过度补偿。这就是需要杂化和杂化产生的原因。sp^3 杂化碳原子不仅出现在甲烷中,而且存在于碳原子有四个相邻原子的大量有机化合物中。例如,所有烷烃(C_nH_{2n+1})都有 sp^3 构型碳原子。

然而,sp^3 杂化不是唯一的可能性。以乙烯分子(C_2H_4)为例,想像中可以采用 sp^3 杂化碳原子构建分子,在此情形下,两个碳原子的杂化轨道交叠形成 C—C 键,每个碳原子还有剩余的三个单电子占据 sp^3 轨道。这六个轨道中的四个与四个氢原子建立化学键,剩余的两个单电子占据 sp^3 轨道指向空间,这种想像结构自然中并不存在。乙烯分子有一个构型,其最后两个电子贡献于分子结合能。此构型存在于碳原子的 sp^2 杂化态,在此情形下,杂化轨道由 2s 和三个 2p 轨道中的两个线性组合而成。最后一个 2p 轨道通常是 $2p_z$ 轨道不参与杂化过程。sp^2 杂化轨道形状亦类似非对称哑铃,但是与 sp^3 轨道细节不完全相同。而且,三个 sp^2 轨道位于一个平面,该平面垂直于剩余 2p 轨道的轴向。图 3.3 显示一个 sp^2 构型碳原子轨道图。当碳处于 sp^2 杂化态时,乙烯结构如下:碳原子各自的两个 sp^2 轨道交叠形成 C—C 键,四个氢原子与剩余的 4 个 sp^2 杂化轨道相键合。位于 $2p_z$ 轨道的最后两个共价电子与杂化轨道平面相垂直。与上面讨论的想像结构相对比,这两个电子起到键合作用,因为两个分子轨道是由两个 $2p_z$ 轨道交叠形成的:一个是成键分子轨道,一个是反键分子轨道。因为每个碳原子提供一个电子,电子既可以位于成键分子轨道,又可以位于碳原子之间的额

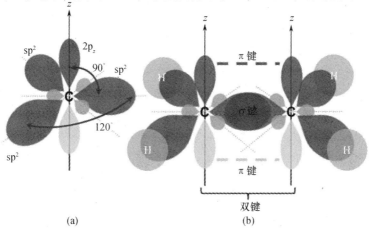

(a)　　　　　　　　　　　　(b)

图 3.3　(a) 碳 sp^2 杂化轨道示意图。三个轨道旋转轴在同一平面。$2p_z$ 轨道未参与杂化其指向垂直于该平面。所有轨道形状是示意性描绘,不同颜色(深色或浅色)表示符号相反轨道所属波函数区域。(b)一个乙烯分子说明。氢原子的 1s 轨道与碳原子的 sp^2 杂化轨道相交叠形成四个共价键。碳原子之间形成双键:sp^2 轨道交叠形成一个 σ 键,$2p_z$轨道相互作用形成一个 π 键。绘图中的轨道相对大小是任意的

外键合轨道。因而,此类分子中 sp^2 构型比 sp^3 构型更有利。乙烯结构示意图见图 3.3(b)。

从图 3.3 可见,碳原子之间具有双键。sp^2 杂化轨道交叠形成的键称为 σ 键,此键对于 C—C 轴是旋转对称的。$2p_z$ 轨道交叠形成的键是非旋转对称的,称为 π 键。

为了完整起见,最后一种杂化形式由 sp 轨道构成。此情形下,三个 2p 轨道中只有一个与 2s 轨道一起参与杂化进程[1]。sp 杂化轨道形状亦像哑铃。碳形成 sp 杂化态的分子例子是乙炔(C_2H_2)。乙炔是一个线性分子,即所有原子都排列在一个轴。两个碳原子之间形成三重键:sp 杂化轨道交叠形成一个 σ 键,未参与杂化的 2p 轨道交叠形成两个 π 键。

3.1.2 共轭双键

杂化现象与电导率有何关系?截至目前讨论的分子,所有电子都位于两个原子间的特定键内,因而一些载流子在分子内非定域化移动。在一定条件下,sp^2 杂化会产生此移动现象。首先考虑 1,3 - 丁二烯分子是有指导意义的。丁二烯是一种碳氢化合物,其分子链上有四个 sp^2 杂化碳原子,分子具有共轭双键,即碳链分子形式上由单键和双键交替构成,1,3 - 丁二烯分子结构可以表示为 $CH_2 = CH—CH = CH_2$。图 3.4(a),(b)分别给出丁二烯结构分子式和键线式。

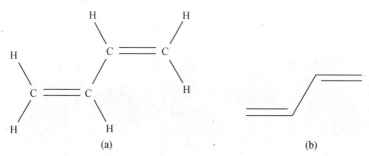

(a)   (b)

图 3.4 (a) 1,3 - 丁二烯结构分子式。(b) 1,3 - 丁二烯键线分子式。在键线式中,与氢原子键合的化学键和碳原子、氢原子化学符号被省略

此分子描述认为,分子链中第 1 个和第 2 个碳原子的 $2p_z$ 轨道相互作用形成一个双键。同样,在第 3 个和第 4 个碳原子之间也能形成双键。相比之下,第 2 个和第 3 个碳原子的 $2p_z$ 轨道间无相互作用,因此仅形成一个单键。然而,第 2 个碳原子的 $2p_z$ 轨道与第 1 个和第 3 个碳原子的 $2p_z$ 轨道有一定重叠。没有物理原因说明为什么仅在相邻碳原子一端形成双键,而在相邻碳原子另一端的相互作用必须受到抑制。实际上,分子键与图 3.4 简化结构表示并不相同。第

2 个和第 3 个碳原子的 $2p_z$ 轨道间自然存在相互作用。更精确地说，所有四个 $2p_z$ 轨道都有相互作用，四个分子轨道(两个成键和两个反键分子轨道)形成并扩展到整个碳链空间[2]。因此，这些轨道上的电子称为 π 电子，在整个碳链上是非定域的。

尽管所有四个 $2p_z$ 轨道都有相互作用，但 1,3 - 丁二烯中的碳原子间的化学键并不完全相同。碳原子 C_1 与 C_2 以及 C_3 与 C_4 之间的化学键长度是 134pm[2]，接近于烃链中正常 C═C 双键的长度。碳原子 C_2 与 C_3 之间的化学键长度是 147pm[2]。此长度超过正常双键，但比通常的 C—C 单键短，如丁烷的 C—C 单键长度为 154pm[2]。碳原子之间化学键长度的差异或许是分子被描绘成图 3.4 所示简化结构的原因，尽管 π 电子是非定域化的。从电子学角度观察，π 电子在整个碳链的非定域化具有重要结果。随后将对此进行讨论，π 电子非定域化是有机化合物导电性的基础。

π 电子非定域化引起关注的另一个例子是苯分子(C_6H_6)。此分子中的 sp^2 杂化碳原子形成一个平面环，每个碳原子有一个垂直于碳环平面的 $2p_z$ 轨道。苯分子可能被认为具有共轭双键，如图 3.5(a)所描绘的键线分子结构。

图 3.5(b)的分子结构显然与图 3.5(a)相似。两种构型都可视作苯分子的等效共振结构。由于分子对称性，一个碳原子的 $2p_z$ 轨道将与两边相邻碳原子的 $2p_z$ 轨道相互作用，所有六个 $2p_z$ 轨道相互作用导致分子轨道在整个碳环是非定域的[2]。在基态，六个 π 电子占据三个结合分子轨道，在碳环内是非定域的。

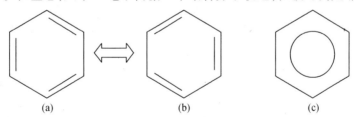

图 3.5　(a)分子具有交替单键和双键的苯共振结构图。此形态不对应于分子基态。(b)分子构型相当于结构(a)。(c)苯分子基态，所有 π 电子在碳环内是非定域的，所有 C—C 键具有相等长度。为描绘此形态，电子被表示为碳环内的圆圈

所有 C—C 键都具有相同的 139pm 键长，长度位于单键和双键之间[2]。碳环内具有非定域电子的基态，其能量低于图 3.5(a)和(b)所示的具有定域双键的共振结构。为了描绘非定域 π 电子的分子基态，建立了图 3.5(c)的分子式。

3.1.3　反式聚乙炔的结构和导电性

美国和日本科学家于 2000 年因发现导电聚合物获得诺贝尔化学奖。导电聚合物的最初工作集中于反式聚乙炔[3]。反式聚乙炔聚合物是 sp^2 杂化碳原子

组成的一种长烃链,其结构见图3.6。

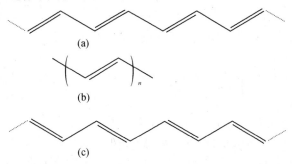

图3.6 (a)由共轭双键组成的长烃链反式聚乙炔。聚合物链具有交替键长,即"双键"键长大于孤立双键,"单键"键长短于正常C—C单键。(b)聚合物结构仅用重复单元描绘,指数 n 表示长链中单体的数目。(c)反式聚乙炔结构与(a)类似

问题在于,sp^2 杂化碳原子聚合物链的大量 $2p_z$ 轨道相互作用的结果是什么? 与固体物理中能带概念相类似[4],设想有下列结果:从一个原子开始,双原子分子的两个原子轨道交叠形成双分子轨道,一个是成键另一个是反键[1]。正如在1,3-丁二烯例子所见,四个原子轨道的线性组合形成四个分子轨道,1/2是成键,1/2是反键,此成键反键概念可以延续。在紧束缚模型,固体中描述电子的波函数可以表示为原子轨道的线性组合,N 个原子轨道组合导致形成50%成键和50%反键态组成的准连续能带[4],此情形在图3.7给予说明。

根据图3.7,sp^2 杂化碳原子链中的 N 个 $2p_z$ 轨道相互作用会形成一个准连续能带。因为存在电子自旋,每个轨道可填充两个自旋方向相反的电子。因而,N 个原子轨道线性组合形成的能带可以填充 $2N$ 个电子。由于每个碳原子在其 $2p_z$ 轨道只有一个电子,能带将是半满态。所以此处考虑的聚合物电特性应该类似于金属。然而,实际并非如此。非掺杂反式聚乙炔电导率约为 $10^{-5}S/cm$,类似于半导体[5]。因此真实构型一定与图3.7简化图景不同。

半导体行为的根源来自于派尔斯不稳定性(Peierls instability)[4,5]。相应理论最初来自于一维金属。对于导带为半满态的一维金属,可以看到晶格扭曲使晶格单元长度加倍,因而扩展了第一布里渊区,导致在费米能级附近产生能隙[4,5](energy gap)。对于反式聚乙炔,聚合物链的扭曲将改变键长,从而使重复单元长度加倍,在半满态能带中间出现能隙,如同以前讨论的完全非定域 π 电子假设情况[5-7]。因而,能带被能隙一分为二,图3.8说明此现象。

碳链中的每个碳原子向能带提供一个 π 电子。在键长交替出现时,低于能隙的能带将被完全填满,高于能隙的能带是空的($T = 0K$)。由于能隙附近的能带弯曲,与所有相同键长 C—C 键中完全非定域化 π 电子情形相比,满带全部电子的能量将降低。这种能量增益要大于不同程度非定域化导致的能量差异。这

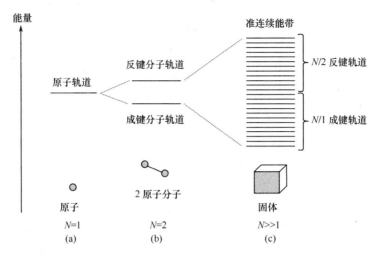

图 3.7　固体中原子轨道相互作用形成能带的图示说明。(b)对于 2 原子分子,两个原子
轨道线性组合形成 2 分子轨道。(c)N 个原子组成的固体,N 个原子轨道组合导致
内部紧束缚近似构成 N 能级能带。如果 N≫1,能级形成一个准连续态

是交替键长结构更受推崇的原因。需要指出的是,键不能被认为是真实的单键
或双键。图 3.6 和图 3.8 的分子结构图代表一个简化示意图。实际上,碳链的
键长是交替变换的,但所有键长都处于正常单键和双键的长度之间。

　　派尔斯不稳定性的最重要结果是出现能隙。因为 $T=0K$ 时,较低能带被完
全填满,高能带是空的,费米能级不再进入部分填充带。因此,反式聚乙炔不再
呈现金属性质而呈现半导体性质,导电类型由禁带宽度(即能隙宽度)所决定,
约为 $1.5eV$[5,7]。

　　此处需要对使用术语给予说明。如果 N 数字充分大,理论上使用"能带"是
唯一恰当的,否则还是使用"分子轨道"术语。这取决于聚合物链的长度(此术
语更为恰当),不少真实聚合物由大量碳原子组成,其能级构型位于扩展固体的
准连续能带和小分子的分立能级之间。为简化起见,本节使用"能带"(energy
band)术语并在随后章节继续使用。

　　考虑到能隙,在任何情况下派尔斯不稳定性会引起最高占有分子轨道(HO-
MO,对应于价带边)与最低空分子轨道(LUMO,对应于导带边)之间的能隙增
大。因而,导电聚合物的能隙通常称为 HOMO – LUMO 能隙。

　　反式聚乙炔在某种意义上是一种特殊聚合物,因为有两个简并基态组态。
由于对称性,在图 3.6(a)和(c)中描绘的分子构型是能量相等的,这对电导率有
影响,因为这种聚合物存在孤立子。反式聚乙炔中的中性孤立子是一个准粒子,
可以视作两个可能基态构型域的边界。局限在边界的一个单电子占据的 $2p_z$ 轨
道可作为悬挂键,化学角度视此为一个原子团。由于边界附近其他数个碳原子

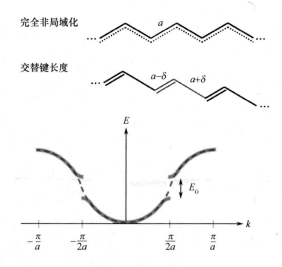

图 3.8 反式聚乙炔 sp^2 杂化碳原子长链中碳原子 $2p_z$ 轨道相互作用形成能带图。虚线代表假设能带构型,所有 C—C 键长度为 a,π 电子是完全非定域化,能带是半填满。实线对应扭曲聚合物链,C—C 键有交替键长。此情形的空间周期加倍($2a$),第一布里渊区从 $-\pi/(2a)$ 到 $+\pi/(2a)$ 向外扩展。结果是在布里渊区边界出现能隙。在近能隙处能带弯曲低于满态全部能量,相同键长的构型在晶格扭曲时不稳定,导致键长交替出现。此现象称为派尔斯不稳定性

的 π 电子非定域化,此缺陷结构是稳定的。此非定域化可以扩展到 15 个碳原子[6]。悬挂键中的定域电子与近邻的非定域 π 电子可视作一个准粒子,其结构如图 3.9(a)所示。

从能量角度观察,一个孤立子是位于 HOMO – LUMO 能隙中间的能级(图 3.9(d))。很显然,孤立子是没有参与形成分子轨道的悬挂键。当把孤立子能级的电子与 HOMO 中的电子相比较时,显然孤立子能级的电子更容易热激发到 LUMO,因为需要更少的能量。中性孤立子的存在将增加半导体聚合物的本征导电性。聚乙炔还存在另一种结构,即顺式聚乙炔(cis – polyacetylene)。顺式聚乙炔不存在简并基态,此情形下的溶液不稳定。其结果是,顺式聚乙炔具有比反式聚乙炔更低的本征导电性[5-7]。Shirakawa 等在 20 世纪 70 年代发现通过化学掺杂可有效增强反式聚乙炔的导电性。聚合物掺杂与无机半导体掺杂有略微不同的含义。在无机半导体中,具有或多或少价电子的掺杂原子代替基质晶格的原子,目的是向晶体引入过剩电荷。

如果掺杂原子具有较多价电子,可提供附加电子,此半导体是 n 型掺杂。如果掺杂原子有较少价电子,可提供附加空穴,此半导体是 p 型掺杂。对于有机半导体,掺杂目标是相同的,目的是提供附加 π 电子(n 型掺杂)或去除 π 电子,即意味着提供空穴(p 型掺杂)。然而,通过替代有机分子的部分原子,并不会引入

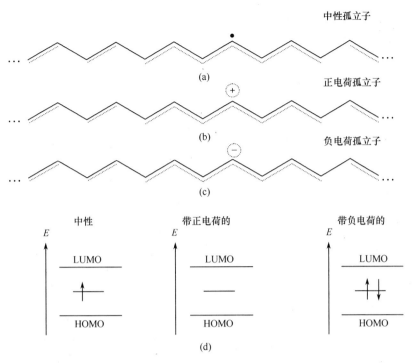

图 3.9　(a)一个反式聚乙炔的中性解；(b)正电荷孤立子；(c)负电荷孤立子。
实际上，非定域化扩展比描绘的覆盖更多碳原子。(d)一个中性孤立子对应
单独占用的能隙中间态。对正孤立子，能隙中间态是空的，对负孤立子，
能隙中间态被自旋方向相反的两个电子占用

过剩电荷。相反，会采用其他方式[5]，其中之一是化学掺杂。化学掺杂意味着
另一种化合物引入到有机半导体，一个氧化还原反应改变了有机半导体的氧化
态[5]。例如，反式聚乙炔可以被碘掺杂，碘用作一种氧化剂。在氧化还原反应
中，一个电子从聚合物迁移到氧化剂，使 I_2 变成为 I_3^-。在此反应中聚合物本身
被氧化，意味着一个电子被去除，换句话说，一个空穴被注入。碘的引入使得聚
合物成为 p 型掺杂[3,5]。对于反式聚乙炔材料，最容易去除的电子是孤立子中
的电子。因此，添加氧化剂将氧化孤立子。图 3.9(b)展示了 p 型掺杂反式聚
乙炔的正电荷孤立子结构。聚合物中的孤立子具有一定迁移率，即缺陷可以
在长链移动。因为正孤立子携带电荷，p 型掺杂显著增加了反式聚乙炔的导
电性。

更详细分析，掺杂增加的导电性还有与带电孤立子相关的其他原因。首先
需要注意的是，聚合物链中存在相对高浓度的带电孤立子。如果两个中性孤立
子在链中扩散相遇，它们会湮灭[6]，当注意到一个中性孤立子构成反式聚乙炔
链的两个可能构型之间的一个边界时，人们很容易理解此湮灭现象，因此聚合物

链中的中性孤立子的浓度是相当有限的。相比之下,带电孤立子显然不会湮灭,因为电荷守恒。较高的带电孤立子浓度是可能的[6],如果现在存在许多带电孤立子,它们会开始相互作用。在结构图中此意味着缺陷附近的非定域化 π 电子区域相互交叠,从而 π 电子系统的非定域化空间范围扩大。图 3.10 描绘了此现象。

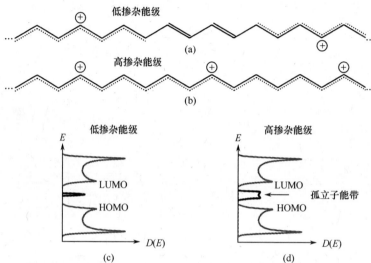

图 3.10　(a)无相互作用具有低浓度带正电孤立子的反式聚乙炔链结构图;(b)相互交叠具有高浓度孤立子的反式聚乙炔链结构图;(c)少数非相互作用孤立子态密度示意图;(d)重掺杂强相互作用孤立子态密度示意图;所有能带的态密度形状只是真实形状的近似

　　交叠的结果是由于大量带电孤立子相互作用,形成带状结构。这些能带称为孤立子带,位于聚合物 HOMO – LUMO 能隙内。随着掺杂浓度增加,孤立子带越来越宽[6]。因此,带结构越来越接近于金属能带形状。如果孤立子带完全填满 HOMO – LUMO 能隙,将会表现金属性质。孤立子带形成的图示说明见图 3.10。计算本征和掺杂反式聚乙炔态密度的量子力学方法见文献[8]。通过化学掺杂,反式聚乙炔的电导率可增长到 10^2 S/cm,大约增长 7 个数量级[3,5,6]。

3.2　不同类型的导电聚合物

　　3.1 节着重研究了反式聚乙炔。这是第一个共轭聚合物,对其电导率进行了观察和研究。如今已经知道多种导电聚合物。本节将对有机电子学领域令人感兴趣的一些聚合物进行简要概述。大多数聚合物包含芳环体系。图 3.11 展示少量精选类型的分子结构。

　　有机太阳电池领域广泛使用的聚合物是聚噻吩,或更精确地说是聚噻吩衍

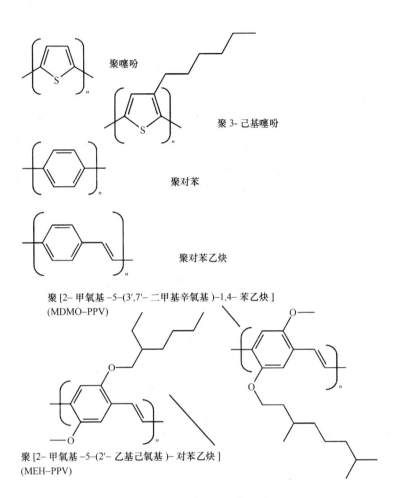

图 3.11　与有机电子学相关的常见导电聚合物

生物。纯聚噻吩是一种有机半导体,但其溶解度很低。为了从溶液沉积聚合物制备薄膜,需要提高适当有机溶剂的溶解度。通过将侧链附着在噻吩环可以提高溶解度[5]。通常使用具有 6~8 个碳原子的烷基链来实现此目的。最常见的聚噻吩衍生物可能是聚 3 - 己基噻吩(P3HT)。使用没有共轭双键的侧链提供有芳香环溶解度的聚合物主链的概念也可用于其他类型聚合物。

例如,聚对苯乙炔可以通过修改侧基生成常用衍生物:聚[2 - 甲氧基 - 5 - (2′ - 乙基己氧基) - 对苯乙炔](MEH - PPV)或聚[2 - 甲氧基 - 5 - (3′,7′ - 二甲基辛氧基) - 1,4 - 苯乙炔](MDMO - PPV)。

聚噻吩、PPV 及其衍生物在可见光谱范围有强吸收特性。因此,这种导电聚合物与有机太阳电池的光吸收剂有关。然而,导电性并不总是伴随适于光捕获

43

的吸收特性。例如,掺杂聚(苯乙烯)(PEDOT:PSS)或聚苯胺(PANI)的聚(3,4－乙烯二氧噻吩)在可见光范围只有低的吸收系数,它们不可能用作光吸收剂,但是可用作有合理透明度的电荷输运层[9]。

图3.11 呈现的聚合物与反式聚乙炔有一个根本不同:没有简并基态。这很容易在图3.12的PPP分子结构中看到,通过翻转给定聚合物的所有双键可以得到此聚合物的另一结构图。在芳香环内有三个双键的结构称为苯型结构,另一个是醌型结构。根据休克尔(Huckel)规则,苯型结构是芳香系统,而醌型结构不是芳香系统。苯型结构比醌型结构的能量低。这对电荷输运性质有影响,因为无简并基态的聚合物中的孤立子是不稳定的。但是还存在另一类型的准粒子,即极化子(polaron)。

图 3.12 PPP 的苯型结构和醌型结构

在无机半导体中,电子与声子相互作用形成准粒子——极化子。在一个简单图景中,可以设想导带中的电子与晶格中离子核的库仑引力导致晶格轻微变形和畸变。可以将电子和晶格畸变视作一个准粒子。库仑力相互作用的重要结果是使电子有效质量略微增大,因为晶格畸变必须跟随电子运动[4]。

在有机半导体中,聚合物链中的额外电荷也会引起变形。电荷出现导致其近邻从苯型变为醌型。图3.13 是 P3HT 中一个正极化子示意图。某处一个电子缺失对应出现一个正电荷。电荷附近的双键翻转,聚合物链局部从苯型结构变成醌型结构。此结构变化会影响数个噻吩环。某处若剩下一个不成对电子,随后聚合物链继续保持苯型结构。全部缺陷即正电荷和不成对电子以及两者间的醌型单元构成正极化子。

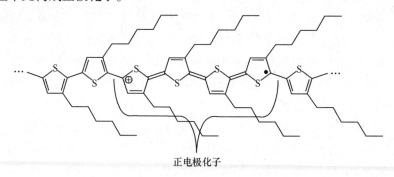

正电极化子

图 3.13 P3HT 中一个正电极化子的结构示意图

极化子以正或负电荷准粒子形态出现。一个中性极化子是不稳定的。图 3.13 显然证实了此观点。一个中性极化子对应一种结构,此结构中的正电荷将由一个未成对电子所取代。因此,两个未成对电子将位于聚合物链醌段的端点。双键的简单翻转将使聚合物返回到更稳定的苯型结构。因此,中性极化子是不稳定的。

与孤立子相似,极化子也有位于 HOMO – LUMO 能隙间的能级[10,11]。但是,一个极化子导致两个能级,分别位于 HOMO 上和 LUMO 下。对于正极化子,较低极化子能级填充一个电子,较高能级是空的。对于负极化子,低能级完全填满,高能级只填充一个电子。图 3.14 给出极化子对应能级示意图。

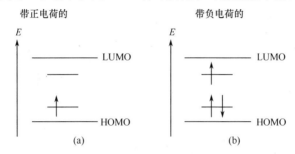

图 3.14　有机半导体中正电极化子(a)和负电极化子(b)对应能级示意图

极化子类似于孤立子还表现在这些准粒子在聚合物链中是移动的,浓度相当高的极化子相互作用会导致形成极化子带。因此,无简并基态的共轭聚合物也具有一定导电性,尤其是聚合物适量掺杂后形成高浓度极化子时。

3.3　导电聚合物的物理和化学特性

电导率并不是电子器件中有机半导体的唯一材料特性。其他相关参数是光学特性、材料受温度和环境影响如氧气、湿气后的稳定性,以及其他力学特性。如下将简要讨论相关材料特性。

3.3.1　结构特性:链长和分子区域有序性

聚合物是重复单元组成的长链。显然,不可能利用重复单元数相同的个体大分子合成一个聚合物材料。事实上,链长总是有一定分布。采用各种统计措施以描述这些分布。最常见的特性是分子量和多分散指数(PDI)。考虑到分子量,有各种方式可用于计算给定样品的平均值。数均分子量(number average molecular weight)M_n 定义为

$$M_n = \frac{\sum\limits_{i=1}^{N} M_i}{N} \qquad (3.1)$$

式中:N 为样品的分子总数;M_i 为第 i 个分子的分子量。因此,数均分子量表示正常平均值。M_n 必须与重均分子量(weight average molecular weight)M_w 加以区分。M_w 定义为

$$M_W = \frac{\sum\limits_{i=1}^{N} M_i^2}{\sum\limits_{i=1}^{N} M_i} \qquad (3.2)$$

如果样品系综的所有分子有相同链长,分子量的两个平均值应是相同的。然而由于真实样品的链长有一定分布,重均值高于数均值。两个值之比称作多分散指数,定义为

$$PDI = \frac{M_w}{M_n} \qquad (3.3)$$

因此,一个 PDI 近似表示聚合物样品中单个分子分子量的狭窄分布。一些聚合物拥有被称为区域规则性的特殊结构特性。最显著的例子是聚(3-己基噻吩)。为了提供各种有机溶剂中的聚噻吩溶解度,具有一个己基侧链的噻吩——3-己基噻吩用作聚合反应的单体。从合成角度来看,将单体耦合成聚合物链,以及安排己基侧团有几种可能性。考虑两个噻吩环之间的化学键,侧团可位于化学键近旁的碳原子,或远离化学键的碳原子上。在图 3.15(a) 的局部无序 P3HT 分子中,附着在碳原子的侧链是任意的。然而,还能够实现侧团的有序排列,在此情形中,聚合物被称作是区域规则的。有四种区域规则性 P3HT,其中两种展现在图 3.15(b),(c)中。

区域规则性对 P3HT 的其他特性有显著影响,因为区域规则性 P3HT 能形成单一分子有序排列的一个晶体相。由于烷侧链的规则排列,附近聚合物链可与相互贯穿的烷侧链排成一列。这导致形成可以堆叠的薄片,相邻薄片的 π 轨道系统相互重叠,因此称为 π-π 堆叠。从此排列形成有三个特征方向的晶体畴,依次是共轭聚合物主干、π-π 堆叠和烷侧链堆叠。图 3.16 给出这种有序域的示意图。可以通过 X 射线衍射[12]或借助于极化光光谱[13]方法对分子序进行研究。X 射线衍射显示相邻聚合物链的距离,在 π-π 堆叠方向大约是 3.8Å($Å=0.1nm$),在相互交叉烷侧链方向约为 16.4Å[12]。在区域无规则 P3HT 分子中,结晶受到抑制,因为烷侧链的随机序列阻挡了各个聚合物链的有序排列。分子序和晶体畴的建立对 P3HT 薄膜的光电特性会产生强烈影响。

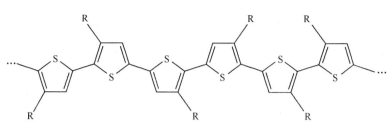

(a) 局部随机P3HT

(b) 局部规则P3HT(头-尾-头-尾连接)

(c) 局部规则P3HT(尾-尾-头-头连接)

图 3.15　（a）区域无规则 P3HT 分子示意图；其余有机 R 代表脂族己基侧团；
（b），（c）两个选择类型的区域规则性 P3HT 分子示意图

3.3.2　吸收特性

　　许多共轭聚合物在可见光频段有强吸收特性，因而成为有机太阳电池中经常采用的光吸收材料。图 3.17 给出区域规则性 P3HT 薄膜的紫外－可见光吸收频谱图。需要说明的是，可以看到吸收峰值位于 550nm，处于可见光频段。而且吸收系数较高，据报道[14]，在峰值吸收系数约为 $3.5 \times 10^5 cm^{-1}$。使用 Beer 定律（8.1 节），估计 100nm 厚的薄层在吸收峰值可吸收 97% 的光。因此，很薄的聚合物层可有效实现强光吸收。另一方面，吸收限于较窄频段，对于区域规则性 P3HT，吸收频段为 400 ~ 650nm（图 3.17），从太阳电池角度来看，意味着所有波长大于 650nm 的光子不能被吸收。作为比较，传统硅太阳电池可以吸收光波长为 1130nm 的光。P3HT 较窄的吸收频段是一个缺陷，限制了有机太阳电池的光电特性。

　　详细观察 P3HT 吸收光谱，可以看到图 3.17 的各个不同吸收频带。这些频

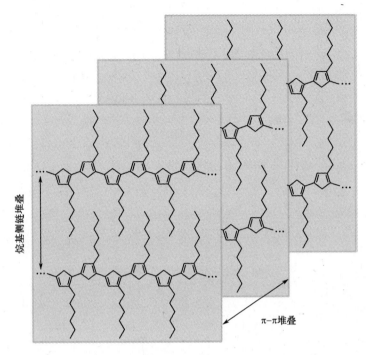

烷基侧链堆叠

π-π堆叠

图 3.16　区域规则 P3HT 晶体畴的示意图。分子在三个特征方向有序排列,依次是烷侧链堆叠方向、π-π 堆叠方向和共轭聚合物主干方向。图示中各自方向的相对距离是任意的

带的形状与区域规则性相关,区域规则性导致晶体畴的形成。采用区域无规则 P3HT 制备的薄膜显示出中心位于 450nm 的单一宽吸收频带。由于分子序[13-15]的建立,中心向长波长移动,形成约 520nm、约 550nm 和约 610nm 峰位的精细结构。图 3.17 进一步给出薄膜吸收峰值随热处理而移动的图谱。退火使薄膜的单个分子重新排列,促进了区域规则性 P3HT 薄膜的晶体畴形成。其结果是退火后的薄膜精细结构更加明显。

　　P3HT 相对大的 HOMO－LUMO 能带隙(约为 1.9eV),导致其相对窄的吸收频段,限制了 P3HT 聚合物太阳电池的光电特性。根据几种假设,Scharber[17]等计算并预测 PCBM 和导电聚合物有机体异质结太阳电池的可能特性。根据他们的研究,转换效率主要由施主聚合物的 HOMO－LUMO 能带隙确定,由施主聚合物 LUMO 能级与 PCBM 的 LUMO 能级差确定[17]。据报道,以 P3HT/PCBM 作为施主/受主系统的太阳电池可实现最大转换效率 5%[12],当 P3HT HOMO－LUMO 能带隙缩小到 1.5eV,P3HT LUMO 能级比 PCBM 的 LUMO 能级高 0.3eV 时,可实现转换效率 11%[17,18]。

　　具有较窄禁带宽度的导电聚合物更适应于有机太阳电池,这一新认识引发了对窄禁带聚合物的广泛研究[16]。事实上,新型窄禁带聚合物正在取得突飞猛

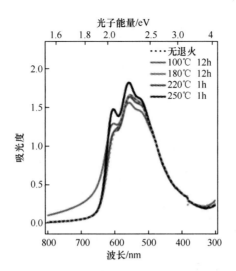

图 3.17　不同热处理后区域规则头 - 尾 - 头 - 尾 P3HT 薄膜紫外 - 可见光吸收光谱,
图中标出退火温度和时间,所有光谱根据 475nm 时吸光强度进行归一化
(得到文献[13]复制许可,美国化学协会 2007 版权所有)

进的发展[19-21]。图 3.18 给出一个窄禁带聚合物的吸收特性,实验表明适用于有机太阳电池。窄禁带聚合物 PTB1 与 $PC_{71}BM$ 相结合用于太阳电池,在标准测试条件下可获得 5.6% 的转换效率[22]。迄今为止,在一个由专家审校的科学杂志上报道的单一体异质结太阳电池最高转换效率为 7.4%[21],使用的聚合物与图 3.18(a) 结构相似,但是有一侧基连接在共轭环上,吸收波长高达 750nm,对应光子能量为 1.65eV。

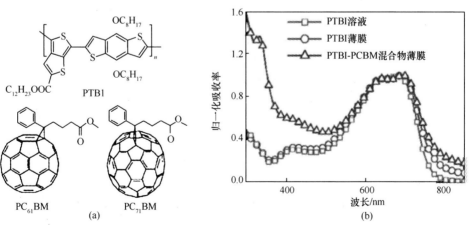

图 3.18　(a) 窄禁带宽度聚合物 PTB1 以及富勒烯衍生物 $PC_{61}BM$ 和 $PC_{71}BM$ 分子结构;
(b) 溶入二氯苯的 PTB1 聚合物(方形)、PTB1 薄膜(圆形)和 $PTB1 : PC_{61}BM$ 混合物制备薄膜
(三角形)归一化吸收光谱(得到文献[22]复制许可,美国化学协会 2009 版权所有)

考虑光吸收过程,值得注意的是,跃迁到 LUMO 能级的电子和停留在 HO-MO 能级的空穴可形成一个库仑束缚单态激子(singlet exciton)。在导电聚合物中,激子结合能要高于无机半导体结合能。据报道,不少有机半导体的结合能可达到数百毫电子伏特[23-25]。而且,有机半导体中单态激子典型寿命在几百皮秒到 1ns 之间。较短寿命对应于单态激子辐射复合前较短的扩散距离。导电聚合物的激子扩散长度典型数值在 10nm 量级[25,26]。针对导电聚合物相对高的激子结合能和较短的激子扩散长度,需要寻找有效的方法以实现有机太阳电池中光子激发电子-空穴对的分离。为实现此目的,最广泛使用的概念是在第 1 章中简述的体异质结结构。

参考文献

[1] W. Demtröder, Atoms, Molecules and Photons, 2nd edn. (Springer, Berlin, 2010)

[2] K. P. C. Vollhardt, N. E. Shore, Organic Chemistry, 6th edn. (W. H. Freeman and Company, New York, 2011)

[3] H. Shirakawa, E. J. Louis, A. G. MacDiarmid, C. K. Chiang, A. J. Heeger, J, Chem. Soc. Chem. Commun. 16:578 (1977)

[4] C. Kittel, Introduction to Solid State Physics, 8th edn. (Wiley, New York, 2005)

[5] A. J. Heeger, Angew. Chem. Int. Ed. 40, 2591 (2001)

[6] M. Rehahn, Chem. unserer Zeit 37, 18 (2003). (in German)

[7] A. Moliton, R. C. Hiorns, Polym. Int. 53, 1397 (2004)

[8] K. Michielsen, H. De Raedt, Europhys. Lett. 34, 435 (1996)

[9] B. Ecker, J. C. Nolasco, J. Pallares, L. F. Marsal, J. Posdorfer, J. Parisi, E. von Hauff, Adv. Funct. Mater. 21, 2705 (2011)

[10] J. L. Bredas, G. B. Street, Acc. Chem. Res. 18, 309 (1985)

[11] G. Harbeke, D. Baeriswyl, H. Kiess, W. Kobel, Phys. Scr. T13, 302 (1986)

[12] W. Ma, C. Yang, X. Gong, K. Lee, A. J. Heeger, Adv. Funct. Mater. 15, 1617 (2005)

[13] M. C. Gurau, D. M. Delongchamp, B. M. Vogel, E. K. Lin, D. A. Fischer, S. Sambasivan, L. J. Richter, Langmuir 23, 834 (2007)

[14] P. D. Cunningham, L. M. Hayden, J. Phys. Chem. C 112, 7928 (2008)

[15] L. Li, G. Lu, X. Yang, J. Mater. Chem. 18, 1984 (2008)

[16] R. Kroon, M. Lenes, J. C. Hummelen, P. W. M. Blom, B. de Boer, Polym. Rev. 48, 531 (2008)

[17] M. C. Scharber, D. Mühlbacher, M. Koppe, P. Denk, C. Waldlauf, A. J. Heeger, C. J. Brabec, Adv. Mater. 18, 789 (2006)

[18] T. Ameri, G. Dennler, C. Lungenschmied, C. J. Brabec, Energy Environ. Sci. 2, 347 (2009)

[19] S. H. Park, A. Roy, S. Beaupre, S. Cho, N. Coates, J. S. Moon, D. Moses, M. Leclerc, K. Lee, A. J. Heeger, Nat. Photonics 3, 297 (2009)

[20] H. - Y. Chen, J. Hou, S. Zhang, Y. Liang, G. Yang, Y. Yang, L. Yu, Y. Wu, G. Li, Nat. Photonics 3, 649 (2009)

[21] Y. Liang, Z. Xu, J. Xia, S. - T. Tsai, Y. Wu, G. Li, C. Ray, L. Yu, Adv. Mater. 22, E135 (2010)

[22] Y. Liang, Y. Wu, D. Feng, S. - T. Tsai, H. - J. Son, G. Li, L. Yu, J. Am. Chem. Soc. 131, 56 (2009)

[23] M. Knupfer, Appl. Phys. A 77, 623 (2003)

[24] B. C. Thompson, J. M. J. Frechet, Angew. Chem. Int. Ed. 47, 58 (2008)

[25] C. Deibel, V. Dyakonov, Rep. Prog. Phys. 73, 096401 (2010)

[26] P. E. Shaw, A. Ruseckas, I. D. W. Samuel, Adv. Mater. 20, 3516 (2008)

第 2 部分

胶体纳米晶和聚合物薄膜特征

第 4 章　电子显微术

摘要:本书第 2 部分介绍纳米晶和聚合物薄膜的物理特性,给出优选的相关表征方法,以及这些方法在光电材料研究中的应用进展。目的是阐述此领域中最重要方法的应用前景,而不仅仅是对现有方法的回顾或展示各种方法的复杂性。本章论述电子显微术。通常图像技术被视作获取样品结构信息的最直接方法,而特征长度为纳米量级的材料需要具有相应高空间分辨率的显微术。经典光学显微术的分辨率受到可见光波长限制,大约为 200nm。使用电子束替代可见光原理上可实现原子量级分辨率。因而电子显微术是材料科学中重要和广泛使用的方法。电子显微术有几种类型,主要类型是透射电子显微术(TEM)和扫描电子显微术(SEM)。本章将简要介绍电子显微术,以及应用电子显微术分析光电器件中纳米结构材料的实例。

4.1　电子显微术基础

电子显微镜通过加热阴极(包括 LaB_6 阴极)的电子热发射生成电子束,或是通过场发射电子枪(FEG)的电子场致发射生成电子束。使用加速电压为电子提供动能,电压范围为 $80 \sim 300keV$。根据波粒二象性原理,认为电子具有德布罗意波长。可以利用式(4.1)计算波长,并考虑加速电子高速度的相对论效应:

$$\lambda = \frac{h}{p} = \frac{h \cdot c}{\sqrt{E_{kin} \cdot (2m_{0,e}c^2 + E_{kin})}} = \begin{cases} 4.2 \times 10^{-12} m, E_{kin} = 80keV \\ 2.0 \times 10^{-12} m, E_{kin} = 300keV \end{cases} \tag{4.1}$$

式中:h 为普朗克常数;c 为光速;$m_{0,e}$ 为电子静止质量;p 为电子动量;E_{kin} 为电子动能。从式(4.1)可以看到,德布罗意波长处于皮秒量级。因而,与经典光学显微术相对比,原子量级的分辨率不再受到入射束波长的限制。

当电子束撞击到样品时,会产生各种物理现象,如图 4.1 所示。部分电子发生背散射,如果样品足够薄,部分电子发生透射,伴随散射或无散射。散射过程包括无能量损失的弹性散射和有能量损失的非弹性散射。入射电子与样品中重原子的核心撞击发生弹性散射。由于质量差异悬殊,弹性散射时没有动量从电子转移到原子核。入射电子与样品的原子电子壳层相互作用时,弹性和非弹性散射皆会发生。作为非弹性过程实例,样品的原子电离后导致入射电子束产生二次电子发射。电离后还伴随其他物理现象。例如,如果电子壳层的空位被一个更高壳层的电子填充,会发射 X 射线,甚至发射俄歇电子。

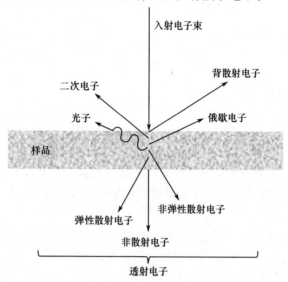

图 4.1　入射电子束撞击薄样品产生的物理现象示意图

扫描电子显微术探测到的是背散射电子,样品表面受到高空间分辨率电子束扫描探测。在透射电子显微术中,探测到的是透射电子。此技术需要很薄的样品。透射概率依赖于样品特性和入射电子束能量。通常样品厚度不超过几百纳米。

一个透射电子显微镜原理上类似于一个普通光学显微镜,只是用电磁透镜替代玻璃透镜[1]。图 4.2(a)给出透射电子显微镜各部件的简化示意图。一个聚光镜将入射电子束聚焦到样品上,电子显微镜的核心——物镜在电子出射方产生透射波图像,接着其他透镜放大图像,最终由电荷耦合(CCD)摄像机记录图像。可以选择的是,一个透射显微镜可以配备附加设备,如 X 射线探测器或一个滤能器(energy filter),电子能量在特定动能范围的电子才能穿越滤能器。通常使用电子显微镜进行能量色散 X 射线分析(EDX),根据发射的 X 射线对样品实现元素分析,因为每个元素都有其特征波长。

图 4.2(b)给出物镜成像射线路径图。平行射线无散射穿越样品,图像平面生成图像之前被一个理想透镜聚焦于后焦平面的光轴点上。特定方向的散射射线也聚焦在后焦平面,但不在光轴上,见图 4.2。

若在后焦平面使用一个孔径调谐装置,将实现对射线的选择:只有散射射线或非散射射线抵达成像平面,或两者都可抵达成像平面。如果孔径调谐装置直径较小并位于光轴中央,则只有非散射电子束到达探测器,此情形称为亮场成

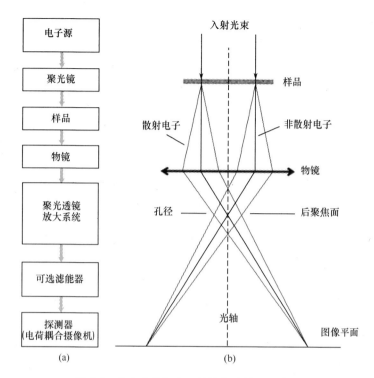

图 4.2 （a）透射电子显微镜部件简化示意图；
（b）散射和非散射电子波穿越物镜的射线路径示意图

像[1]，其探测强度正比于无散射透射概率。此关系导致在可观察到的 TEM 图像形成对比度。对于非晶样品，无散射透射概率直接与样品厚度相关。因此，样品较厚区域呈现暗图像，较薄区域呈现明亮图像。对于晶体样品情形更为复杂，电子束被晶格平面衍射（布喇格散射）导致无散射透射概率依赖于晶体晶向。因此，晶体样品的亮场图像对比度不再是样品厚度的直接测量。图 4.3（a）给出 CoPt$_3$ 纳米晶的亮场 TEM 图像实例。各个纳米晶的不同对比度归因于晶体的不同晶向。对 TEM 图像的统计评估可以确定粒子平均尺寸和尺寸分布特性（图 4.3（b））。因此，TEM 通常是纳米粒子结构表征的重要方法。

　　还可将孔径调谐装置从光轴移出，此时只有散射电子被探测到，此情形称作暗场成像。特别是晶体样品，散射到大角度的探测电子有时具有优先性。在大角度时，电子不相干散射（卢瑟福散射）超越了布喇格散射[3]。其结果是，散射概率依赖于原子数量。这种依存关系可用于扫描透射电子显微术。因此，大角度电子强度几乎正比于样品厚度。图像的对比度不再依赖于晶体样品的晶向。此点很关键，尤其是在电子层析 X 射线照相法研究中，其电子强度与样品厚度呈线性相关是必要的（见 4.7 节）。为了在大角度收集足够的电子，已经开发出

57

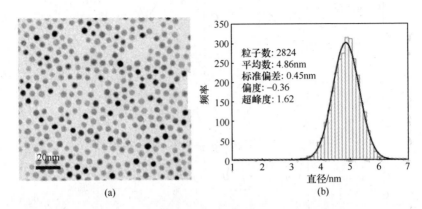

图 4.3 (a)胶体 $CoPt_3$ 纳米晶亮场 TEM 图像;(b)计算机辅助评估 2800 个纳米粒子的粒径分布直方图(得到文献[2]的复制许可,2005 年美国化学协会版权所有)

具有围绕光轴的环形圈的专用探测器,所以不仅可以探测穿越小孔径的大角度电子,而且可以探测到所有散射到此角度的电子。此种探测器称为"大角环形暗场"(HAADF)探测器。

4.2 高分辨率透射电子显微术

如果增大物镜后聚焦面的孔径直径,散射和非散射电子将都能抵达探测器。在此情形中,散射和非散射波函数的干涉导致图像平面生成干涉图案。这种技术可用于获得高分辨率透射电子显微术(HRTEM)图像[1]。如果布喇格散射占据散射主导地位,生成的干涉图案与晶体结构直接相关。通常,晶体样品的 HRTEM 图像实现了晶格条纹的可视化,此晶格条纹被视为晶格平面的图像。图 4.4 给出一个晶体样品 HRTEM 图像中可观察到的晶格条纹典型实例。

利用优良的透射电子显微术,可以获得原子纵列的可视化投影。图 4.5 给出具有原子分辨率的掺锑(Sb) SnO_2 纳米晶的 HRTEM 图像例子[5]。采用模拟方法可以证实 HRTEM 图像的真实性(见图 4.5 实例)。

如上所述,图像分辨率不受电子显微术波长的限制。最终确定显微镜分辨率的因素主要是电磁透镜像差和电子束稳定性。先进透射电子显微镜拥有复杂透镜系统以使像差最小化。利用相差修正显微镜,可以观察有机化合物的分子结构。图 4.6 给出附着在碳纳米管上的功能化富勒烯 HRTEM 图像[6]。通常的富勒烯 HRTEM 图像只能显示一个环形,具有像差修正的显微镜可显示富勒烯更精细的结构。

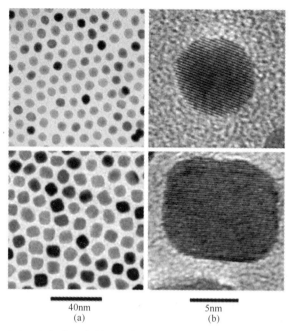

40nm
(a)

5nm
(b)

图 4.4　CoPt₃ 纳米晶两个样品的亮场 TEM 图像(a)和 HRTEM 图像(b)。
在单纳米晶 HRTEM 图像中,晶格条纹清晰可见。(得到文献[4]的
复制许可,2003 年美国化学协会版权所有)

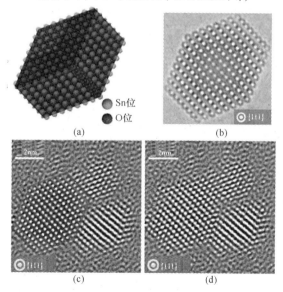

Sn位
O位
(a)

(b)

(c)

(d)

图 4.5　掺锑(Sb)SnO₂ 纳米晶的 HRTEM 图像。(d)是一个原始 HRTEM 图像;
(a)是晶体结构模型;(b)是对应模型(a)的模拟 HRTEM 图像;(c)是与原始图像(d)比较
的模拟 HRTEM 图像(得到文献[5]的复制许可,美国化学协会 2009 年版权所有)

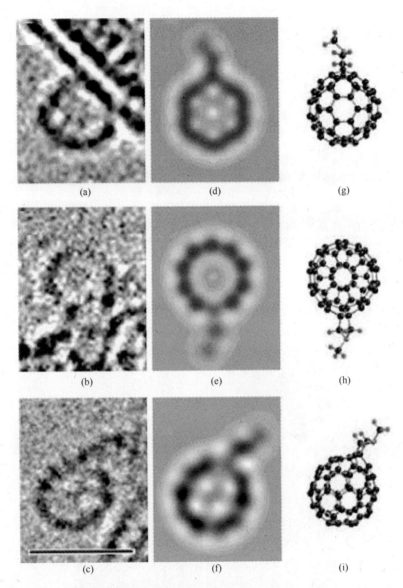

图4.6 附着在单壁碳纳米管表面并采用吡咯烷功能化的富勒烯 HRTEM 图像。
(a) ~ (c)是原始图像,(d) ~ (f)是模拟图像,(g) ~ (i)是原子模型。(c)图的标尺
长度是1nm(得到文献[6]的复制许可,2007年美国化学协会版权所有)

4.3　傅里叶分析和图像滤波

回顾图 4.2 给出的射线路径图,物镜将散射和非散射入射线聚焦到后聚焦面上。因此,当图像最终形成在图像平面之前,后聚焦平面已获得衍射图案。样品透射波的复杂振幅、后聚焦面的衍射图案以及成像平面的图像都与傅里叶变换相关。准确而言,理想透镜后聚焦面获得的强度分布正比于样品出射面复杂振幅傅里叶变换绝对值的平方(如果透镜不是理想的,后聚焦面的强度分布将依赖于透镜特性的函数修正)。与此类似,成像平面的强度分布与透镜后焦平面的衍射图案反向傅里叶变换相关。

后聚焦面获得的衍射图案是倒晶格空间的图像。对于晶体样品,晶格周期性导致特定角度的布喇格散射。换句话说,强度将集中在后聚焦面的特定点上,与特定晶格平面的衍射相对应(参见第 5 章晶格衍射基础)。衍射图案可以通过透射电子显微镜直接记录。在正常成像模式中,投影透镜系统将物镜的图像平面投射到最终的成像平面(如 CCD 照相机)。为了使衍射图案可视化,调节投影透镜系统以将物镜的后焦平面投射到照相机。

在 HRTEM 图像分析中,可以计算属于图像的衍射图案,因为衍射图案和图像都与傅里叶变换相关。为此有不少软件解决方案。图 4.7 给出一个盘形 $CuInS_2$ 纳米晶样品的 HRTEM 图像和对应傅里叶变换的衍射图案[7]。在衍射图案中,对应样品不同晶格平面的布喇格反射点清晰可见。

真实空间图像和倒晶格空间衍射图案的相互关系可用于图像滤波。在此情形中,通常的衍射图案是将真实空间图像通过傅里叶变换计算得到。第二步,对倒晶格空间得到的图像进行处理,再通过反向傅里叶变换将处理后的图像变换回到真实空间。

傅里叶空间的图像处理是识别布喇格反射的一个实例,可以消除对应布喇格散射的亮点之间的漫射强度。在反向变换到真实空间的图像中,晶格条纹可以更清晰,所以这种图像处理方式可以减少图像噪声。

在傅里叶空间还可以应用滤波器消除属于特定晶体相的布喇格反射。此类型分析在 Haubold[8] 等的 InP/ZnS 核 – 壳纳米晶研究中得到应用。在此研究中,各个纳米晶的 HRTEM 图像被变换到傅里叶空间,InP 和 ZnS 晶格的布喇格反射在衍射图案中可以看到。通过恰当掩蔽,属于 InP 或 ZnS 的布喇格反射在反向变换前被选择性除去。抑制 ZnS 反射的衍射图案经反向变换产生一个只可看到 InP 成分的图像,反之亦然。此步骤可以识别哪一部分原始图像分别对应于 InP 或 ZnS[8]。

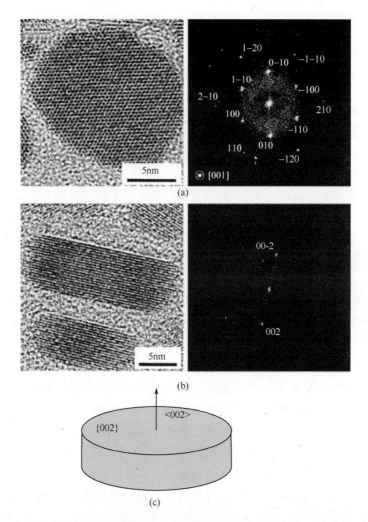

图 4.7　具有纤锌矿晶体结构的盘形 CuInS₂ 纳米晶 HRTEM 图像。(a)图和(b)图
分别是 c 晶轴平行和垂直于光轴的粒子图像。右边图像是傅里叶变换计算出的对应
衍射图案。(c)图是纳米晶的形状示意图。(得到文献[7]的复制许可,
2009 年美国化学协会版权所有)

4.4　确定微粒大小

电子显微术的最常见应用是确定颗粒大小。然而,对图像的统计评估并非
像最初看到的那样显而易见。例如,若要确定近似球形纳米粒子的平均半径,问
题在于如何定义"半径",此术语来自于一个完美球体。图 4.8 给出三个非完美
球形粒子的可能定义:图 4.8(a)环绕粒子投影的最小圆圈半径;图 4.8(b)嵌入

粒子投影的最大圆圈半径;图 4.8(c)具有等效横截面积的球形半径。测量面积 A 并计算半径 R,由于 $R = \sqrt{A/\pi}$ 是计算粒子轮廓的平均半径方法,因而经常得到使用[2]。

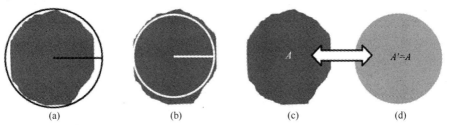

图 4.8　确定准球形粒子半径的不同方法说明。(a)环绕粒子二维投影的最小圆;
(b)纳入粒子内的最大圆;(c)测量粒子面积为 A 并定义一个球面半径,
使球面等效截面积 $A' = A$

采用恰当的微粒尺寸定义,可以估算相当数量的微粒。通常,需要 100 ~ 1000 个微粒以获得可靠的统计数据。如果想要把从 TEM 图像评估出的平均尺寸与其他方法(如 X 射线衍射)获得的微粒尺寸相比较,又出现另一个问题:为了正确比较,有必要使用权重因子。衍射方法对于晶畴体积很敏感,因而出现一个微粒尺寸的体积权重平均值。作为对比,如果 N 个粒子的平均半径和标准偏差 σ 分别由式(4.2)和式(4.3)计算得到,则非权重值(粒子数量分布)可从透射电子显微分析获得。

$$\overline{R} = \frac{1}{N} \sum_{i=1}^{n} R_i \tag{4.2}$$

$$\sigma = \sqrt{\frac{\sum_{i=0}^{n} (R_i - \overline{R})^2}{N - 1}} \tag{4.3}$$

数值分布函数 $f(R)$ 通过式(4.4)可转换到体积权重分布函数 $f_V(R)$ 如下所示[2]:

$$F(R) \rightarrow f_V(R) = \frac{R^3 \cdot f(R)}{\int_0^\infty R^3 \cdot f(R) \cdot \mathrm{d}R} \tag{4.4}$$

在非权重直方图中,$h(R_j)$ 是半径在数值分布 j 级的粒子频率标志。变换式由式(4.5)给出[2]:

$$h(R_j) \rightarrow h_V(R_j) = N \cdot \frac{R_j^3 \cdot h(R_j)}{\sum_j R_j^3 \cdot h(R_j)} \tag{4.5}$$

更进一步,体积权重平均半径 $\overline{R}_V$ 可以直接由数据点按照公式(4.6)计算[2]:

$$\overline{R}_V = \frac{\sum\limits_{i=1}^{n} R_i^4}{\sum\limits_{i=1}^{n} R_i^3} \tag{4.6}$$

在准球形 CoPt3 纳米晶研究中,对于良好定义的粒子(球形粒子,标准偏差小于 10%),如果合理使用权重因子比较[2],透射电子显微术与小角度 X 射线散射确定的尺寸分布具有良好的一致性。

4.5 样品制备与稳定性

本书有必要简要概述用于电子显微术的样品制备和电子束下的样品稳定性。透射电子显微术需要样品足够薄以使部分电子透射。样品厚度极限取决于被研究的材料和电子束能量,但通常样品厚度不应大于 100nm。

在某些情况下样品制备相当容易。比如,胶体纳米晶可以利用胶体溶液直接淀积在 TEM 栅格上形成恰当的可调浓度。随后,溶剂蒸发并在栅格上形成一层薄的纳米晶。在其他情况下,样品制备很困难。在聚合物光电子领域,通常是用透射电子显微术研究聚合物薄膜,该薄膜是光电子器件的必要组分,如纯聚合物薄膜或与其他材料如富勒烯或有机纳米晶混合的聚合物薄膜。一种方式是在 TEM 栅格上直接制备聚合物薄膜,类似于器件的薄膜制备。然而,与实际光电器件的薄膜相比,无法保证 TEM 栅格上有可重复的相同薄膜形成条件。此外,完整器件通常不适于作为透射电子显微术分析的样品。因此有必要从实际器件提取聚合物薄膜。如果器件包含不同溶解度的材料层,可以实现这种提取。例如,有机和杂化太阳电池中,一层疏水性聚合物薄膜通常位于水溶性 PEDOT:PSS 薄膜上面。在此例中可以将器件浸没到纯水里,PEDOT:PSS 薄膜溶解于水,聚合物薄膜脱离下部衬底并漂浮在水面,TEM 栅格将拾取此聚合物薄膜。这种方法已成功用于研究有机和杂化太阳电池的有源层[9]。一个相似方法用于制备相同条件的聚合物薄膜,但实际器件采用的是其他水溶性衬底,如用于红外光谱的 NaCl 窗[10]。

如果上述基于溶液方法不实用,一个有效方法是利用聚焦离子束(FIB)制备 TEM 薄层。在此情形中,一个精确控制离子束用于从样品上切割一个薄层。这种方法虽然技术复杂并耗时,但可以利用 TEM 分析样品,并已经应用在某些研究中[11]。聚焦离子术制备样品薄膜的优势是无须使用溶剂便可从实际器件提取 TEM 样品。

扫描电子显微术的样品制备相对容易,因为样品厚度无关紧要。但扫描电子显微术要求样品充分导电,否则将产生样品充电使分辨率下降。

另一个关注点是电子束注入时样品的稳定性。长期曝露在显微镜电子束下的软物质如有机分子、聚合物或生物组织可能会被损伤或变形[12,13]。这将会影响无机材料如半导体纳米晶,在一些实验中可观察到材料结构特性的电子束诱导变化[1,14]。如果要求图像稳定和真实反映样品原始状态,必须谨慎使用电子显微术。

4.6 扫描电子显微术

扫描电子显微术通常用于有机电子学领域,以获得沉积或生长在衬底上的有机薄膜结构特征。图4.9给出在ITO涂覆玻璃衬底上利用化学气相沉积生长的短碳纳米管SEM图像示例[15]。这些碳纳米结构可用作有机太阳电池中贯穿到有源层的电极[15]。

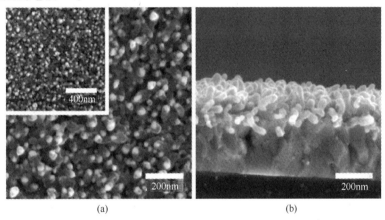

图4.9 氧化铟锡上化学气相沉积生长碳纳米管SEM图像。((a)顶视图;(b)侧视图)。采用很短生长时间实现相对短的纳米管长度(得到文献[15]的复制许可,美国化学协会2012版权所有)

4.7 电子层析成像

电子显微术的主要缺陷是只能获取三维物体的二维图像,因此难以对样品结构得到清晰认识。比如,无法分析二元化合物(如施主/受主混合物)交互贯穿网络的三维形貌。而电子层析成像(tomography)法可克服这些困难。电子层析成像法应用实例详细介绍见文献[12,16-18]。

本节将简要介绍电子层析成像法的工作原理。基本理念是测量围绕一个倾斜轴旋转的物体的一系列TEM图像,利用计算机辅助方法可以从一系列二维投影重构一个三维物体。图 4.10 说明了此原理。

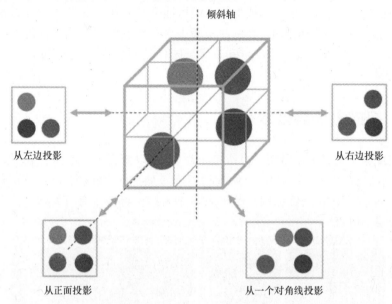

图 4.10　电子层析成像工作原理说明。样品(此例中一个立方体分布四个球体)围绕一个倾斜轴旋转,所以可以从不同方向记录二维投影(标准 TEM 图像)。依据此系列投影,采用计算机辅助方法有可能重构三维物体

　　为了得到可靠的物体重构,有几个重要条件。首先图像形成对比度需要样品厚度的单调函数(即投影条件)。对于众多有机材料或生物组织等非晶样品,此条件通常能在亮场成像模式下得到满足。对于晶体样品,布喇格散射导致对比度随样品晶体取向发生改变(4.1 节)。因而,投影条件通常在亮场成像模式下无法得到满足。正如早先说明的,在大散射角度下布喇格散射变得无关紧要。因此优先采用大角度环形暗场探测器对晶体样品进行扫描透射电子显微术的暗场成像模式研究[18]。

　　可靠的物体重构需要记录充分大范围的投影,投影覆盖角度范围越大越好。如同 4.3 节介绍的,一个 TEM 图像与傅里叶空间的衍射图像相关。三维物体的每一个二维投影都对应于三维傅里叶空间的一个二维薄片。如果投影覆盖全部傅里叶空间,便可得到三维物体的全部重构信息。然而,通常无法得到全部角度范围,因为在大倾斜角时样品支撑物将阻挡束流射入,没有覆盖到的入射角区间形成信息"失踪楔"[12,18]。通常在 70° 倾斜角内每隔 1° ~ 2° 进行一次投影记录[17]。然而,在 70° ~ -70° 入射角范围内,只有 78% 的傅里叶空间被覆盖到[12]。减少"失踪楔"的一种方式是使用两个相互垂直的倾斜轴[12,18]。采用两个正交倾斜轴对可靠图像重构中"失踪楔"的改进在四边形 CdTe 实例研究里得

到验证。有些实例中不是所有四边形的四个分支都能在重构中呈现[18]。这促使我们更加关注此方法的可靠性。电子层析成像确实是获得物体三维结构印象的有效方法,但是重构并不能消除不确定性。

对于聚合物太阳电池,电子层析成像提供了研究体异质结中施主和受主材料的三维互相贯穿网络的独特可能性。此方法已经成功用于研究 P3HT/PCBM[19]、P3HT/ZnO[20] 和 MDMO - PPV/CdSe 层[21]。图 4.11 给出一个 P3HT/PCBM 薄膜的重构体积图。对两种元素的分布细节分析显示,P3HT 的体积百分比从薄膜上层到底层呈单调变化[19]。在 P3HT/ZnO 体异质结层研究中,有可能显现 ZnO 相三维网络,并确认孤立域和"死胡同",如部分网络不能为载荷子提供通往电极的直接路径[20],除了电子层析成像,如今其他方法不可能提供体异质结层三维形貌的此类详尽信息。

图 4.11　三种不同工艺制备的 P3HT/PCBM 体异质结薄膜重构图。体积尺寸为 1700nm × 1700nm × 100nm。(a)是无退火旋涂工艺制备薄膜,(b)是在 130℃热退火 20min 的薄膜,(c)是采用"溶剂辅助退火"方法的薄膜。针形结构来自于 P3HT 晶体域(得到文献[19]复制许可,2009 年美国化学协会版权所有)

参考文献

[1] Z. L. Wang, J. Phys. Chem. B 104, 1153 (2000)

[2] H. Borchert, E. V. Shevchenko, A. Robert, I. Mekis, A. Kornowski, G. Grübel, H. Weller, Langmuir 21, 1931 (2005)

[3] S. Bals, B. Kabius, M. Haider, V. Radmilovic, C. Kisielowski, Solid State Commun. 130, 675 (2004)

[4] E. V. Shevchenko, D. V. Talapin, H. Schnablegger, A. Kornowski, Ö. Festin, P. Svedlindh, M. Haase, H. Weller, J. Am. Chem. Soc. 125, 9090 (2003)

[5] D. G. Stroppa, L. A. Montoro, A. Beltran, T. G. Conti, R. O. da Silva, J. Andres, E. Longo, E. R. Leite, A. J. Ramirez, J. Am. Chem. Soc. 131, 14544 (2009)

[6] Z. Liu, K. Suenaga, S. Iijima, J. Am. Chem. Soc. 129, 6666 (2007)

[7] B. Koo, R. N. Patel, B. A. Korgel, Chem. Mater. 21, 1962 (2009)

[8] S. Haubold, M. Haase, A. Kornowski, H. Weller, Chem. Phys. Chem. 2, 331 (2001)

［9］I. Lokteva, N. Radychev, F. Witt, H. Borchert, J. Parisi, J. Kolny – Olesiak, J. Phys. Chem. C, 14, 12784 (2010)

［10］W. U. Huynh, J. J. Dittmer, W. C. Libby, G. L. Whiting, A. P. Alivisatos, Adv. Funct. Mater. 13, 73 (2003)

［11］J. S. Moon, J. K. Lee, S. Cho, J. Byun, A. J. Heeger, Nano Lett. 9, 230 (2009)

［12］V. Lucic, F. Förster, W. Baumeister, Annu. Rev. Biochem. 74, 833 (2005)

［13］R. F. Egerton, P. Li, M. Malac, Micron 35, 399 (2004)

［14］S. Iijima, T. Ichihashi, Phys. Rev. Lett. 56, 616 (1986)

［15］H. Borchert, F. Witt, A. Chanaewa, F. Werner, J. Dorn, T. Dufaux, M. Kruszynska, A. Jandke, M. Höltig, T. Alfere, J. Böttcher, C. Gimmler, C. Klinke, M. Burghard, A. Mews, H. Weller, J. Parisi, J. Phys. Chem. C 116, 412 (2012)

［16］M. Barcena, A. J. Koster, Semin. Cell Dev. Biol. 20, 920 (2009)

［17］R. I. Koning, A. J. Koster, Ann. Anat. 191, 427 (2009)

［18］P. A. Midgley, R. E. Dunin – Borkowski, Nat. Mater. 8, 271 (2009)

［19］S. S. van Bavel, E. Sourty, G. de With, J. Loos, Nano Lett. 9, 507 (2009)

［20］S. D. Oosterhout, M. M. Wienk, S. S. van Bavel, R. Thiedmann, L. J. A. Koster, J. Gilot, J. Loos, V. Schmidt, R. A. J. Janssen, Nat. Mater. 8, 818 (2009)

［21］J. C. Hindson, Z. Saghi, J. – C. Hernandez – Garrido, P. A. Midgley, N. C. Greenham, Nano Lett. 11, 904 (2011)

第 5 章　X 射线衍射

摘要:材料结构分析的经典技术之一是 X 射线衍射(XRD)。至今已经开发出衍射实验中的多个物理变量,这些变量用于宽角度或窄角度范围的 X 射线散射检验技术。因此可使用不同的 X 射线源进行同步加速器辐射,在衍射实验中开创一个全新的研究领域。本章不是对 X 射线衍射原理和现有不同方法进行总结,而是对用于扩展结晶固体的 X 射线衍射方法给予回顾,该衍射方法已用于纳米晶材料和聚合物之类的软物质。除了确认晶体相,X 射线衍射还专门用于确定纳米粒子尺寸。本章主旨是大角度范围的 X 射线衍射,同时对小角 X 射线散射(SAXS)进行简要回顾。

5.1　X 射线衍射基础

为了充分理解 X 射线分析步骤如粒子尺寸确定方法,有必要简要介绍晶体学和 X 射线衍射的基础和背景知识。但是对晶体学和衍射方法的完整介绍已超出本书范围。为了得到更完备的描述,建议读者查阅其他文献[1-4]。

如图 5.1 所示,对晶体的 X 射线衍射的最简单描述是几何光学。当一束波向量为 k_0 的入射平面波被晶格平面散射时,被随后晶格平面衍射的平行射线在晶格中穿越不同距离。根据几何学知识,穿行长度由下列公式确定:$\Delta g = 2d \cdot \sin\theta$,$d$ 是相邻晶格平面之间的距离,θ 是入射波与平面的夹角(图 5.1)。如果存在大量平行平面,穿行长度的差异产生相移导致消光。如果相移为 0,衍射波是相长干涉(constructive interference),此时穿行长度差异是波长的整数倍,即 $\Delta g = n \cdot \lambda$。在几何学确认 Δg 时,已知的布喇格式(5.1)是相长干涉的必要条件:

$$2d \cdot \sin\theta = n \cdot \lambda, \quad n \in N \qquad (5.1)$$

衍射波向量 k 与入射波向量 k_0 的差异(图 5.1)定义了散射向量 q:

$$q = k - k_0 \qquad (5.2)$$

由于晶格平面间距是各种晶体的特征常数,X 射线衍射可用于识别晶体种类。当块体材料的粉末 X 射线图形呈现尖锐反射峰时,纳米晶的衍射图则呈现宽域反射峰。图 5.2 给出 Law[5] 等研究的沉积在蓝宝石衬底上的 PbSe 纳米晶薄膜的衍射图实例。样品在各种温度下退火,退火导致纳米粒子[5]生长。可以

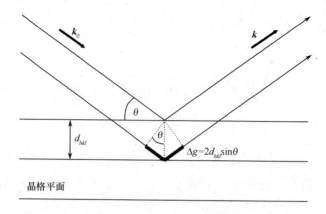

图 5.1 布喇格方程推导说明

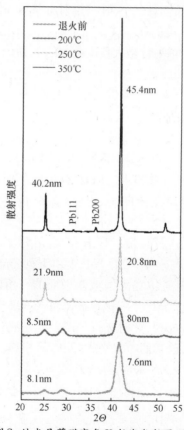

图 5.2 蓝宝石衬底上 PbSe 纳米晶薄膜宽角 X 射线散射图形。样品在指示温度下退火从而导致粒子尺寸增加。图中标明的粒子尺寸由对应布喇格反射宽度推导而得。在高温下观察到的附加反射源于金属铅的存在。（得到文献[5]的复制许可。
美国化学协会 2008 版权所有）

清晰地看到随着粒子尺寸增大,布喇格反射愈发尖锐。

　　当在显微图中考虑衍射过程时,晶体中各个原子元波(elementary wave)的叠加形成衍射强度的分布,从而可理解纳米晶材料的衍射峰变宽的原理。在此对必需的晶体学基础知识进行简要概述。通常采用晶格和基元(basis)来描述晶体结构。晶格描述晶体空间结构的周期性,在每个晶格点阵可以看到组成原子或离子的相同排列,并由基元来描述组成原子或离子。可以定义包含晶体结构完备信息的小晶胞,晶体可以认为是由占据晶体体积的众多晶胞所组成。可以区别原始晶胞(primitive unit cell)和非原始晶胞。一个原始晶胞只包含一个晶格阵点,具有包括晶体完整结构信息的最小体积。此外,晶格可以用三个晶格变换向量 $\boldsymbol{a}$、$\boldsymbol{b}$ 和 $\boldsymbol{c}$ 来描述。如果晶格是一个原始晶胞,即晶格阵点只位于晶胞角落,每个从原点指向晶格阵点的向量可用式(5.3)来描述:

$$\boldsymbol{r}_{uvw} = u \cdot \boldsymbol{a} + v \cdot \boldsymbol{b} + w \cdot \boldsymbol{c} \tag{5.3}$$

式中:u、v、w 为整数。与此相似,一个倒易空间的晶格即倒易晶格是基于 $\boldsymbol{a}^*$、$\boldsymbol{b}^*$ 和 $\boldsymbol{c}^*$ 三个向量,可用下列方程表示:

$$\boldsymbol{a}^* = \frac{2\pi}{V} \cdot \boldsymbol{b} \times \boldsymbol{c}, \ \boldsymbol{b}^* = \frac{2\pi}{V} \cdot \boldsymbol{c} \times \boldsymbol{a}, \ \boldsymbol{c}^* = \frac{2\pi}{V} \cdot \boldsymbol{a} \times \boldsymbol{b} \tag{5.4}$$

式中:$V = \boldsymbol{a} \cdot (\boldsymbol{b} \times \boldsymbol{c})$ 为晶胞体积。每个指向倒易晶格的晶格阵点向量可用如下方程表示:

$$\boldsymbol{r}_{nh,nk,nl}^* = n \cdot \boldsymbol{r}_{hkl}^* = n \cdot h \cdot \boldsymbol{a}^* + n \cdot k \cdot \boldsymbol{b}^* + n \cdot l \cdot \boldsymbol{c}^* \tag{5.5}$$

式中:n 为整数;h、k、l 为密勒指数也是整数。倒易晶格的向量 $\boldsymbol{r}_{nh,nk,nl}^*$ 垂直于密勒指数为 h、k、l 的晶格平面,其范数与相邻晶格平面的距离成反比,如下方程表示:

$$\| \boldsymbol{r}_{nh,nk,nl}^* \| = n \cdot \frac{2\pi}{d_{hkl}} \tag{5.6}$$

式中:n 为与式(5.5)相同的整数,表示从原点到第 n 个(hkl)晶格平面。如果晶格是原始晶胞,密勒指数 h、k 和 l 没有公约数;如果晶格不是原始晶胞,则对 h、k 和 l 有额外限制。例如,一个面心立方(fcc)晶格的密勒指数必须全为偶数或全为奇数,而一个体心立方(bcc)晶格的密勒指数总和必须是偶数。

　　根据倒易晶格定义很快得到正格子向量 $\boldsymbol{r}_{uvw}$ 与倒易晶格向量 $\boldsymbol{r}_{nh,nk,nl}^*$ 的标积总是 2π 的整数倍:

$$\boldsymbol{r}_{uvw} \cdot \boldsymbol{r}_{nh,nk,nl}^* = m \cdot 2\pi, \qquad m \text{ 是整数} \tag{5.7}$$

　　回到对衍射的描述,考虑元波可解决此问题。元波在被辐照晶体的所有构成原子间传播。在给定时间和远离晶体的空间点的元波叠加形成衍射强度 I 的表述,此表述包含两个因数[2],见式(5.8)~式(5.10):

$$I \propto |F(\boldsymbol{q})|^2 \cdot |S(\boldsymbol{q})|^2 \tag{5.8}$$

其中

$$F(\boldsymbol{q}) = \sum_{u,v,w} \mathrm{e}^{-\mathrm{i}\boldsymbol{q}\cdot\boldsymbol{r}_{uvw}} \qquad (5.9)$$

和

$$S(\boldsymbol{q}) = \sum_{\substack{\text{基元所}\\\text{有原子}}} a_j \mathrm{e}^{-\mathrm{i}\boldsymbol{q}\cdot\boldsymbol{r}_j} \qquad (5.10)$$

第一个因子 $F(\boldsymbol{q})$ 有时称作晶体形状因子,包含晶格所有向量 $\boldsymbol{r}_{uvw}$ 的总和。第二个因子 $S(\boldsymbol{q})$ 称作结构因子,包含相对于晶格阵点定义基元的原子位置的所有向量 $\boldsymbol{r}_j$。其中 a_j 是基元第 j 个原子的原子形状因子。晶体形状因子描述晶格平移向量 $\boldsymbol{a}$、$\boldsymbol{b}$ 和 $\boldsymbol{c}$ 的平移对称性,对其进一步评估导致劳厄函数[2,4]的成立,其定义如下:

$$L(x) = \frac{\sin^2(N\cdot\pi\cdot x)}{\sin^2(\pi\cdot x)} \qquad (5.11)$$

式中:x 为除以 2π 的散射向量 $\boldsymbol{q}$ 与晶格的三个晶格平移向量之一的标积;N 为相应晶格平移向量方向中晶体内存在的晶胞数量。如果 $\boldsymbol{u}$ 表示三个晶格平移向量 $\boldsymbol{a}$、$\boldsymbol{b}$ 和 $\boldsymbol{c}$ 的任一向量,x 数值则用式(5.12)确定:

$$x = \frac{\boldsymbol{q}\cdot\boldsymbol{u}}{2\pi} \qquad (5.12)$$

图 5.3 给出 $N=5$ 和 $N=20$ 劳厄函数的示意图。可以看到当满足式(5.13)时 x 整数值处出现 $L(x)$ 最大值:

$$\boldsymbol{q}\cdot\boldsymbol{u} = n\cdot 2\pi \qquad n \text{ 是整数} \qquad (5.13)$$

作为观察干涉最大值的条件,三个晶格平移向量 $\boldsymbol{u}=\boldsymbol{a},\boldsymbol{b},\boldsymbol{c}$ 必须同时满足式(5.13)。与此相同,对于具有整数系数 u、v 和 w 的任意 $\boldsymbol{r}_{uvw}$,散射向量 $\boldsymbol{q}$ 必须满足

$$\boldsymbol{q}\cdot\boldsymbol{r}_{uvw} = n\cdot 2\pi \qquad n,u,v,w \text{ 是整数} \qquad (5.14)$$

此方程令人联想起先前的表述,即正格子向量 $\boldsymbol{r}_{uvw}$ 与倒易晶格向量 $\boldsymbol{r}_{nh,nk,nl}^*$ 的标积总是 2π 的整数倍。在初基晶格中,所有晶格阵点都可用整数系数的 $\boldsymbol{r}_{uvw}$ 向量来描述,此结果意味着只有当散射向量 $\boldsymbol{q}$ 是倒易晶格的一个向量并满足式(5.15)时,才产生干涉最大值:

$$\boldsymbol{q} = \boldsymbol{r}_{nh,nk,nl}^* \qquad (5.15)$$

对于非初基晶格,额外晶格阵点对应于分数系数时也能获得上述相长干涉条件。其验证见文献[1-3]。只有当散射向量是一个倒易晶格向量时才可以观察到干涉最大值,并且可采用厄瓦耳作图法描绘干涉最大值[1-3]。

简化起见,图 5.4 给出二维晶格的厄瓦耳作图法。环绕入射波向量 $\boldsymbol{k}_0$ 画出半径为 $\|\boldsymbol{k}_0\|$ 的一个圆,倒易晶格的一个晶格阵点位于 $\boldsymbol{k}_0$ 终点。只有当倒易晶格阵点位于厄瓦耳圆周时,即散射向量 $\boldsymbol{q}=\boldsymbol{k}-\boldsymbol{k}_0$ 是一个倒易晶格向量时,在此方向才会产生衍射。对于三维晶体结构,作图与此类似,只是用球体替代圆周。

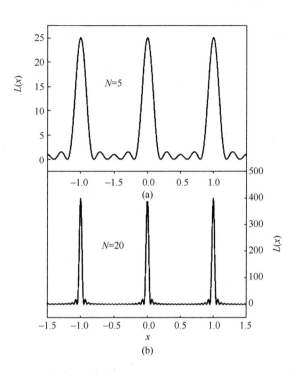

图 5.3　不同 N 值劳厄函数式(5.11)图(N 是给定晶体方向的晶胞数量)

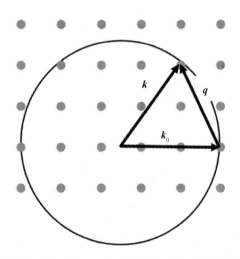

图 5.4　厄瓦耳作图法说明。在以入射波向量 k_0 为基础的倒晶格空间画出一个
半径为 $\parallel k_0 \parallel$ 的圆(或三维球体)。向量 k_0 的终点是倒易晶格的起点。
只有晶格阵点位于厄瓦耳圆(或球面)的圆周上时,才会形成相长干涉。
此与下列条件等效:散射向量 q 是倒易晶格的一个向量

如果散射向量是一个倒易晶格向量,根据式(5.6),其范数由下列方程表述:

$$\| \boldsymbol{q} \| = \| \boldsymbol{r}_{nh,nk,nl}^* \| = n \cdot \frac{2\pi}{d_{hkl}} \qquad (5.16)$$

此外,已知入射波向量与衍射波向量夹角为 2θ(图5.1)时,可以容易计算出散射向量的范数:

$$\| \boldsymbol{q} \| = \| \boldsymbol{k} - \boldsymbol{k}_0 \| = \sqrt{(\boldsymbol{k} - \boldsymbol{k}_0) \cdot (\boldsymbol{k} - \boldsymbol{k}_0)} = \cdots = 2 \| \boldsymbol{k} \| \cdot \sin\theta = \frac{4\pi}{\lambda}\sin\theta$$
$$(5.17)$$

结合式(5.16)和式(5.17),可以得到干涉最大值的必要条件,即

$$\frac{4\pi}{\lambda}\sin\theta = n \cdot \frac{2\pi}{d_{hkl}} \Leftrightarrow 2d_{hkl} \cdot \sin\theta = n \cdot \lambda \qquad (5.18)$$

在微观描述衍射过程时对劳厄函数求值,再一次验证了布喇格定律。衍射角 θ 准确核实了对应劳厄函数最大值的布喇格方程,θ 角的微小改变相当于劳厄函数中自变量 x 的略微改变。如图5.3所示,劳厄函数最大值在较大晶体中愈发尖锐,因此从数学角度解释了当晶体尺寸较大时为什么衍射强度对于角度轻微改变更敏感。反之亦然,上述考虑说明为什么布喇格反射峰在较小纳米晶中会变宽。

需要指出,布喇格方程是相长干涉的必要条件,但不是充分条件。上述讨论明确了此结论,因为入射角确定了对应劳厄函数最大值的布喇格方程以及晶体的形状因子。然而,即使满足了布喇格方程,结构因子依然可能为0,因此导致在非初基晶格中布喇格反射的系统性消失。例如,面心立方晶格只有在密勒指数 h、k 和 l 全为偶数或全为奇数时,衍射图形才包含(hkl)反射。

5.2 确定粒子尺寸

纳米科学中,X射线衍射的一种专门应用是利用线增宽分析确定粒子尺寸。最简单的实用方法是谢乐(Scherrer)方程(式(5.19)),根据已知的布喇格反射[1,2,6,7]确定粒子尺寸:

$$d = \frac{K \cdot \lambda}{w \cdot \cos\theta} \qquad (5.19)$$

式中 d 为粒子尺寸;λ 为辐射波长;θ 为布喇格反射的入射角;w 为 2θ 处宽度;K 为接近于1的一个常数。K 值依赖于晶体形状、定义粒子尺寸 d 和宽度 w,以及尺寸分布等特性。以立方晶体为例,假定 d 是立方晶体边长,w 是峰值1/2处的

宽度(FWHM)[6]，谢乐方程给出 K 初值为 $2\sqrt{\ln 2/\pi}=0.94$。Klug 和 Alexander 推导出谢乐方程，K 值为 0.89[1]，其他晶体形状的 K 值和宽度确定可在 Langford 和 Wilson 的文献[8]中见到。纳米科学中粒子通常被视作近似球形，因而有其特定意义。当考察一个直径为 d 的球形粒子时，垂直于衍射平面的晶胞列长度不是常数，图 5.5 对此给予说明。

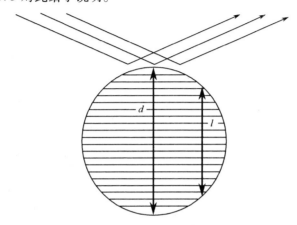

图 5.5　图示显示在近似球形纳米晶中，垂直于衍射平面的晶胞列长度 l 不等同于粒子直径 d。只有位于粒子中心的晶胞列长度等于粒子直径，其余列都比 d 短

所以实验中的球形粒子比其实际尺寸显得更小。更精确的是，应用谢乐方程当 $K=0.9$ 时导致有效直径 d_{eff} 小于实际直径。考虑到这种现象，可以推导出体积加权列长(d_{eff})与平均晶粒直径(d)的关系式[9,10]：

$$d_{eff}=d\cdot\frac{3}{4} \tag{5.20}$$

因此，在研究球形晶体时需要采用修正因子 4/3。对于立方晶体建议 $K=0.9$[1]。根据给定布喇格反射半峰宽度，下列方程可计算球形粒子直径[10]：

$$d=\frac{4}{3}\cdot\frac{0.9\lambda}{w\cdot\cos\theta} \tag{5.21}$$

在研究窄尺寸分布(标准偏差小于 10%)金属 $CoPT_3$ 纳米的晶时，应用式(5.21)谢乐方程可以详细比较透射电子显微术与小角 X 射线散射的结果[11]。粒子直径波动偏差小于 5%[11]，说明式(5.21)适合估算明确定义的准球形纳米晶平均直径。在其他许多材料研究中，粒子形状并未明确定义或是未知，此时通常 $K=1$，其结果只是平均晶体尺寸的粗略估计。

除了常数 K 的各种定义和不同数值导致的复杂化，应用谢乐方程的主要困难在于，不仅有限粒子导致谱线增宽，而且实验装置和微应变(晶格平面间距的变化会产生微应变)也会导致谱线增宽。不同因素对总体线宽的相对影响自然取决于实验装置和样品。对于小纳米晶,实验增宽可忽略不计,但微应变效应则难以估计。根据已有模型,有限尺寸导致线增宽属于洛伦兹型,而微应变和实验装置导致增宽属于高斯型,从而产生作为不同贡献因子卷积乘积的 Voigt 函数[12,13]。可以将实验数据拟合到 Voigt 函数,而把洛伦兹宽度作为可变量 w 嵌入到谢乐方程,但通常并不采用此种方式。尽管如此,谢乐方程还是提供了一个确定粒子尺寸的简单方式,并被材料科学界广泛使用。

更加复杂的方法并未简化对反射谱线宽度的评估,但却检验了整个谱线形状。一个实例是沃伦 – 阿维巴赫(Warren – Averbach)方法,此方法利用傅里叶分析评估谱线形状。傅里叶级数的系数与粒子尺寸和相干衍射域的微应变相关。对 Warren – Averbach 方法的简要总结实例见文献[14]。更详细的信息可查询文献[1,15 – 17]。

5.3　Rietveld 分析

X 射线衍射图谱分析的一个有效方法是 Rietveld 精修(refinement),利用全谱拟合模拟全部衍射图谱。通过调节各种参数,使模拟衍射图符合实验数据。对于晶体尺寸在微米量级的扩展固体,Rietveld 精修能够提取结构信息的精确数值,如晶格参数、原子位置、温度因子等。目前已经开发出 Rietveld 分析的各类商用程序。

由于纳米晶衍射图呈现较宽的反射,无法获得像块体材料那样的详尽信息。然而,实验衍射图能够被理论复制,Rietveld 分析也能提供纳米晶样品的有用信息,这是令人感兴趣的事实。一种吸引人的可能性是评估全部衍射图以确定粒子尺寸。与谢乐方程相对比,Rietveld 分析可以同时考虑所有反射。

Kruszynska 研究的 $CuInS_2$ 纳米晶[18]可以作为实例在此详细说明。图 5.6 展示了胶体合成制备的 $CuInS_2$ 纳米晶样品的 HRTEM 图像和纵览图。根据 TEM 图,纳米晶具有狭长形状,其平均宽度和长度分别为 19nm 和 45nm。图 5.7 是对应的粉末 X 射线衍射图样,材料是纤锌矿(六边形)晶体结构。实验数据与 MAUD 程序中的 Rietveld 拟合相一致[19]。MAUD 程序为尺寸应变分析提供可能性。根据 Popa[13]开发的模型,采用 Voigt 函数线型,将高斯增宽归结为应变效应,洛伦兹宽度则与晶体尺寸相关。作为一个特例,建立模型的晶体尺寸不一定要各向同性。

图 5.7 的蓝色曲线是假定一个球形晶体和随机取向晶体的拟合曲线。显

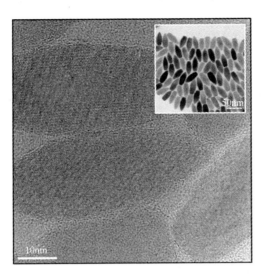

图 5.6　具有狭长晶体形状的胶体制备 CuInS$_2$ 纳米晶高分辨率纵览(插图)TEM
图像(得到文献[18]的复制许可。2010 年美国化学协会版权所有)

然,实验观察布喇格反射位置可以通过六边形 CuInS$_2$ 相模拟而准确复制出来,
但相对强度不一定准确。而且,一个假定的各向同性晶体尺寸难以重现其峰值
宽度(图 5.7(b))。实验数据中(002)晶向反射比(100)晶向反射窄许多。这意
味着纳米晶沿着六边形晶体结构的 c 轴方向有更多的晶胞数量。因而纳米棒是
平行于 c 轴的细长棒。

　　基于对称球谐函数的开发,构建模型还可以模拟非球形晶体。图 5.7 红色
曲线显示一个长轴平行于六方晶体结构 c 轴的棒状晶体模拟曲线图,此例中粉
末的晶体取向不再是随机的。在 XRD 分析中,首选晶向称作纹理。非各向同性
尺寸模型与纹理效应模型结合使用,导致实验数据的合理拟合(见图 5.7 红色
曲线)[18]。

　　图 5.8(a)显示模拟方法绘制的曲线图。可以看到平均长度为 56nm、厚度
为 21nm 的 CuInS$_2$ 纳米棒,此数值与 TEM 分析结果完全一致。纳米棒短轴一致
性优于长轴。纳米棒衍射图模拟需要运用纹理模型,因为假定纳米棒在衬底上
随机取向是不合理的。所示例子中纹理模型的使用是基于融入到球谐函数系列
的极分布函数的开发[20]。为理解此模型,需要对极射赤面投影和极像图进行解
释:对于给定晶体,倒易晶格原点位于虚球中心。

　　如图 5.8(b)所示,垂直于(hkl)平面的倒易晶格向量延长线与虚球相交于
点 P,P 是(hkl)平面的极点。极投影到一个赤道平面,在投影平面可以获得极
像图。对于单晶,可以获得对应不同晶格平面的独特极点。对于粉末情形略有

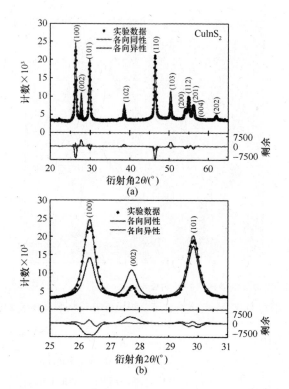

图 5.7 采用 TEM 表征 $CuInS_2$ 样品的粉末 X 射线衍射图形。实验数据(点状)与两个 Rietveld 拟合描绘在一起。图(b)显示与图(a)相同数据的三个布喇格反射。拟合显示 蓝线是基于忽略优先取向的模型,并假定一个球形晶体形状。红线是基于尺寸应变模型 并采用模拟各向异性晶体形状。此例考虑了结构效应(得到文献[18]的复制许可。 美国化学协会 2010 年版权所有)

不同,不再将极点投影到所有晶格平面,只考虑(hkl)一个平面,所有晶格平面的 对应极点都投影到平行于衬底的赤道平面,在投影平面能够可视化频率分布。 图5.8(c)呈现了 $CuInS_2$ 纳米棒的(100)和(002)晶格平面的投影极点分布。色 彩标度表示随机分布的倍数(mrd)。红色表示增强概率,蓝/黑色表示与随机取 向相比一个较低概率。对于(002)平面,位于投影平面圆周的极点投影具有增 强概率(图中红色)。这意味着 r_{002}^* 向量优先平行于衬底。换句话说,纳米棒更 倾向于平躺在衬底上。此结果是合理的,因为样品不是粉末,而是胶体溶液沉积 在样品架上的纳米棒[18]。对 $CuInS_2$ 纳米粒子的 XRD 研究给出 Rietveld 分析成 功用于研究棒形纳米晶的一个实例。然而此个例并非如其他大量研究那般顺 利。此例有一定限制条件,说明纳米晶材料衍射图的 Rietveld 精修伴随一定约 束条件。尽管如此,Rietveld 分析适合于获得微结构信息,Rietveld 精修也成为纳米科学中经常使用的一项技术。

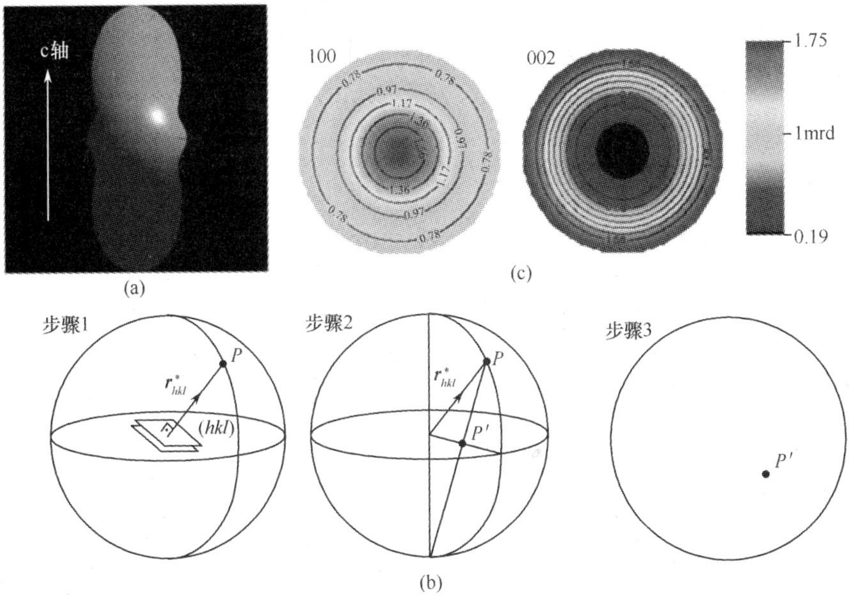

图 5.8 (a) 对应于图 5.7 红色拟合曲线精修导致的晶体形状。(b) 对极像图的理解说明:
步骤 1 垂直于 (hkl) 平面的向量延长线相交于投影球面获得 (hkl) 平面的极点 P;
步骤 2 极射赤面投影将极点 P 投射到赤道平面的 P' 点;步骤 3 获得赤道平面的极像图。
(c) 对应于图 5.7 红色拟合曲线的重构极像分布图 (颜色编码:红色高频,黑色低频)。
当 (100) 晶面具有较高概率取向平行于样品台时,(002) 晶面则优先取向垂直于样
品台 ((a) 和 (c) 图得到文献 [18] 的使用许可。美国化学协会 2010 年版权所有)

5.4 小角 X 射线散射

5.3 节讨论了晶体周期排列原子的 X 射线衍射。在另一个度量尺度上纳米
粒子整体可作为散射中心。在一次近似中,胶体溶液仅存在两种电子密度:位于
纳米晶内部和外部。电子密度的差异导致小角范围散射强度的变化。小角 X
射线散射的基本概念是,研究入射波与散射波向量间小角度 2θ 范围内,散射强
度 $I(q)$ 作为散射向量 q 的范数的函数。散射强度分析生成有关粒子形状、尺寸
和尺寸分布的信息。因此,小角 X 射线散射是纳米科学的一种重要结构分析方
法。对小角 X 射线散射的简要介绍见文献 [26]。小角 X 射线散射的详细信息
参见其他各种教科书 [27,28]。

图 5.9 给出胶体 $CoPt_3$ 纳米晶小角 X 射线散射测量的实例结果 [11],描述了
散射强度与散射向量范数之间的关系曲线图 (0.4Å^{-1} 对应散射角 2θ 使用入射

波束 8keV 光子能量)。实验数据可用于理论计算模型,计算样品平均粒子直径和标准偏差。给出实例中假定粒子为球形,确定两个样品的平均粒径各自为 (5.0 ± 0.4) nm 和 (8.1 ± 0.6) nm[11]。这些结果与 TEM 独立确定粒径的结果有良好的一致性[11]。

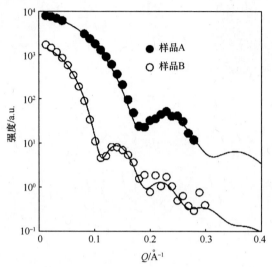

图 5.9　两种 CoPt$_3$ 纳米晶样品的小角 X 射线散射曲线。使用 8keV 同步加速器辐射进行实验。假定粒子尺寸为 Schultz – Flory 分布,实验数据(点)与拟合曲线绘制到一起。所确定的粒子尺寸样品 A 为 (5.0 ± 0.4) nm,样品 B 为 (8.1 ± 0.6) nm（得到文献[11]复制许可,美国化学协会 2005 版权所有）

此外,有必要提及半导体纳米晶形成超晶格的研究[29,30]。高度单分散纳米晶可形成三维超晶格,即空间周期排列的纳米晶。纳米晶超晶格作为组成"原子"引起衍射,原理上近似于普通晶体原子的 X 射线受激衍射,但是发生在另一个长度尺度(length scale)。因为超晶格具有更长尺度,布喇格反射出现在小角度范围。因此,小角 X 射线散射可应用于探讨自组装过程和超晶格形成。

5.5　软物质 X 射线衍射

X 射线衍射不仅用于研究无机化合物,如半导体纳米晶,而且可分析软物质的分子序。有机化合物的分子作为"原子"模块可以组装晶体,分子在空间的周期排列引起对辐照的衍射。图 5.10 给出聚合物薄膜 X 射线衍射的一个研究实例[31]。图 5.10(a)是硅衬底上纯 P3HT 薄膜的衍射图形,退火后显示出布喇格反射。因此可以得出结论,在退火进程中聚合物薄膜形成晶畴。图 5.10(b)给出 P3HT/C$_{60}$ 混合物的 XRD 图形。因此可知富勒烯组元也能形成晶畴。此例说明 X 射线衍射对软物质,如聚合物薄膜的分子序和结晶过程检验是一种精密分析技术。

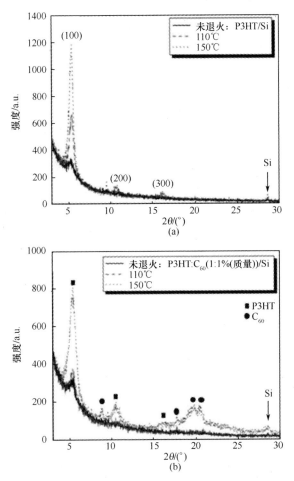

图 5.10 大角 X 射线衍射图形。(a)纯净 rr – P3HT 薄膜;(b)rr – P3HT/C$_{60}$混合物
(重量比 1:1)。给出不同退火温度下的衍射图形(依据文献[31]复制,
得到斯普林格科学 + 商业媒体的许可。斯普林格科学 + 商业媒体 2009 年版权所有)

参考文献

[1] H. P. Klug, L. E. Alexander, X – ray Diffraction Procedures for Polycrystalline and Amorphous Materials
    (Wiley, New York, 1974)

[2] J. – P. Lauriat, Introduction à la cristallographie et à la diffraction Rayons X – Neutrons, Paris Onze édition
    N K 150 (Université de Paris – Sud, Orsay, 1998). (in French)

［3］ C. Kittel, Introduction to Solid State Physics, 8th edn. (Wiley, New York, 2005)

［4］ Y. Waseda, E. Matsubara, K. Shinoda, X – ray Diffraction Crystallography (Springer, Heidelberg, 2011)

［5］ M. Law, J. M. Luther, Q. Song, B. K. Hughes, C. L. Perkins, A. J. Nozik, J. Am. Chem. Soc. 130, 5974 (2008)

［6］ P. Scherrer, Nachr. Ges. Wiss. Göttingen 1918, 98 (1918). (in German)

［7］ A. A. Guzelian, U. Banin, A. V. Kadavanich, X. Peng, A. P. Alivisatos, Appl. Phys. Lett. 69, 1432 (1996)

［8］ J. I. Langford, A. J. C. Wilson, J. Appl. Cryst. 11, 102 (1978)

［9］ C. E. Krill, R. Birringer, Philos. Mag. A 77, 621 (1998)

［10］ H. Natter, M. Schmelzer, M. – S. Löffler, C. E. Krill, A. Fitch, R. Hempelmann, J. Phys. Chem. B 104, 2467 (2000)

［11］ H. Borchert, E. V. Shevchenko, A. Robert, I. Mekis, A. Kornowski, G. Grübel, H. Weller, Langmuir 21, 1931 (2005)

［12］ T. H. de Keijser, E. J. Mittemeijer, H. C. F. Rozendaal, J. Appl. Cryst. 16, 309 (1983)

［13］ N. C. Popa, J. Appl. Cryst. 31, 176 (1998)

［14］ H. Natter, R. Hempelmann, T. Krajewski, Ber. Bunsen – Ges. Phys. Chem. 100, 55(1996)

［15］ B. E. Warren, X – ray Diffraction (Addison – Wesley, Reading, 1968)

［16］ B. E. Warren, B. L. Averbach, J. Appl. Phys. 21, 595 (1950)

［17］ B. E. Warren, B. L. Averbach, J. Appl. Phys. 23, 497 (1952)

［18］ M. Kruszynska, H. Borchert, J. Parisi, J. Kolny – Olesiak, J. Am. Chem. Soc. 132, 15976(2010)

［19］ L. Lutterotti, D. Chateigner, S. Ferrari, J. Ricote, Thin Solid Films 450, 34(2004)

［20］ N. C. Popa, J. Appl. Cryst. 25, 611 (1992)

［21］ J. W. Stouwdam, M. Raudsepp, F. C. J. M. van Veggel, Langmuir 21, 7003 (2005)

［22］ V. Petkov, M. Gateshki, J. Choi, E. G. Gillan, Y. Ren, J. Mater. Chem. 15, 4654 (2005)

［23］ H. Schäfer, P. Ptacek, H. Eickmeier, M. Haase, Synthesis and characterization of upconversion fluorescent Yb3 + , Er3 + doped CsY2F7 nano – and microcrystals. J. Nanomaterials (2009). doi:10.1155/2009 /685624

［24］ S. Wilken, D. Scheunemann, V. Wilkens, J. Parisi, H. Borchert, Org. Electron. 13, 2386(2012)

［25］ L. Kumar, P. Kumar, A. Narayan, M. Kar, Int. Nano Lett. 3, 8 (2013)

［26］ J. Wagner, W. Härtel, R. Hempelmann, Langmuir 16, 4080 (2000)

［27］ O. Glatter, O. Kratky, Small Angle X – ray Scattering (Academic Press, New York, 1982)

［28］ L. A. Feigin, D. I. Svergun, in Structure Analysis by Small Angle X – ray Scattering and Neutron Scattering, ed. by G. W. Taylor (Plenum Press, New York, 1987)

［29］ C. B. Murray, C. R. Kagan, M. G. Bawendi, Science 270, 1335 (1995)

［30］ C. B. Murray, S. Sun, W. Gaschler, H. Doyle, T. A. Betley, C. R. Kagan, IBM J. Res. Dev. 45, 47 (2001)

［31］ D. E. Motaung, G. F. Malgas, C. J. Arendse, S. E. Mavundla, C. J. Oliphant, D. Knoesen, The influence of thermal annealing on the morphology and structural properties of a conjugated polymer in blends with an organic acceptor material. J. Mater. Sci. 44, 3192 (2009)

第6章 光电子能谱术

摘要:纳米结构材料的许多物理和化学特征取决于表面及界面。研究无机或有机薄膜以及半导体纳米晶表面的有效方式是 X 射线光电子能谱术(XPS),即利用入射 X 射线激发样品产生光电子发射。由于样品物质中电子有较短的无散射迁移路径,检测光电子可探测样品的表面特征。X 射线光电子能谱实验可采用传统 X 射线管,也可使用同步加速器辐射。采用同步加速器辐射可揭示更详尽的信息,如样品表面元素的局部环境,因为同步加速器 X 射线光电子能谱术通常能获得更高的分辨率。本章简要概述光电发射实验的各种可能性,以及获得的不同类别信息。内容集中在半导体纳米晶的特性表征上。

6.1 X 射线光电子能谱基本原理

光电子能谱术中,样品置入超高真空(UHV)室被 X 射线辐照。如果辐射能量充足,X 射线撞击样品的原子,导致原子内层电子发射。发射光电子获得的动能来自于光子能量与样品原子内层电子结合能之间的能量差。探测器采集和分析发射出的光电子,测量作为动能函数的生成光电子计数率,从而形成光电发射谱。如下所述,X 射线光电子能谱术的一个重要过程是光电子散射,非散射光电子有助于形成能谱的尖锐峰,非弹性散射电子释放部分能量,在光电发射峰的低动能端导致本底梯状增加。图 6.1 说明了此基本原理,该图是一个金表面典型测试能谱。

由于原子内层电子结合能是各种元素的特征值,每个光电发射峰对应于样品中存在的某种元素,因此 X 射线光电子能谱术可用于元素分析。然而,原子内层电子结合能不仅是各种元素的特征值,而且取决于原子的化学环境。对化学环境的依赖导致数个电子伏(eV)的化学位移[1]。如果实验分辨率足够充分,原子内层电子光电发射谱可去卷积到不同化学环境中对应原子的组元(component)。这是高分辨率光电子能谱术的基本概念。

图 6.2 给出金表面 Au 4f 能级详细能谱,进一步说明原子内层电子能谱的总体特征。由于自旋轨道分裂,所有 p、d 和 f 能级都由两个亚能级组成,对应量子数为 $j_+ = l + 1/2$ 和 $j_- = l - 1/2$。两个亚能级对应峰相距数个电子伏,其相对

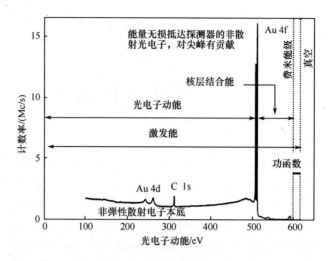

图6.1 说明 XPS 基本原理金表面测试能谱。金属中原子内层电子结合能引用了
费米能级,此能级与材料功函数的真空能级不同(C 1s 信号说明金表面不是彻底清洁)

强度由两个亚能级上的电子数目决定。量子数 j_+ 峰与量子数 j_- 峰的强度比被定义为分支放射比(branching ratio)。p、d 和 f 能级的分支放射比分别为 0.5、0.67 和 0.75。由于 p、d 和 f 壳层能谱总是由明确定义自旋轨道分裂和分支放射比的双峰组成,每对双峰被视作"一个组元",即双重峰线对应于样品中原子的一个化学环境。

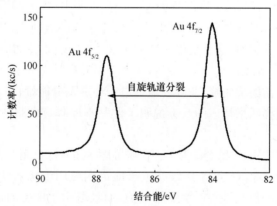

图6.2 金表面 Au 4f 能级细化能谱

如上所述,能谱由对应于相同元素的原子的数个组元构成,但处于不同的化学环境。图6.3 给出 InP(110) 表面的 In 4d 能谱实例。能谱由对应 In 原子的两个组元构成,In 原子位于样品内部和表面,由于 In 4d 能级的自旋轨道分裂,每个组元由两个峰组成。在给出实例中,表面原子内层电子能级位移约为 0.3eV。

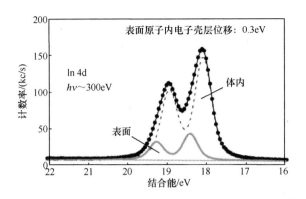

图 6.3 InP(110)表面的 In 4d 能级细化能谱。实验数据用点显示,能谱由对应
样品的体内(虚线)和表面(粗实线)原子的两种组元构成,细实线是表面和
体内组元的综合曲线

除了结合能,能谱宽度也是原子内层电子能谱特征。有几个因素导致谱线增宽,通常观察到的谱线增宽有如下因素:首先,原子内层电子寿命导致一个自然线宽,此线宽通常由洛伦兹谱线轮廓描述[2,3]。其次,每个实验装置都有有限的实验分辨率,对应线宽被视作高斯轮廓型;最后,样品非均匀性也会导致谱线增宽,非均匀性增宽通常用高斯轮廓描述。因而光电发射峰谱线轮廓归因于洛伦兹与两个高斯分量的卷积,获得的 Voigt 轮廓由洛伦兹谱宽和高斯谱宽决定。

洛伦兹谱宽直接与自然寿命相关,高斯谱宽取决于实验装置和样品非均匀性两个分量的卷积。因此,光电发射峰的高斯谱宽是上述两个分量的几何平均值,并由式(6.1)描述:

$$\Delta E_{高斯,整体} = \sqrt{\left(\Delta E_{高斯,装置}\right)^2 + \left(\Delta E_{高斯,样品}\right)^2} \tag{6.1}$$

6.2 表面灵敏度

X 射线光电子能谱的表面高灵敏度来自于电子散射过程。在凝聚态物质中,光电子具有 1nm 量级长度的平均自由程。所以,从样品内部发射的光电子信号被强烈衰减。更精确的是,如果表面发射的光电子在全部峰值强度中具有 I_0 贡献量,离表面距离为 d 处发射光电子的强度 $I(d)$ 呈指数状衰减,即

$$I(d) = I_0 \cdot e^{-d/\lambda} \tag{6.2}$$

式中:λ 为平均自由程长度。信号衰减说明见图 6.4。通过改变探测器相对于样品表面的角度,有可能改变光电子在样品中的传输距离 d。如果探测器垂直于样品表面安置,则距离 d 最小,从样品内部发射的光电子信号衰减也最小。若探测器没有垂直于表面安置,从样品深处 d 发射的光电子信号强度衰减亦增加

（图 6.4）。因此 X 射线光电子能谱术对表面更灵敏。

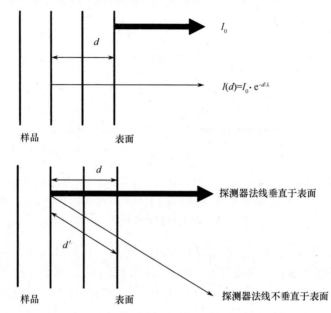

图 6.4　信号衰减随角度变化说明。如果探测器法线不垂直于样品
表面,光电子在样品内部穿行的距离将增加(d')

　　改变探测器相对于样品表面的角度可以改变表面探测灵敏度,依据此原理建立了角分辨光电子能谱学。对不同探测角度的能谱进行比较,可以检验能谱不同组元之间相对强度比,这些强度比是表面灵敏度的函数,从而可确定样品内部或表面对应组元的原子。

　　上述理念已成功应用于单晶表面的大量研究中。InAs（100）[4] 和 IP（110）[5] 是典型研究案例,案例中可观察到表面与内部原子之间的原子内层电子能级位移。角分辨 X 射线光电子能谱测量还可用于研究吸附在平坦无机表面的有机薄膜。作为一个例子,Wampler[6] 等研究了 GaAs（100）上烷硫醇和缩氨酸层,并提取了有机层的厚度。

　　作为一个限制,角分辨光电子能谱术的成功应用需要平坦表面。因此不能应用于近似球形纳米晶。幸运的是,还有可替代的选择。因为在控制衰减的指数函数中,还有第 2 个因素影响表面灵敏度,即平均自由程长度 λ,当使用可调同步加速器辐射时这将成为可能。凝聚态物质中电子平均自由程长度依赖于电子的动能。这种相关性对于所有凝聚态物质都是相同的,其示意图见图 6.5。因为这是普遍行为,该曲线被视为"普适曲线"用于讨论非弹性平均自由程长度。作为一个重要特征,曲线在动能为 50eV 附近有一个最小值[7]。研究表明平均自由程长度并非完全独立于材料。有大量研究论文集中于确定和计算各种材料的平均自由程长度[8-14]。基于理论计算[9]，Tanuma 等[11]建立了一个半经验公式(命名为 TPP - 2M 公式)用于非弹性平均自由程长度计算。此公式考虑了几种材料参数，因而可满足不同材料的平均自由程长度的变化需要。

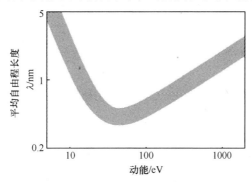

图 6.5　凝聚态物质中平均自由程长度作为动能函数的示意图

对给定内电子壳层，如果激发能被恰当调节使发射光电子动能为 50eV，则平均自由程达到最小值。所以近表面发射的光电子主要形成可观测光电发射峰。增加激发能和发射光电子的动能意味着增加平均自由程长度，信号衰减后强度变弱，样品深处发射光电子的贡献在高激发能处呈主导地位。因此通过调节光子能量可以改变表面灵敏度。使用同步加速器辐射可以实现光子能量调节。对 GaAs(100)[15]、GaSb(100)[15] 和 CdS(100)[16] 的研究实例表明，使用可调同步加速器辐射，能检测到表面原子内层电子能级位移。角分辨光电子能谱术可用于平坦表面样品，调节激发能则可改变不平坦表面的灵敏度，如近似球形纳米晶。

6.3　半导体纳米晶高分辨率光电子能谱术

如 6.2 节所述，高分辨率光电子能谱术的主旨是分析光电发射谱，将其拟合进复制原始谱所需最少数量的 Voigt 函数。能谱去卷积到贡献组元可揭示不同化学环境中的原子信息。这使得高分辨率光电子能谱术成为一个有效方法，以检测半导体纳米晶的表面结构，以及核 - 壳结构纳米晶的内界面。

采用常见的 Al K_α 或 Mg K_α X 射线枪，实验分辨率典型值为 0.5eV。针对小化学位移研究此分辨率不足，使用同步加速器辐射，可实现更高分辨率。根据激发能和光谱仪，实验分辨率典型值达到 0.2～0.3eV。此外，使用同步加速器辐射的另一优势在于通过调节激发能从而获得最大表面灵敏度。

本节简要介绍利用高分辨率光电发射谱术，探测半导体纳米晶所获得的信息和最新进展。采用 X 射线光电子能谱术研究了多种类材料，包括 II - VI 族、

Ⅲ－Ⅴ族半导体和过渡金属氧化物。例如,Winkler[18,19]和Nanda[20]等研究了CdS纳米晶,Mller及其合作者已经研究了CdSe[21]和CdSe/ZnS核－壳结构纳米晶[21]以及高效发光CdTe纳米晶[22]。高分辨率X射线光电子能谱术已经用于研究量子点结构CdS和量子阱结构HgS[25]。考虑Ⅲ－Ⅴ族化合物,已经研究了InAs[26]和InAs/CdSe核－壳结构[27]以及经氢氟酸(HF)侵蚀的InP纳米晶[28,29]。氧化物研究实例是Sb掺杂SnO$_2$纳米晶[30,31]。

纳米晶胶体合成的基本问题是溶液中纳米粒子的稳定性和有机配位体对表面的钝化,成功合成通常依赖于对配位体分子种类和数量的恰当选择。因此,探究有机配位体与纳米晶表面的键合机理是一项重要工作,可以采用高分辨率光电发射谱术来获取键合信息。

Winkler[18,19]等于1999年使用同步加速器X射线光电子能谱术研究了有机配位体与半导体纳米晶表面的键合机理,他是最早研究键合的学者之一。他们针对以巯基丙酸覆盖的CdS纳米晶,分析了不同激发能的S 2p和Cd 3d$_{5/2}$壳的高分辨率X射线光电子能谱。去卷积的S 2p能谱包含三个组元,分别属于纳米晶内部的S原子、纳米晶表面的S原子,以及形成Cd表面原子与有机配位体之间的Cd—S—CH$_2$—R化学键[18,19]。通过观察Cd 3d能谱的对应组元又一次确认了Cd—S—CH$_2$—R化学键的建立。此例说明使用可调同步加速器辐射,基于高分辨率光电发射能谱可以探测到有机配位体与纳米晶之间的化学键。

作为另一个研究实例,在此介绍胶体制备巯基乙酸覆盖的CdTe纳米晶研究[22]。此研究比较了不同生长条件下具有相同粒子尺寸的两个CdTe量子点样品。如同第2章所描述的,在一个动态生长过程中生成半导体纳米晶,此胶体合成工艺始终伴随两个相反过程:一方面新材料附着在现有纳米晶表面;另一方面一些原子离开表面,释放回到溶液。材料生长与溶解的相互平衡导致一个净生长速率。对半导体纳米晶复杂生长动力学的详细研究表明,低净生长速率形成的纳米晶拥有最高的荧光量子产率和最佳光稳定性[32]。此结果源自不同生长条件下不同表面结构的形成。高分辨率光电子能谱术可以给出表面结构差异的证据,甚至显示出不同生长条件下制备的纳米晶光学特征的可观测差异[22]。

图6.6(a)(c)给出具有弱光致发光特征的CdTe纳米晶样品Te 4d能谱。此样品尚未实现生长与溶解之间的平衡。显然能谱由三个自旋轨道双重线组成。对表面敏感结合能(图6.6(a)(b))和体敏感结合能(图6.6(c))相对强度进行比较,可以确认标记为S$_1$和S$_2$的组元是Te的表面环境,而标记为V的组元对应于量子点内部的Te原子。比较文献[22]的化学位移可以确认,S$_1$组元属于Te(111)终止表面的Te原子,S$_2$组元属于表面的氧化Te原子[22]。图6.6(b)是强发光CdTe纳米晶样品的表面灵敏Te 4d能谱,此样品在生长和溶解过程达到平衡的低净生长速率下制备,与弱发光样品能谱相对比,强发光CdTe纳

米晶表面具有更少的 Te 原子,组元 S_1 显著减少,组元 S_2 则低于探测极限。表面 Te 原子数量减少原因在于形成 Cd—S—R 表面层,一些表面 Te 位没有被 Te 原子占据,而是被有机稳定剂分子所占据[22]。此结构可解释光致发光量子产率增加的原因在于表面氧化、表面悬挂键减少,而且因为类似 CdS 表面层的存在,所以会导致具有表面势垒的核 – 壳类似结构。故此结构具有高热力学稳定性。上述最后一点至少提供一个解释理由:为什么最高发光量子产率只能在低净生长率下获得[22]。此例证实强大的高分辨率光电能谱术能够用于复杂过程研究,如半导体纳米晶生长动力学。

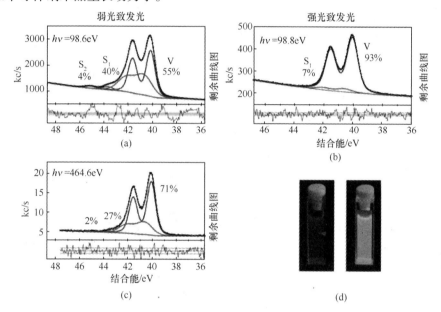

图 6.6　巯基乙酸覆盖的弱发光(a)(c)和强发光(b)CdTe 纳米晶 Te 4d 能谱。(a)是低激发能高表面灵敏度的弱发光样品能谱;(c)是高激发能低表面灵敏度的弱发光样品能谱。观察到两个表面组元,分别归属于 Te(111)终止表面(组元 S_1)和氧化的表面 Te 原子(组元 S_2)。对于强发光 CdTe 纳米晶((b)高表面灵敏度能谱),相对于弱发光样品,表面组元 S_1 显著减少,组元 S_2 则低于检测极限。图(a)和图(b)中的 V 组元对应于量子点内的 Te 原子。(d)照片是紫外线照射下两种样品的胶体溶液(得到文献[22]的使用许可,美国化学协会 2003 版权所有)

另一个实例是三辛基膦(TOP)包覆的 InAs 纳米晶(直径 4.3nm)[26]研究。拟合 As 3d 能谱需要 Voigt 函数的三个双重线以对应于 As 原子的三个独特化学环境。其中之一属于 TOP 配位体与表面 As 原子的化学键[26]。值得注意的是此研究提供了令人感兴趣的信息。原理上可以预计作为路易斯碱(Lewis base)提供电子密度的 TOP 分子优先与 InAs 纳米晶表面的 In 原子键合。然而,高分辨率光电能谱提供的数据表明,TOP 配位体也与表面 As 原子键合。在后续的一项研究中,对 CdSe 壳包覆的 InAs 纳米晶进行了研讨[27]。正如所料,在核 - 壳结构纳米晶能谱中,没有观测到未包覆 InAs 纳米晶表面组元。反之观测到一个新组元,应该属于界面 As - Se 化学键[27]。因此,化学键的研究不仅涉及半导体纳米晶表面,而且涉及核 - 壳结构纳米晶界面。

与块体材料高分辨率能谱相比,纳米晶结构能谱呈现较大谱宽。此研究由 Hamad 等[33]给出结论。Hamad 研究了不同粒子尺寸的一系列 InAs 纳米晶的 In 3d 能谱。非均匀增宽的一个来源是化学键长度与角度的轻微改变,小纳米晶的化学键长度与角度应该有较大改变,且都发生在纳米粒子表面附近处。在 CdSe 和 CdSe/ZnS 核 - 壳结构纳米晶[21]研究中探讨了非均匀增宽的各种因素。需要提及的是有机配位体与表面的小面化(facetting)和键合。表面原子内层电子能级位移总体上依赖于晶格平面[34]。由于半导体纳米晶具有各种不同形状的表平面,相关光电发射信号之间的微小能谱位移难以分辨,所以只能观察到非均匀增宽。有机配位体与纳米晶表面间的化学键具有微小的差异,导致难以分辨的小能量位移。此外,需要指出的是,原理上充电也是增宽的一个根源,要执行一些测试来检查充电效应。在不同照明条件下进行系统测试,以比较光电发射实验初始与结束时的能谱记录[19,23]。

6.4　定量光电能谱术:化学成分的深度轮廓

除了高分辨率研究,光电能谱术还用于化学成分的定量分析。采用测量峰强度除以相对强度因子进行量化,在常用激发能(MgK$_\alpha$ 和 AlK$_\alpha$ 辐射)下所有原子内电子壳层对应的灵敏度因子数值已制成表格[1]。然而,不能总是使用表格化灵敏度因子,因为峰强度依赖于许多参数和实验条件。事实上,光电发射峰值强度通常由下列表达式给出[23,35-37]:

$$I \propto I_{\text{beam}} \cdot \sigma(h\nu) \cdot A(h\nu) \cdot S_{\text{Det}}(E_{\text{kin}}) \cdot \int_{\text{sample}} \mathrm{d}V \cdot \rho(r) \cdot \mathrm{e}^{-d(r)}/\lambda(E_{\text{kin}})$$

$$(6.3)$$

式中:I_{beam} 为入射辐射的强度;σ 为样品元素内电子壳层的光致电离截面;A 为样品的元素和内电子壳层的不对称项;S_{Det} 为探测器能量相关灵敏度;$\rho(r)$ 为元素位置 r 处单位体积的原子数量;$d(r)$ 为位置 r 处产生光电子在样品中必须穿越的距离;λ 为光电子平均自由程长度。

式(6.3)积分前的因子基本可以确定。通过测量得到入射辐射强度,通过理论计算得到自由原子内电子壳层光致电离截面数值,并作为光电发射定量分析的一个近似[38,39]。

不对称项考虑了光电发射过程的各向异性,并且利用文献数据资源[38-40]评估了实验设备的几何结构。探测器相关灵敏度函数也要考虑光谱仪的几何结构。测定强度除以以上各因子,可以获得由样品结构直接确定的归一化峰强度:

$$I_{norm} \propto \int_{sample} \cdot dV \cdot \rho(\boldsymbol{r}) \cdot e^{-d(\boldsymbol{r})} / \lambda(E_{kin}) \tag{6.4}$$

归一化峰强度依赖于原子的空间分布,光电子从这些原子发射,因为散射导致信号在原子上衰减。由于平均自由程长度依赖于光电子的动能,指数衰减因子随能量改变,归一化峰强度成为激发能的一个函数。作为能量函数的峰强度求值是中心思想,用于揭示有关化学成分空间变化的信息。

对于平面样品,当样品中元素的浓度在空间分布为常数,且探测方向垂直于样品表面时,式(6.4)积分容易求解。上述条件具备时,归一化峰强度简单正比于平均自由程长度和元素浓度:

$$I_{norm} \propto \rho \cdot \lambda(E_{kin}) \tag{6.5}$$

所以,强度可表述为

$$I \propto s \cdot \rho \tag{6.6}$$

式中:s 为相对强度因子,包括平均自由程长度和以前讨论过的参数。由此可清晰看到,测量峰强度值除以表格化灵敏度因子所获得的元素成分量化是基于几种重要假定:

(1)样品表面是平面。

(2)样品中元素均匀分布。换句话说,元素成分的空间改变可忽略不计。

(3)来自表格的灵敏度因子受实验条件的限制(激发能、探测器能量的依存性,X 射线源与探测方向的夹角等)。

如果上述条件不满足,或者要研究元素成分的空间变化,应该在式(6.3)和式(6.4)指引下以测量峰强度估算为基础进行量化分析。

定量光电能谱术尤其是可调同步加速器辐射,可用于表征核-壳纳米晶[17]。利用此方法已经研究了 InP/ZnS[37]、CdS/ZnS[21]、InAs/CdSe[27] 和 CePO$_4$:Tb/LaPO$_4$ 核-壳纳米晶[41]。所有这些实例都成功验证核被第 2 种壳材料包围,计算机模拟可确定壳层的平均厚度。

在此简述确定壳层厚度的方法。中心要点是记录在一系列激发能激发下复合纳米晶与核和壳相对应元素的光电发射峰。对应于核元素的归一化峰强度其衰减速度大于壳元素的峰强度衰减,原因是核-壳纳米晶的核发射光电子要额外穿越壳层。为了获得量化信息,需要设计一个样品结构模型。最简单的方法是一个球形模型具有三个参数:核半径(r_c)、壳层厚度(d_s)和配位体壳厚度(d_{lig}),如图 6.7(a)所示。对于一组给定厚度参数集,可以计算不同能量下归一化强度的理论数值。需要关注的是平均自由程长度。在非弹性散射近似条件下,TPP-2M 公式可确定平均自由程长度,从而实现对归一化峰强度积分表达式的计算。考虑到复合纳米晶在不同区域内平均自由程长度略有不同,式(6.4)的指数衰减因子应该更换为分别描述核、壳和配位体壳衰减指数函数的乘积:

$$e^{-d/\lambda(E_{kin})} \rightarrow e^{-S_c/\lambda_c(E_{kin})} \cdot e^{-S_g/\lambda_s(E_{kin})} \cdot e^{-S_{lig}/\lambda_{lig}(E_{kin})} \tag{6.7}$$

式中:S_c、S_s、S_{lig} 分别为光电子穿越核、壳和配位体外壳的距离;λ_c、λ_s 和 λ_{lig} 为对应的平均自由程长度。将归一化强度计算值与实验值相比较,通过计算机模拟(最小二乘法拟合)可以获得具有最佳一致性的模型厚度参数。此步骤可以从不同激发能记录的 X 射线光电子能谱系列中提取生长成熟的壳层平均厚度[17,42]。

作为一个具体例子,图 6.7(b)给出 $CePO_4$:Tb/$LaPO_4$ 核-壳纳米晶的归一化峰强度与激发能量相关的测量值和模拟曲线[41]。将数据与均匀形成的合金模拟曲线相比较,可以清晰地确认核-壳结构的形成,从而确定平均壳层厚度[41]。

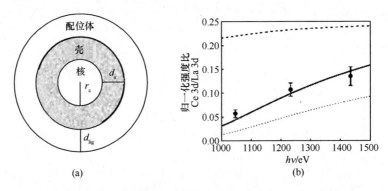

图 6.7 (a)模拟用球形模型图解说明;(b)记录到的作为激发能函数的 $CePO_4$:Tb/$LaPO_4$ 核-壳纳米晶 Ce 3d 和 La 3d 峰强度比。实验数据点与拟合曲线(实线)绘制到一起。给出合金形成(虚线)和来自合成使用前驱体数量预期的理想结构(点线)。结果确认了核-壳结构的形成并提取了壳厚度的平均值((b)图得到文献[41]的复制许可,Wiley-VCH Verlag GmbH & Co. KGaA 2003 版权所有。点线是添加到原始图上的)

比较不同激发能下的峰强度实验值与模拟值,是检验复合纳米晶核-壳结构的合适方法,从而能够确定核材料外生长的壳层厚度。需要指出的是,此拟合程序无法实现高精确数值。通常测量峰强度的归一化总是与难以估计的不确定性相伴。简单假设球体形状和非弹性散射近似,即采用一个指数衰减因子和非弹性平均自由程长度,这是对理论计算的极大限制。此外,结构非均匀性,如样品有限尺寸分布、壳层厚度的局域变化等,没有在计算中考虑。因此,所描述的拟合程序是粗略平均值的最佳求值方式。

尽管使用可调同步加速器辐射有巨大优势,但核-壳纳米晶的表征原则上采用传统 X 射线枪。例如,Cao 和 Banin 已经研究了 InAs/CdSe 和 InAs/InP 核-壳纳米晶[36],以及壳层不同生成厚度的核-壳纳米晶系列。在类似的数值计算中作者引用了这个事实:与核相关的两个不同光电发射峰强度比取决于生成厚度。作为合成壳层厚度函数的实验强度比与计算强度比进行比较,良好的一致性确认了纳米晶的核-壳结构[36]。

Nanda 等研究了被硫代甘油包覆的 CdS[20] 和 ZnS[23] 纳米晶。与 6.3 节讨论的 Winkler 等[18,19] 的研究结果相类似,S 2p 能谱呈现三个组元,可分别归属于纳米晶内 S 原子、表面 S 原子和硫代甘油配位体的 S 原子。利用 Al 和 MgK$_\alpha$ 辐射激发能测量不同组元的强度值。与分析核-壳纳米晶描述方法类似,进行定量计算以确定核区半径、表面壳层厚度和配位体壳厚度[20,23]。尽管实现表面灵敏度和数据点数量受到限制,但采用传统 X 射线源的光电能谱仪也能进行半导体纳米晶定量分析。

作为定量光电发射研究的最后一个例子,在此介绍 Sb 掺杂 SnO$_2$ 纳米晶[31]。对 Sb 3d$_{3/2}$ 和 Sn 3d$_{3/2}$ 峰的归一化强度比率测量及模拟,可以确定主体晶格(host lattice)中掺杂原子的径向分布。

参考文献

[1] C. D. Wagner, W. M. Riggs, L. E. Davis, J. F. Moulder, G. E. Muilenberg(eds.),Handbook of X-ray Photoelectron Spectroscopy (Perkin-Elmer Corporation, Eden Prairie, 1979)

[2] N. Märtensson, R. Nyholm, Phys. Rev. B 24, 7121 (1981)

[3] G. K. Wertheim, S. B. Dicenzo, J. Electron Spectrosc. Relat. Phenom. 37, 57 (1985)

[4] J. N. Andersen, U. O. Karlsson, Phys. Rev. B 41, 3844 (1990)

[5] W. G. Wilke, V. Hinkel, W. Theis, K. Horn, Phys. Rev. B 40, 9824 (1989)

[6] H. P. Wampler, D. Y. Zemlyanov, K. Lee, D. B. Janes, A. Ivanisevic, Langmuir 24, 3164 (2008)

[7] M. P. Seah, W. A. Dench, Surf. Interface Anal. 1, 2 (1979)

[8] J. Szajman, J. Liesegang, J. G. Jenkin, R. C. G. Leckey, J. Electron Spectrosc. Relat. Phenom. 23, 97 (1981)

[9] D. R. Penn, Phys. Rev. B 35, 482 (1987)

[10] S. Tanuma, C. J. Powell, D. R. Penn, Surf. Interface Anal. 20, 77 (1993)

[11] S. Tanuma, C. J. Powell, D. R. Penn, Surf. Interface Anal. 21, 165 (1994)

[12] C. J. Powell, A. Jablonski, S. Tanuma, D. R. Penn, J. Electron Spectrosc. Relat. Phenom. 68, 605 (1994)

[13] C. J. Powell, A. Jablonski, I. S. Tilinin, S. Tanuma, D. R. Penn, J. Electron Spectrosc. Relat. Phenom. 98-99, 1 (1999)

[14] P. J. Cumpson, Surf. Interface Anal. 31, 23 (2001)

[15] D. E. Eastman, T.-C. Chiang, P. Heimann, F. J. Himpsel, Phys. Rev. Lett. 45, 656(1980)

[16] S. Wiklund, K. O. Magnusson, S. A. Flodström, Surf. Sci. 238, 187 (1990)

[17] D. D. Sarma, P. K. Santra, S. Mukherjee, A. Nag, Chem. Mater. 25, 1222 (2013)

[18] U. Winkler, D. Eich, Z. H. Chen, R. Fink, S. K. Kulkarni, E. Umbach, Phys. Status Solidi A 173, 253 (1999)

[19] U. Winkler, D. Eich, Z. H. Chen, R. Fink, S. K. Kulkarni, E. Umbach, Chem. Phys. Lett. 306, 95 (1999)

[20] J. Nanda, B. A. Kuruvilla, D. D. Sarma, Phys. Rev. B 59, 7473 (1999)

[21] H. Borchert, D. V. Talapin, C. McGinley, S. Adam, A. Lobo, A. R. B. de Castro, T. Möller, H. Weller, J. Chem. Phys. 119, 1800 (2003)

[22] H. Borchert, D. V. Talapin, N. Gaponik, C. McGinley, S. Adam, A. Lobo, T. Möller, H. Weller, J. Phys. Chem. B 107, 9662 (2003)

[23] J. Nanda, D. D. Sarma, J. Appl. Phys. 90, 2504 (2001)

[24] A. Lobo, T. Möller, M. Nagel, H. Borchert, S. G. Hickey, H. Weller, J. Phys. Chem. B 109, 17422 (2005)

[25] H. Borchert, D. Dorfs, C. McGinley, S. Adam, T. Möller, H. Weller, A. Eychmüller, J. Phys. Chem. B 107, 7486 (2003)

[26] C. McGinley, M. Riedler, T. Möller, H. Borchert, S. Haubold, M. Haase, H. Weller, Phys. Rev. B 65, 245308 (2002)

[27] C. McGinley, H. Borchert, D. V. Talapin, S. Adam, A. Lobo, A. R. B. de Castro, M. Haase, H. Weller, T. Möller, Phys. Rev. B 69, 045301 (2004)

[28] S. Adam, C. McGinley, T. Möller, D. V. Talapin, H. Borchert, M. Haase, H. Weller, Eur. Phys. J. D 24, 373 (2003)

[29] S. Adam, D. V. Talapin, H. Borchert, A. Lobo, C. McGinley, A. R. B. de Castro, M. Haase, H. Weller, T. Möller, J. Chem. Phys. 123, 084706 (2005)

[30] C. McGinley, S. Al Moussalami, M. Riedler, M. Pflughoefft, H. Borchert, M. Haase, A. R. B. de Castro, H. Weller, T. Möller, Eur. Phys. J. D 16, 225 (2001)

[31] C. McGinley, H. Borchert, M. Pflughoefft, S. Al Moussalami, A. R. B. de Castro, M. Haase, H. Weller, T. Möller, Phys. Rev. B 64, 245312 (2001)

[32] D. V. Talapin, A. L. Rogach, E. V. Shevchenko, A. Kornowski, M. Haase, H. Weller, J. Am. Chem. Soc. 124, 5782 (2002) 108 6 Photoelectron Spectroscopy

[33] K. S. Hamad, R. Roth, J. Rockenberger, T. van Buuren, A. P. Alivisatos, Phys. Rev. Lett. 83, 3474 (1999)

[34] N. Mårtensson, A. Nilsson, in Applications of Synchrotron Radiation, ed. by W. Eberhardt (Springer Series in Surface Sciences 35, Springer, Berlin, 1995)

[35] J. E. B. Katari, V. L. Colvin, A. P. Alivisatos, J. Phys. Chem. 98, 4109 (1994)

[36] Y. Cao, U. Banin, J. Am. Chem. Soc. 122, 9692 (2000)

[37] H. Borchert, S. Haubold, M. Haase, H. Weller, C. McGinley, M. Riedler, T. Möller, Nano Lett. 2, 151 (2002)

[38] J. – J. Yeh, Atomic Calculation of Photoionization Cross – Sections and Asymmetry Parameters (Gordon & Breach Science Publishers, Langhorne, 1993)

[39] I. M. Band, Y. I. Kharitonov, M. B. Trzhaskovskaya, At. Data Nuc. Data Tab. 23, 443 (1979)

［40］ V. I. Nefedov, I. S. Nefedova, J. Electron Spectrosc. Relat. Phenom. 107, 131(2000)

［41］ K. Kömpe, H. Borchert, J. Storz, A. Lobo, S. Adam, T. Möller, M. Haase, Green – emitting CePO4: Tb/LaPO4 core – shell nanoparticles with 70% photoluminescence quantum yield. Angew. Chem. Int. Ed. 42, 5513 – 5516 (2003)

［42］ H. Borchert, Untersuchungen von Halbleiter – Nanokristallen mit Hilfe von Photoelektronenspektroskopie (Ph. D thesis, University of Hamburg, Hamburg, 2003), available online at http://ediss. sub. uni – hamburg. de/ volltexte /2003/1050/ (in German)

第 7 章　循环伏安法

摘要：光电器件如太阳电池的功能基本上依赖于光敏材料能级的相对排列位置。比如,具有施主/受主异质结用于电荷分离的有机太阳电池,其施主材料的 HOMO 和 LUMO 能级必须高于受主材料对应轨道能级。能级是至关重要的,而精确测量能级绝对位置的实验方法亦同等重要。为此已开发了几种技术,紫外光电能谱术(UPS)和空间光电能谱术(PESA)都可实现精密测量。然而,确定相对于真空的能级位置的一个更广泛使用的方法是循环伏安法(CV),本章将介绍此方法。除了介绍工作原理和聚合物太阳电池实例,还将讨论循环伏安法的测量准确度。

7.1　循环伏安法基本原理

循环伏安法的基本原理是采用一个周期电势,通过分别提取和注入电子来交替氧化与还原被研究样品材料。实际上,此原理已在有三个电极的电化学电池中得到应用。三个电极是工作电极、参考电极和辅助电极[1]。图 7.1 展示了循环伏安法的一个典型装置。在工作电极和参考电极之间施加一个周期电势(通常是三角波电压),被分析的材料在工作电极得到氧化和还原。如果只有工作电极和参考电极,氧化还原反应在两个电极间会产生电流,这反过来将改变工作电极与参考电极之间的电势差。为了维持电势在所需要的应用数值,需要使用第 3 个电极,即辅助电极。流过辅助电极的电流用于补偿,从而能精确控制工作电极与参考电极之间的周期电势。通常采用一个恒电势器(稳压器)来管理此调节电路。

化学电池中的电极、电解质和导电盐可以有不同选择,详细讨论将超出本书范围,如果读者需要可参见其他文献[1,2]。通常,循环伏安法使用有机溶剂如乙腈作为电解质来研究有机半导体,工作电极采用玻璃碳、金或铂,参考电极采用氧化还原电对 Ag/Ag^+,辅助电极采用铂作电极。具体样品通常有两种可能性:样品分析物被溶解到电解质中,或作为固体薄膜沉积在工作电极上。

循环伏安理论相当复杂。举例来说,如果样品分析物可溶于水并且电极上的氧化还原反应不受限制[1,2],容易理解此理论。但是有机半导体通常不溶于

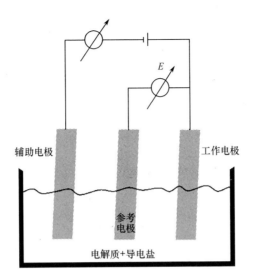

图 7.1　三电极结构电化学电池的循环伏安法示意图。在工作电极和参考电极之间的
恒电势器帮助下采用了周期电势 E。为了维持电势在所需数值，电流 I 从辅助电极流过。
由于此电流补偿了来自于工作电极电化学反应产生的电流，它直接反映了被测量信号

水，有机半导体尤其是聚合物通常作为工作电极上的薄膜来研究，并且使用非水
电解质。在这种情形下，理论更加复杂并且鲜有发展。因此在考虑循环伏安图
的真实含义时意味着一些不确定性。

　　理论上，从任何一点出发，采用周期电势时样品都会被周期性氧化和还原。
每一个电子迁移过程都会产生一对氧化峰和还原峰。图 7.2 说明氧化还原峰由
几种电势表征，即阳极峰电势 E_{peak}^a 和阴极峰电势 E_{peak}^c，以及起始电势 E_{onset}^a 和
E_{onset}^c，分别位于氧化峰、还原峰的起始电势处。问题在于依据哪个电势来确定能
级的位置。遗憾的是，此问题目前还不能直接回答。对于样品分析物可溶解在
电解质中的理想系统，其中的化学反应是可逆的，即阳极峰电势和阴极峰电势中
间的半波电势应该反映被氧化和还原样品的氧化还原电对的电势[1,2]。然而，
对于制备在电极上的薄膜样品，理论变得更为复杂和不完善，这是由于系统扩散
过程和过电压不同，电离物质的构型改变进一步使情形复杂化。通常，为了确定
循环伏安法测量的有机半导体薄膜的 HOMO 和 LUMO 能级，需要测量对应氧化
峰和还原峰的起始电势[3]。图 7.2 给出的伏安图只反映了一个能级：样品的
HOMO 能级。当增加电压（从氧化峰左边开始）时，样品先被氧化，即电子从
HOMO 能级移出（勾画出氧化峰）。通过转折点后，样品被还原，意味着电子重
新填充到 HOMO 能级（勾画出还原峰）。与此相反，LUMO 能级在另一个势能区
域产生另一对氧化还原峰。

　　为了从观测到的氧化还原峰推断出 HOMO 和 LUMO 能级相对于真空的绝

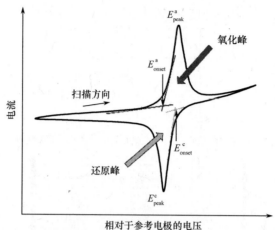

图 7.2　伏安测量典型结果示意图

对位置,需要知道参考电极相对于真空的电势值。图 7.3 能级示意图对此给予了说明。从示意图可以推断出电离势 I_p 和电子亲和势 E_a:

$$|I_p| = \Delta E_{HOMO} + |E_{ref}^{vac}| \qquad (7.1)$$

$$|E_a| = \Delta E_{LUMO} + |E_{ref}^{vac}| \qquad (7.2)$$

式中:E_{ref}^{vac} 为参考电极相对于真空的电势;ΔE_{HOMO}、ΔE_{LUMO} 为从循环伏安图推导出的相对于参考电极的电势。上述方程使用了 I_p、E_a 和 E_{ref}^{vac} 的绝对值,以避免与这些物理量符号的定义相混淆。对于电极上被测量的有机半导体薄膜,ΔE_{HOMO} 通常被确定为对应 HOMO 能级的氧化峰起始电势,ΔE_{LUMO} 是对应 LUMO 能级的还原峰起始电势[3-6]。

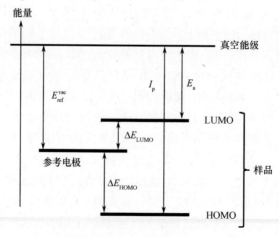

图 7.3　样品 HOMO 和 LUMO 能级相对于参考电极电势的能量图

　　与此相反,在研究胶体半导体纳米晶时,无论使用起始电势还是峰值电势,都存在不一致性[7,8]。尚缺乏理论来清晰说明,应该如何合理分析不同条件下从不同类型样品测量的循环伏安数据。因此为精准确定能级位置带来一些不确定性。不确定性的一个重要来源是只有在水介质中的参考电极电势是明确的,而有机溶剂中的参考电势存在无法忽略的不确定性[3]。

　　一些研究者试图绕过这个问题,以一个内部标准作为参考电势,即二茂铁盐/二茂铁氧化还原对,但是即使对这样的参考物质,其相对于真空的电势仍然未明确知道[3]。因此当比较不同研究组在不同条件下测得的循环伏安数据结果时要倍加小心。需要进一步开创解释复杂情形的理论和标准化分析程序,以增强未来表征方法的准确性。

7.2　有机半导体能级研究示例

　　为了提供一个循环伏安法测量有机半导体的实例,图 7.4 给出一系列各种富勒烯衍生物的循环伏安图,衍生物包括 PCBM、茚 $-C_{60}$ 单加成物(ICMA)和茚 $-C_{60}$ 双加成物(ICBA)[9]。每个衍生物样品的循环伏安图都清晰可见三个波峰(氧化和还原峰对)。这三个特征峰对应于注入到 C_{60} 衍生物的三重简并 LUMO 能级的三个电子[10]。为确定中性分子相对于真空的 LUMO 能级位置,对第 1 个还原峰(相对于 Ag/Ag^+ 为 $-1.0V$)的起始电势进行评估[9]。分析显示 ICBA 的 LUMO 能级比 PCBM 的 LUMO 能级高 170meV。这与相应的聚合物/富勒烯太阳电池开路电压相关[9]。

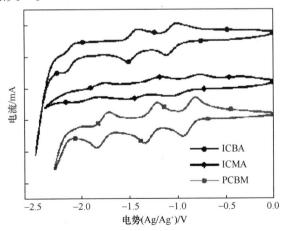

图 7.4　三种不同 C_{60} 衍生物循环伏安图。采用邻二氯苯和乙腈混合溶液作为电解液,四丁铵六氟磷酸作为导电盐进行数据测量(得到文献[9]的复制许可,2010 美国化学协会版权所有)

对于 PCBM 样例,不同研究者采用循环伏安法测量的 HOMO 能级值有相当好的一致性,相对于真空的 HOMO 能级范围为 -5.9 ~ 6.1eV[11-13]。LUMO 能级范围报道值为 -3.7 ~ 3.9eV[9,12,13]。但并非总能获得如此好的一致性。例如,P3HT 的 HOMO 能级报道值范围是 -4.76[6,14] ~ 5.24eV[11,15],P3HT 的 LUMO 能级报道值范围是 -2.5[13,14] ~ 3.5eV[11]。由于较大变化范围不可能是材料特征的真正改变(如聚合物不同的分子量),更有可能的是能级值分散反映了与循环伏安法测量和对应数据分析及参考相关的不确定性。

对于众多光电器件,能级位置相当重要。因此要仔细探讨被报道的能级值是如何被循环伏安法测量和确定的。如果涉及几种有机材料,建议在相同条件下测量所有材料。采用同一台测量装置和同一种自定义分析方法,可以消除一些不确定性。

7.3 胶体半导体纳米晶缺陷态分析

循环伏安法除了能确定半导体材料的 HOMO 和 LUMO 能级以及相应能带边沿的绝对位置,还可提供样品的缺陷态信息。如同 2.4 节讨论的例子,半导体纳米晶包含位于能带隙的缺陷态。电子从缺陷态移出或注入到缺陷态都将呈现在循环伏安图上。例如,Kucur[16,17]等利用循环伏安法研究了胶体 CdSe 纳米晶,并检测到来自于空位和其他结构缺陷的电子缺陷态。

参考文献

[1] C. H. Hamann, A. Hamnett, W. Vielstich, Electrochemistry, 2nd edn. (Wiley - VCH, Weinheim, 2007)

[2] R. G. Compton, C. E. Banks, Understanding Voltammetry, 2nd edn. (Imperial College Press, London, 2011)

[3] C. M. Cardona, W. Li, A. E. Kaifer, D. Stockdale, G. C. Bazan, Adv. Mater. 23, 2367 (2011)

[4] L. Micaroni, F. C. Nart, I. A. Hümmelgen, J. Solid State Electrochem. 7, 55 (2002)

[5] H. Li, C. Lambert, R. Stahl, Macromolecules 39, 2049 (2006)

[6] J. Hou, Z. Tan, Y. Yan, Y. He, C. Yang, Y. Li, J. Am. Chem. Soc. 128, 4911 (2006) 116 7 Cyclic Voltammetry

[7] E. Kucur, J. Riegler, G. A. Urban, T. Nann, J. Chem. Phys. 119, 2333 (2003)

[8] H. Zhong, S. S. Lo, T. Mirkovic, Y. Li, Y. Ding, Y. Li, G. D. Scholes, ACS Nano 4, 5253 (2010)

[9] Y. He, H. - Y. Chen, J. Hou, Y. Li, J. Am. Chem. Soc. 132, 1377 (2010)

[10] Q. Xie, E. Perez - Cordero, L. Echegoyen, J. Am. Chem. Soc. 114, 3978 (1992)

[11] M. Al - Ibrahim, H. - K. Roth, M. Schroedner, A. Konkin, U. Zhokhavets, G. Gobsch, P. Scharff, S. Sensfuss, Org. Electron. 6, 65 (2005)

[12] Q. Wei, T. Nishizawa, K. Tajima, K. Hashimoto, Adv. Mater. 20, 2211 (2008)

［13］S. Wilken, D. Scheunemann, V. Wilkens, J. Parisi, H. Borchert, Org. Electron. 13, 2386(2012)

［14］T. V. Richter, C. H. Braun, S. Link, M. Scheuble, E. J. W. Crossland, F. Stelzl, U. Würfel, S. Ludwigs, Macromolecules 45, 5782 (2012)

［15］W. S. Shin, S. C. Kim, S. – J. Lee, H. – S. Jeon, M. – K. Kim, B. V. K. Naidu, S. – H. Jin, J. – K. Lee, J. W. Lee, Y. – S. Gal, J. Polym. Sci. Part A: Polym. Chem. 45, 1394 (2007)

［16］E. Kucur, W. Bücking, R. Giernoth, T. Nann, J. Phys. Chem. B 109, 20355 (2005)

［17］E. Kucur, W. Bücking, T. Nann, Microchim. Acta 160, 299 (2008)

第8章 吸收光谱和光致发光谱术

摘要：利用吸收光谱术和光致发光谱术探测材料的光学特性，对于各种类型的光电器件都是十分重要的，因此已经开发了各种各样的光谱术。本章不对各种光谱术进行完整概述，而是着重于选择与半导体纳米晶、有机半导体和复合材料系统表征高度相关的光谱技术，这些材料可应用于太阳电池。探讨作为基本技术的传统紫外－可见光(UV－Vis)吸收光谱和光致发光谱术，将施主/受主系统作为吸收材料的太阳电池最常采用的测量技术是光诱导吸收(PIA)光谱术。本章将介绍光诱导吸收光谱术，并简述其在施主/受主太阳电池表征上的应用。在考虑时间尺度时可在不同条件下实施多种光谱测量。本章主要讨论稳态光谱测量技术，同时也简要讨论时间分辨光谱技术。

8.1 吸收光谱术基本原理

光线穿越材料时被吸收导致光强度衰减。吸收概率基本取决于材料、波长和光子在材料中穿越的距离。采用最简单的方式，吸收可以用比尔－朗伯定律描述：

$$I(d) = I_0 e^{-\alpha \cdot d} \tag{8.1}$$

式中：I_0 为入射强度；I 为衰减光束的强度；d 为样品厚度（光子穿越材料的距离）；α 为依赖于材料和波长的系数。遗憾的是，此术语定义不甚清楚，α 通常被称为（自然）吸收系数，但有时又被称作衰减系数。如果吸收材料是溶解于液体的物质，吸收则与吸收样品的浓度相关。在此情形下，比尔－朗伯定律可写成

$$I(d) = I_0 e^{-\varepsilon \cdot d \cdot c} \tag{8.2}$$

式中：c 为浓度；ε 为摩尔吸收率，或者称为摩尔消光系数。分别在式(8.1)和式(8.2)中的系数 α 或 ε 不应该与消光系数 κ 相混淆。κ 是复折射率的虚部。它们的数量相互关联，但不完全相同。相互关系为

$$\alpha(\lambda) = \varepsilon(\lambda) \cdot c = \frac{4\pi \cdot \kappa(\lambda)}{\lambda} \tag{8.3}$$

式中：λ 为波长；$\alpha \cdot d$ 乘积通常称为吸光度或光密度。此外，使用 10 为底数替代欧拉数 e，可以相似方式定义十进制吸收系数 α_{10}：

$$I(d) = I_0 \cdot 10^{-\alpha_{10} \cdot d} \tag{8.4}$$

上述方程假定入射光不是被吸收就是从样品透射出去。实际上,当入射光束辐照在样品上时有部分光被反射。考虑到反射因素,在式(8.1)、式(8.2)和式(8.4)中出现的入射光强 I_0 应该被反射损失修正。式(8.1)修正为

$$I(d) = (I_0 - R \cdot I_0) \cdot e^{-\alpha \cdot d} \tag{8.5}$$

式中:R 为反射比,即反射光强度与入射光强度之比。与此相同,可以定义透射比 T 是透射光强度与入射光强度之比。通过测量 R 和 T 可以确定吸收系数,即

$$\alpha = -1/d \cdot \ln\left(\frac{T}{1-R}\right) \tag{8.6}$$

吸收光谱是表征材料基本光学特性的基础方法。半导体纳米晶和导电聚合物的吸收光谱研究实例已在第 2 章和 3.3.2 节给出。

8.2　光致发光谱术基本原理

采用光致发光(PL)谱,对光致激发半导体的辐射衰变进行了研究。首先考虑一个晶体样品实例。晶体受到能量大于能带隙的单色光激发时,晶体吸收光子产生电子－空穴对。激发后导带中的电子和价带中的空穴通常弛豫到能带边,过剩能量通过光子激发耗散到晶格中。当能带边电子与空穴辐射复合时,发射一个光子,其能量等同于材料的禁带宽度(能带隙),上述过程称为带边光致发光。半导体纳米晶带边光致发光谱见图 1.4。

然而,如同 2.4 节讨论过的,缺陷态中的载流子有时也会辐射复合。在这种情形中,光子能量小于能带隙的光子将会发射。在光致发光谱中对光子的探测有助于确认样品中存在缺陷态。图 8.1 给出胶体 ZnO 纳米晶的吸收谱(a)和光致发光谱(b)[1]。在光致发光谱中,3.33eV 处观察到一个尖锐峰,此峰与 Tauc 等在图 8.1(a)中给出的能带隙能量值完全符合。因此,此峰代表了能带边光致发光。此外,光致发光谱中 2.1eV 处有一个较宽的峰,此发射源于 ZnO 缺陷态的辐射复合[1]。

尚未看到有关分子材料的能带信息。对于分子材料,吸收和光致发光谱探测到分子轨道之间的跃迁[2]。然而,光谱通常并非由特定能量的单谱线组成。一个给定电子态是由更详细的各种振动态组成。因此光谱是由对应电子跃迁的数种特征谱线所组成,这些特征谱线包含各种振动态。在吸收谱中,可以探测到较低电子态的最低振动态向受激电子态的不同振动态的电子跃迁。与此相反,光致发光谱探测到受激电子态中最低振动态向较低电子态的不同振动态的电子跃迁。因此,吸收和光致发光谱可以分别探测到受激电子态振动结构和电子基态[2]。作为一个示例,图 8.2 给出温度在 80K 记录到的 P3HT 的光致发光谱[3]。

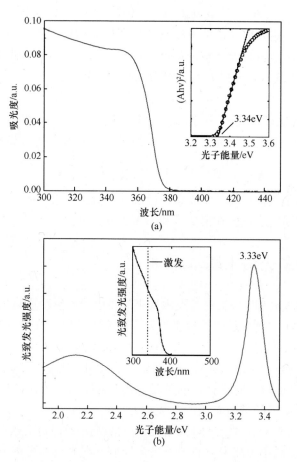

图 8.1　溶解于氯仿:乙醇混合液的胶体 ZnO 纳米晶光学表征。

（a）紫外－可见光吸收光谱。内插图是 Tauc plot 图,$(Ah\nu)^2$ 是纵轴,光子能量($h\nu$)为横轴,曲线直线部分外推到能量轴截距即光学能带隙。A 是测量的吸光率符号。(b)激发波长 340nm 光致发光谱。双峰分别是带边发光和缺陷发光。内插图是激发光谱,即激发波长改变时550nm 固定探测波长下的光致发光强度(复制自文献[1]:"采用胶体 ZnO 纳米晶作为电选择缓冲层对无 ITO 倒置聚合物太阳电池进行改进",版权 2012,得到 Elsevier 的许可)

对于纯净 P3HT 薄膜,其显著特征峰依次为 1.85eV、1.68eV、1.52eV 和 1.34eV。这些特征峰分别对应于向电子基态的各个振动态的跃迁。因此,最高能量的跃迁(即 1.85eV 峰)对应于向最低振动态的跃迁[4]。

图 8.2 还给出施主/受主系统的薄膜光致发光谱。系统由作为电子施主的聚合物与作为电子受主的 CdSe 纳米晶相组成,或是由聚合物与作为电子受主的 PCBM 相组成。在上述两个系统研究中,光致发光谱强度都明显降低(即"猝灭")。此迹象表明,在材料界面有电荷转移,因为电子转移到受主后,来自于施

主聚合物 LUMO 能级的电子不再辐射复合。因此光致发光猝灭技术是探测以施主/受主异质结组成太阳电池中电荷转移过程的有效工具。需要倍加关注的是,在一定条件下,与电荷转移过程同时发生的其他过程也会使 PL 强度降低。如果受主材料的能带隙(禁带宽度)小于施主材料,全部电子 - 空穴对有可能通过"福斯特共振能量转移"(FRET)迁移到受主。如果此过程发生,将难以用简单的 PL 猝灭实验区分上述过程。

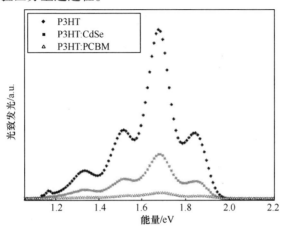

图 8.2　纯 P3HT 薄膜、P3HT/CdSe 混合物薄膜和 P3HT/PCBM 混合物薄膜的光致发光谱。采用 532nm 激光作为激发源。所有光谱都在 80K 温度下记录,所有样品包含相同数量的聚合物(得到来自文献[3]的复制许可,Wiley - VCH Verlag GmbH & Co. KGaA 2009 版权所有)

8.3　光诱导吸收光谱术

光诱导吸收光谱术是探测样品激发态的技术。工作原理是比较基态与光激发后的透射光谱。在有机太阳电池领域,PIA 光谱技术主要用于研究施主/受主系统的电荷转移过程,如一个聚合物/富勒烯混合物。图 8.3 说明此类实验的基本理念。一束光束(通常是一束激光)激发聚合物以生成电子 - 空穴对。如果受激电子转移到电子受主,一个空穴则停留在聚合物中。如同第 3 章说明的那样,空穴将形成极化子,其能级位于中性分子的 HOMO - LUMO 能带隙之间。如果样品受到探测光束的辐照,通常是一束白光源,将会产生光子吸收,光子能量对应于极化子能级之间的跃迁。因此,受激样品的透射谱将与基态透射谱不同,其差异产生 PIA 信号。

图 8.3 以简单图形说明了 PIA 光谱术,包括对透射光谱的两次连续测量,分别在激光激发前和激发后。实际上,稳态 PIA 光谱术通常以连续实验方式进

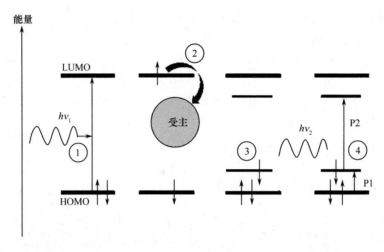

图 8.3　施主/受主混合物 PIA 光谱工作原理。步骤① 一束激光脉冲在施主聚合物
产生电子–空穴对;步骤②如果存在一个电子受主,受激发电子转移到受主;
步骤③停留在聚合物的空穴形成一个极化子,能级位于中性分子 HOMO–LUMO 能隙中
间;步骤④一个电子占据在极化子低能级。如果样品现在受到白光源照射,能量对
应于极化子能级跃迁的吸收产生,P1 和 P2 符号表示吸收跃迁。因此激光激发后的样
品透射与基态透射不同

行,在调制盘和锁相放大技术的帮助下,可以周期性地执行激光激发和透射谱测量。为确定透射的光致变化,需要进行三次测量。首先,要测量无激光激发而只有白光源的透射,可用 T_{WL} 表示相应信号;其次,由激光引起的光致发光需要开启激光器测量,但没有白光源,用 PL_{Laser} 表示相应信号;第 3 种测量方法是利用两种光源,采用斩波激光激发和锁相技术探测激光诱导透射变化,用 $\Delta T_{WL.Laser}$ 表示此相应信号。从这些测量可以计算出 PIA 信号如 8.7 式表示:

$$\frac{-\Delta T}{T} = -\frac{\Delta T_{WL.Laser} - PL_{Laser}}{T_{WL}} \tag{8.7}$$

测量的透射变化由激光激发的光致发光来修正,信号除以无激光激发的测量透射波。图 8.4 给出 P3HT 和 PbSe 纳米晶混合物静态 PIA 光谱研究实例[5]。此 PIA 光谱中,主要的三个可见特征峰依次为 0.4eV、1.05eV 和 1.25eV。0.4eV 和 1.25eV 信号属于图 8.3 中分别标有 P1 和 P2 的极化跃迁。这些特征峰的出现提供了证据:给定实验中 P3HT 与 PbSe 纳米晶之间发生了电荷转移[5]。最后一个 1.05eV 峰起因于聚合物三重态–三重态之间的吸收[5,6]。实际上,光吸收首先生成单态激子,但样品会经历系统间交叉,所以产生一个三重态。但探测到透射谱时部分聚合物分子如果仍然处于三重态,已受激发的分子将被激发到一个更高三重态。此过程也将会在 PIA 光谱呈现。作为一种选择,根据 Sterbacka 等对 P3HT 的研究[7],1.05eV 特征峰也可能源于链间单态激子,即在不同聚合

物链中的电子和空穴组成的单态激子。

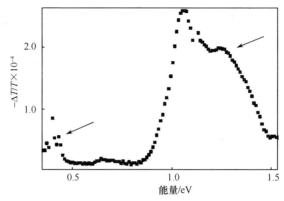

图 8.4　P3HT/ PbSe 体异质结薄膜光诱导吸收谱。在温度 80K 采用 532nm 激
光作为激发源进行测量。箭头标志特征谱属于 P3HT 极化跃迁
（来自文献[5],PCCP 所有者协会复制）

值得注意的是,调制频率是 PIA 光谱术的一个重要参数。PIA 信号来源只能从寿命比"调制频率的倒数"更短的激发态获得。换句话说,如果调制频率不断增高,长寿命样品的信号愈发受到抑制。因此,对 PIA 信号的频率相关分析可以揭示激发态的寿命信息。此类型分析的数个样例将在 12.3.3 节给出。

8.4　时间分辨光谱术

电子态之间跃迁和电荷转移非常迅速,许多相关过程发生在纳秒、皮秒或飞秒时间范围。因此,如果要分析电子过程动力学,需要时间分辨光谱术。

一个广泛使用的方法是时间分辨光致发光谱术。样品先受到一束短激光脉冲激发,随后检测作为时间函数的光致发光信号的衰减,其时间分辨率依赖于测试装置。图 8.5 给出 P3HT 薄膜以及 P3HT 和 PCBM 准双层结构的光致发光衰减曲线样例。此例中准双层意味着采用一个含有 PCBM 的溶剂,将 PCBM 沉积在 P3HT 薄膜上面。最初认为此溶剂不溶解 P3HT 层。然而,进一步的检测揭示 PCBM 可部分穿透 P3HT 层,获得的结构并不是一个理想双层系统[8]。纯净 P3HT 薄膜的光致发光信号衰减仅发生在皮秒范围。根据图 8.5,初始光致发光强度的 50% 在 300ps 后消失。如果 PCBM 覆盖层存在,衰减会更快捷,因为发生了电荷转移。

通过定量分析时间相关光致发光衰减曲线,可以确定衰减常数。通常假定为指数衰减函数。如果仅涉及单一过程,评估很简单,衰减遵循指数行为,如下式表示:

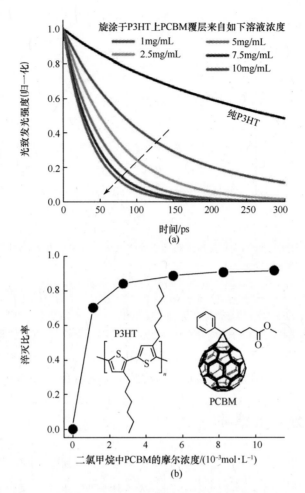

图8.5 (a)纯 P3HT 薄膜时间分辨光致发光衰减(黑色曲线)以及准双层样品,
二氯甲烷(DCM)溶液中的 PCBM 覆层旋涂在 P3HT 薄膜上(彩色曲线)。已经标示出
PCBM 溶液浓度。(b)PL 淬灭比率由文献[8]所确定,采用准双层样品与(a)
相同。(得到文献[8]的复制许可,美国化学协会 2012 年版权所有)

$$\ln(\text{PL}(t)) = \ln(\text{PL}(t_0)) - \frac{1}{\tau} \cdot t \qquad (8.8)$$

式中:$\text{PL}(t)$、$\text{PL}(t_0)$分别为时间 t 和 t_0 的光致发光信号强度,τ 是作为拟合参数的衰减过程的时间参数。然而,有时一个单指数衰减不适合实验衰减数据的合理拟合。在那种情形下,需要一个以上自由参数的更复杂模型。

时间分辨光致发光谱的一个重要用途是实验确定有机半导体的激子扩散长度。Shaw[9]等制备了定义 TiO₂ 衬底厚度的 P3HT 薄膜。TiO₂ 作为电子受主与 P3HT 相结合,因而使聚合物的光致发光淬灭。光致发光衰减的快慢依赖于

P3HT 聚合物层的厚度,因为在 TiO_2 界面附近生成的激子要比远离界面生成的激子有更高分裂概率,因此在薄层光致发光猝灭比厚层更明显。衰减动力学定量分析和理论模型描述扩散过程一起可实现 P3HT 中激子扩散长度的提取,长度值约为 8.5nm[9]。

除了时间 - 分辨光致发光谱术,尚有多种更复杂的光谱技术可提供短时间范围的信息,这些技术基于一个泵浦 - 探测原理[10]。先使用一个短激光脉冲(泵浦脉冲)激发样品从而启动一个事件,经历一个定义的时间延迟(皮秒或飞秒范围)后,再使用具有不同频带宽度的第 2 种激光脉冲(探测脉冲)研究激发后给定时间的样品状态。比如,光诱导吸收光谱术可作为超快泵浦 - 探测光谱术,研究施主/受主系统短时间尺度的电荷转移[11-14]。

参考文献

[1] S. Wilken, D. Scheunemann, V. Wilkens, J. Parisi, H. Borchert, Org. Electron. 13, 2386 – 2394 (2012)

[2] P. Atkins, J. de Paula, Physical Chemistry, 9th edn. (Oxford University Press, Oxford, 2010)

[3] M. D. Heinemann, K. von Maydell, F. Zutz, J. Kolny – Olesiak, H. Borchert, I. Riedel, J. Parisi, Photo – induced charge transfer and relaxation of persistent charge carriers in polymer/nanocrystal composites for applications in hybrid solar cells. Adv. Funct. Mater. 19, 3788 – 3795 (2009)

[4] P. J. Brown, D. S. Thomas, A. Köhler, J. S. Wilson, J. – S. Kim, C. M. Ramsdale, H. Sirringhaus, R. H. Friend, Phys. Rev. B 67, 064203 (2003)

[5] E. Witt, F. Witt, N. Trautwein, D. Fenske, J. Neumann, H. Borchert, J. Parisi, J. Kolny – Olesiak, Phys. Chem. Chem. Phys. 14, 11706 (2012)

[6] W. J. E. Beek, M. M. Wienk, R. A. J. Janssen, Adv. Funct. Mater. 16, 1112 (2006)

[7] R. Österbacka, C. P. An, X. M. Jiang, Z. V. Vardeny, Science 287, 839 (2000)

[8] A. L. Ayzner, S. C. Doan, B. T. de Villers, B. J. Schwartz, J. Phys. Chem. Lett. 3, 2281 (2012)

[9] P. E. Shaw, A. Ruseckas, I. D. W. Samuel, Adv. Mater. 20, 3516 (2008)

[10] P. Vasa, C. Ropers, R. Pomarenke, C. Lienau, Laser Photonics Rev. 3, 483 (2009)

[11] S. Cook, R. Katoh, A. Furube, J. Phys. Chem. C 113, 2547 (2009)

[12] I. A. Howard, R. Mauer, M. Meister, F. Laquai, J. Am. Chem. Soc. 132, 14866 (2010)

[13] M. Meister, J. J. Amsden, I. A. Howard, I. Park, C. Lee, D. Y. Yoon, F. Laquai, J. Phys. Chem. Lett. 3, 2665 (2012)

[14] F. Deschler, A. De Sio, E. von Hauff, P. Kutka, T. Sauermann, H. – J. Egelhaaf, J. Hauch, E. Da Como, Adv. Funct. Mater. 22, 1461 (2012)

第9章　电子自旋共振

摘要：太阳电池中使用材料的电子特性至关重要。探讨有机和无机材料电子态的一种有效方法是电子自旋共振(ESR)谱。ESR谱技术对于检测顺磁物质,如具有非零电子自旋的物质相当灵敏。一个相关实例是有机半导体的极化子。本章简要介绍ESR谱的工作原理,概述从聚合物太阳电池揭示的信息类型。此研究领域的一个重要任务是探讨电荷转移过程,此过程在施主/受主太阳电池中是一个重要的基本步骤。为了实现对吸收光子产生电子-空穴对之后的电荷转移研究,对ESR谱技术进行改进,允许测量进程中光辐照样品,因此产生了光诱导ESR(L-ESR)技术。除了探讨电荷转移过程,L-ESR谱还研究了施主/受主混合物中载流子的复合过程。

9.1　电子自旋共振谱基本原理

电子自旋共振谱通常又称为电子顺磁共振(EPR)谱,适合于研究非零自旋电子态。对ESR谱的详细介绍可见文献[1]。本节仅对最重要的基本原理作简要总结。首先考虑一个自由电子。式(9.1)和式(9.2)分别给出自旋角动量和其Z分量:

$$|\boldsymbol{S}| = h \cdot \sqrt{s \cdot (s+1)} \tag{9.1}$$

和
$$S_z = h \cdot m_s \tag{9.2}$$

式中:s为自旋量子数,对于自由电子,$s = 1/2$;m_s为磁量子数,$m_s = +1/2$(自旋朝上)或$m_s = -1/2$(自旋朝下)。与自旋角动量相关,电子具有一个磁自旋矩,见式(9.3):

$$\boldsymbol{\mu}_s = \gamma_e \cdot \boldsymbol{S} = -g_e \cdot \frac{e}{2m_e} \cdot \boldsymbol{S} = -g_e \cdot \frac{\mu_B}{h} \cdot \boldsymbol{S} \tag{9.3}$$

自旋角动量与磁矩之间的比例常数γ_e称作回磁比;μ_B为玻尔磁子;g_e为g因子。对于自由电子,$g_e = 2.0023$。如果施加一个外部磁场,磁自旋矩具有一定势能,即

$$E = -\boldsymbol{\mu}_s \cdot \boldsymbol{B} \tag{9.4}$$

如果磁场B平行于z轴,借助于式(9.3)和式(9.2),式(9.4)可表示为

$$E = g_e \cdot \mu_B \cdot m_s \cdot B \tag{9.5}$$

结果是在平行于 z 轴的外部磁场内,自旋朝上和自旋朝下两个电子态分裂,如图 9.1 所示。在热平衡时两个电子态的占有率由玻耳兹曼因子确定。占有率概率比为

$$\frac{P(m_s = +1/2)}{P(m_s = -1/2)} = \frac{P_+}{P_-} = e^{-\frac{\Delta E}{k_B T}} = e^{-\frac{\mu_0 \mu_g B}{k_B T}} \tag{9.6}$$

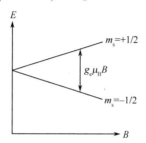

图 9.1　外磁场平行于 z 轴时一个自由电子量子态
分裂为自旋朝上和自旋朝下两个组态

给出一个数字实例,在室温磁场强度 $B = 0.5T$ 时占有率概率比是 0.998。也就是说两个电子态占有率几乎相等。平衡还会受到微波辐射的微扰,假如辐射能与分裂量子态相匹配,会发生共振微波吸收。共振条件为

$$h\nu_L = \Delta E = g_e \mu_B B \tag{9.7}$$

共振频率 ν_L 被称为拉莫尔(Larmor)频率。在利用 ESR 谱仪研究时,样品放置于由亥姆霍兹线圈对产生的磁场中。此外还有一个微波腔,样品因此会受到微波辐射的激发。根据共振条件,微波辐射会被吸收。然而,还有一个直接从泡利原理得出的允许跃迁的通用条件:每个量子态只能被一个电子占据。其结果是只有在一个量子态是满态另一个是空态时,两个电子态之间的跃迁才可能发生。换句话说,系统必须包含不成对电子。

迄今为止,我们的讨论集中于自由电子。在一个典型样品中电子是不自由的,此与共振频率有关。外磁场 B 在样品内感应一个磁场 $\delta B = -\sigma B$,其与外磁场成正比但方向相反,σ 是比例常数。因此在给定自旋的局部环境内产生一个局部磁场如下表示:

$$B_{local} = B + \delta B = (1 - \sigma) \cdot B \tag{9.8}$$

共振微波吸收与局部磁场相关。因此共振条件成为

$$h\nu_L = g_e \mu_B B_{local} = g_e \mu_B \cdot (1 - \sigma) B = g\mu_B B \tag{9.9}$$

其中 $g = (1 - \sigma)g_e$。

如果引入一个与自由电子 g_e 因子不同的 g 因子,共振频率可以表示为外磁场的函数。事实上,此处引入的 g 因子依赖于自旋的化学环境。因此,共振频率

测量和 g 因子可以提供所研究样品的重要信息。一般而言,g 因子是各向异性的。

利用 ESR 谱探测时需要考虑典型测量条件。通常,测量采用固定微波频率,改变磁场以研究共振行为。如果绘制微波吸收(纵轴)与磁场(横轴)的关系图,共振吸收应该产生一个谱峰。但大多数 ESR 谱仪使用锁相技术,直接测量磁场改变时吸收的变化。因此,ESR 信号通常看上去是一个吸收峰的一次导数。图 9.2 是预计的一个自由电子 ESR 信号示意图。

实际上,ESR 谱并非总是如图 9.2 那样简单,因为一个电子自旋会与局部环境的核自旋额外耦合。此现象称为超精细相互作用,它会将一个信号分裂成数个组态。超精细相互作用的进一步信息可见其他文献[1]。

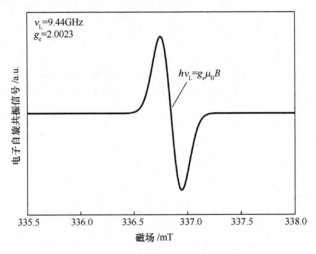

图 9.2　预计自由电子 ESR 信号图,采用固定微波频率 9.44GHz 测量的谱线
（信号的准确线轮廓和宽度是任意的）

9.2　探测施主/受主系统中电荷转移过程的光诱导电子自旋共振

对于聚合物光电器件,ESR 谱被证明是研究施主/受主系统材料界面电荷转移过程的适当方法。如果光被导电聚合物吸收,通常产生单线态激子。这些激子的自旋角动量 $S=0$,无法被 ESR 谱探测到。如果施主/受主界面的激子分裂,将在施主产生一个空穴极化子,受主产生一个电子极化子。每一个极化子的自旋量子数 $s=1/2$,具有 $m_s=+1/2$ 和 $m_s=-1/2$ 量子态的能级在磁场作用下将会分裂,情形与图 9.1 所示相似。虽然光吸收产生的激子无法被 ESR 谱探测到,但在施主/受主界面成功分裂的激子将产生 ESR 光谱可探测的载流子。这

些事实可用于研究材料混合物中的电荷分离。在相应实验中样品被一束光源照射,如位于 ESR 谱仪的微波腔内的激光照射。这种变革的 ESR 谱称为光诱导电子自旋共振(L－ESR)。

图 9.3 给出一个 532nm 激光激发前和激发后的 P3HT/PCBM 混合物 ESR 谱[2],观察到的谱线是两个信号的叠加,来自于 P3HT 相($g=2.003$)的空穴极化子和 PCBM 相($g=1.999$)的电子极化子的信号叠加。激光激发前可以观察到低强度的两个信号,激发后可以观察到强度显著增加的两个信号,这意味着光吸收最终一定产生分离的载流子[2]。

此类型 L－ESR 技术已经用于与有机太阳电池有关的各种材料组合研究[2-8]。Dyakonov 等[4]的一个早期 L－ESR 研究集中在 MDMO－PPV 与 PCBM 或 C_{60} 的混合物。研究者在施主/受主界面成功观察到电荷分离,通过改变微波功率分离了电子极化子和空穴极化子的重叠 ESR 信号[4]。图 9.2 和图 9.3 谱图对应的微波频率是 9.5GHz。这个频率区域称为 X 波段,广泛应用于 ESR 谱术。然而还有一个工作在 95GHz 的高频谱仪(W 波段)。为了满足共振条件,高频谱仪需要强度增加 10 倍的磁场。其优势是分辨率显著增强。De Ceuster 等[5]采用 W 波段的 L－ESR 谱术研究了 MDMO－PPV/PCBM 混合物。来自于聚合物和富勒烯极化子的信号不再重叠。而且分辨率足以分辨 g 因子的各向异性组分[5]。

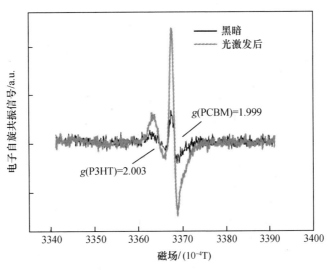

图 9.3　P3HT/PCBM 混合物无光照的 ESR 谱(黑线)和
532nm 连续激光激发后的 ESR 谱(浅灰线)。
测量温度 $T=50$K(复制得到文献[2]的许可,
Wiley－VCH Verlag GmbH &Co. KgaA 2009 版权所有)

利用 L - ESR 技术也对导电聚合物和无机半导体混合系统的电荷分离过程进行了研究。Hal 等的早期工作[9]研究了 MEH - PPV 和纳米晶 TiO$_2$ 以及 ZrO$_2$ 界面间的电荷转移。Pientka 等[10]研究了 MDMO - PPV 与胶体制备 CdSe 纳米晶混合物。CdSe 纳米晶最初有一个三辛基/三辛基氧膦和十六烷基胺(HDA)组成的配位体壳。后来这个相当厚且稠密的壳通过配位体交换被吡啶所取代。实验证实纳米晶外的配位体壳被吡啶取代后,施主/受主界面的电荷分离更有效[10]。对 CdSe 纳米晶的研究主要涉及电荷转移和与 P3HT 的组合[2,11,12]。Dietmueller 等[13]应用 L - ESR 谱术探测了硅(Si)纳米晶和 P3HT 或 PCBM 混合物。其结果令人振奋,实验显示 P3HT/Si 和 Si/PCBM 两种混合物都形成功能化施主/受主系统,这说明在太阳电池中硅纳米晶既能成为电子受主又能成为电子施主[13]。

在施主/受主界面成功探测到电荷分离过程不是 L - ESR 谱术所能获得的唯一有价值信息,关闭光源后研究 ESR 信号衰减还能得到其他信息。图 9.4 给出 Heinemann 等研究的空穴极化子信号强度随时间变化的曲线图,材料体系是有机 P3HT/PCBM 和杂化 P3HT/CdSe 混合物[2]。

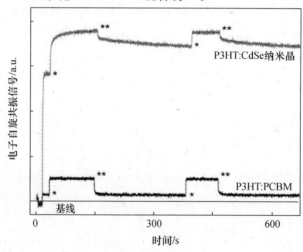

图 9.4　L - ESR 测量的 P3HT/ PCBM 空穴极化子光激发时间进化图。
激光功率 20mW,波长 532nm,微波功率 0.1mW,温度 $T = 50K$。
光激发开始标志为 * ,结束为 * * (得到 Heine mann 等[2]
复制许可:Wiley - VCH Verlag GmbH& Co. KGaA 版权所有(2009))

以有机混合物为研究实例,如果激发源被关断,信号衰减并较快地回到初始水平。显然,分离的载流子可容易地扩散回到界面并复合[2]。相比之下,在杂化混合物中可观察到一个快速和一个非常缓慢的衰减过程。此缓慢衰减过程(即"持续信号")源于缺陷态的载流子陷阱,陷阱的存在使载流子难以扩散回到界面并复合。此例说明 L - ESR 还能够揭示存在载流子陷阱的有关信息。先前对纯净有机 MDMO - PPV/PCBM 混合物的研究中,在温度 $T=90K$ 时曾经观察到光诱导信号部分缓慢衰减现象[4,14]。更详细分析说明,有机和混合系统之间存在重大差异。以 MDMO - PPV/PCBM 混合物为例,当样品退火温度为室温时持续信号被消除[4]。与此相反,据报道需要温度 $T=400K$ 才能消除杂化 P3HT/CdSe 混合物的持续信号[2]。实验数据表明引起 ESR 信号缓慢衰减的陷阱态在有机和杂化系统中有不同类型。在有机混合物中,聚合物相的无序导致缺陷属于空穴陷阱[4]。而在杂化 P3HT/CdSe 系统,产生持续信号的根源来自于纳米晶相的深电子陷阱[2,11,12]。

将观察数据与理论模型相拟合可以对包括一个快速和一个缓慢复合过程的 L - ESR 信号衰减曲线进行定量分析[14-16]。例如,Carati[16] 等分析了作为温度函数的聚合物/富勒烯混合物复合动力学,通过对实验数据建模,导出混合物系统陷阱态的态密度轮廓。

Radychev 等[12] 在近期研究中对不同有机配位体壳对 P3HT/CdSe 太阳电池的性能影响进行了探讨。采用丁胺作配位体壳的太阳电池性能明显优于吡啶配位体壳太阳电池。此项研究的 L - ESR 探测表明具有丁胺配位体的样品有较低密度的深电子陷阱态,此陷阱态与纳米晶表面的镉(Cd)悬空键相关[12]。此事实说明了丁胺配位体壳太阳电池性能优越的原因。但要提到的是其他影响也起一定作用[12]。

在此介绍 Witt 等近来的研究,作为光诱导电子自旋共振谱术在聚合物太阳电池领域应用的最后一例[17]。此研究证实 L - ESR 谱术是探测电荷转移复合物(charge transfer complexes,CTC)的适宜方法。如果一个激子在施主/受主界面分裂,施主中的空穴极化子和受主中的电子极化子仍然被库仑引力所束缚,形成电荷转移复合物(CTC,或者称为电荷转移态)[18-20]。此激发态能量略微低于"有效能带隙"。有效能带隙 $E_{\text{G}}^{\text{eff}}$ 是受主 LUMO 能级与施主 HOMO 能级的能量差。图 9.5 给出了原理说明。

对于有机太阳电池来说,电荷转移态十分重要,因为其能量决定了开路电压上限[19-21]。Witt 等[17] 采用 L - ESR 谱术探测到有机 P3HT/PCBM 和杂化 P3HT/CdSe 混合物中存在电荷转移态。图 9.6 给出 P3HT/PCBM 系统的 L - ESR 谱图,采用绿色激光(532nm,2.33eV)或红外激光(785nm,1.58eV)作为激发源。采用绿色激光激发时,观察到类似于图 9.3 的图谱,因为聚合物内产生的激子在施主/受主界面分裂。与之相反,红外光子的能量不足以在聚合物或 PCBM 相产生一个激子。然而,在光激发后观察到分离极化子的信号。这是一个证据,表明低能量光子能直接激发电荷转移态[17]。最近,Behrends 等[22] 的研究结果证明,利用脉冲激光激发样品并应用时间 - 分辨测量,ESR 谱术还可以

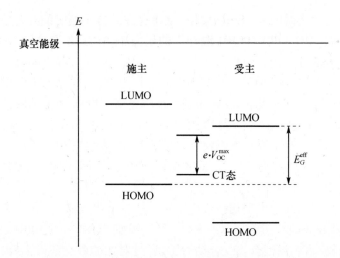

图 9.5　施主/受主系统电荷转移(CT)复合物原理说明。图示给出电子施主和
受主的 HOMO 和 LUMO 能级。有效能带隙是受主 LUMO 能级与施主 HOMO
能级的能量差。CT 态位于有效能带隙内,并决定有机太阳电池开路电压的上限。

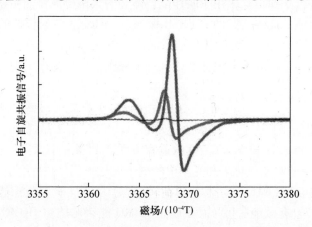

图 9.6　温度 $T=80K$ 时 P3HT/PCBM 混合物的 ESR 谱图。微波功率为 2mW,
频率为 9.44GHz。黑色曲线是无光激发 ESR 信号。绿色曲线是绿色激光
(光子能量 2.33eV)激发后信号。红色曲线是红外激光(光子能量 1.58eV)
激发后信号(得到文献[17]的复制许可,美国化学协会 2010 版权所有)

探测电荷转移复合物的解体。

参考文献

[1] J. E. Wertz, J. R. Bolton, Electron Spin Resonance: Elementary Theory and Practical Applications (Chapman and Hall, New York, 1986)

116

［2］ M. D. Heinemann, K. von Maydell, F. Zutz, J. Kolny – Olesiak, H. Borchert, I. Riedel, J. Parisi, Photo – induced charge transfer and relaxation of persistent charge carriers in polymer／nanocrystal composites for applications in hybrid solar cells. Adv. Funct. Mater. 19, 3788 – 3795（2009）

［3］ N. S. Sariciftci, L. Smilowitz, A. J. Heeger, F. Wudl, Science 258, 1474（1992）

［4］ V. Dyakonov, G. Zoriniants, M. C. Scharber, C. J. Brabec, R. A. J. Janssen,

［5］ J. C. Hummelen, N. S. Sariciftci, Phys. Rev. B 59, 8019（1999）J. De Ceuster, E. Goovaerts, A. Bouwen, J. C. Hummelen, V. Dyakonov, Phys. Rev. B 64, 195206（2001）

［6］ S. Sensfuss, M. Al – Ibrahim, A. Konkin, G. Nazmutdinova, U. Zhokhavets, G. Gobsch, D. A. M. Egbe, E. Klemm, H. – K. Roth, Proc. SPIE 5215, 129（2004）

［7］ M. Al – Ibrahim, H. – K. Roth, M. Schroedner, A. Konkin, U. Zhokhavets, G. Gobsch, P. Scharff, S. Sensfuss, Org. Electron. 6, 65（2005）

［8］ V. I. Krinichnyi, E. I. Yudanova, N. N. Denisov, J. Chem. Phys. 131, 044515（2009）

［9］ P. A. van Hal, M. P. T. Christiaans, M. M. Wienk, J. M. Kroon, R. A. J. Janssen, J. Phys. Chem. B103, 4352（1999）

［10］ M. Pientka, V. Dyakonov, D. Meissner, A. L. Rogach, D. V. Talapin, H. Weller, L. Lutsen, D. Vanderzande, Nanotechnology 15, 163（2004）

［11］ I. Lokteva, N. Radychev, F. Witt, H. Borchert, J. Parisi, J. Kolny – Olesiak, J. Phys. Chem. C114, 12784（2010）

［12］ N. Radychev, I. Lokteva, F. Witt, J. Kolny – Olesiak, H. Borchert, J. Parisi, J. Phys. Chem. C115, 14111（2011）

［13］ R. Dietmueller, A. R. Stegner, R. Lechner, S. Niesar, R. N. Pereira, M. S. Brandt, A. Ebbers, M. Trocha, H. Wiggers, M. Stutzmann, Appl. Phys. Lett. 94, 113301（2009）

［14］ N. A. Schultz, M. C. Scharber, C. J. Brabec, N. S. Sariciftci, Phys. Rev. B 64, 245210（2001）

［15］ K. Marumoto, M. Kato, H. Kondo, S. Kuroda, N. C. Greenham, R. H. Friend, Y. Shimoi, S. Abe, Phys. Rev. B 79, 245204（2009）

［16］ C. Carati, L. Bonoldi, R. Po, Phys. Rev. B 84, 245205（2011）

［17］ F. Witt, M. Kruszynska, H. Borchert, J. Parisi, J. Phys. Chem. Lett. 1, 2999（2010）

［18］ T. Drori, C. – X. Sheng, A. Ndobe, S. Singh, J. Holt, Z. V. Vardeny, Phys. Rev. Lett. 101, 037401（2008）

［19］ K. Vandewal, K. Tvingstedt, A. Gadisa, O. Inganas, J. V. Manca, Nat. Mater. 8, 904（2009）

［20］ C. Deibel, T. Strobel, V. Dyakonov, Adv. Mater. 22, 4097（2010）

［21］ J. E. Brandenburg, X. Jin, M. Kruszynska, J. Ohland, J. Kolny – Olesiak, I. Riedel, H. Borchert, J. Parisi, J. Appl. Phys. 110, 064509（2011）

［22］ J. Behrends, A. Sperlich, A. Schnegg, T. Biskup, C. Teutloff, K. Lips, V. Dyakonov, R. Bittl, Phys. Rev. B 85, 125206（2012）

第10章 太阳电池电学表征

摘要:太阳电池将太阳辐射光转换为电能。一个基本问题是判断给定电池的光电转换效率。因此必须采用电子测量来表征太阳电池性能。本章简要介绍电学表征的若干基本方法。最基本的方法是电流-电压($I-V$)曲线测量。尽管测量本身相对简单,但如何确定测量条件并非容易,需要在此进行讨论。另外一个重要技术是确定外部或内部量子效率。这些方法提供给定波长的光子如何有效地将光能转换成电流的信息。特定分辨率的量子效率测量则能提供太阳电池中各种材料对能量转换过程的贡献信息。

10.1 电流-电压测量

10.1.1 基本原理

获取电流-电压曲线是表征太阳电池电特性的最基本方法。给器件两端施加电压,在不同光照条件下测量电流,总电流取决于器件面积。为了方便不同器件的比较,必须计算电流密度,将电流除以太阳电池有效面积。图10.1给出一个包含 P3HT/CdSe 有源层的杂化太阳电池电流密度-电压($J-V$)曲线。

无光照时太阳电池类似一个二极管。对于一个理想 pn 结太阳电池,电流密度与电压的相互关系由肖克利方程表示[1]:

$$J(V) = J_0 \cdot \left[\exp\left(\frac{eV}{k_B T}\right) - 1 \right] \tag{10.1}$$

式中:e 为基本电荷;V 为电压;k_B 为玻耳兹曼常数;T 为温度;J_0 为反向饱和电流密度,即施加较高反向电压时流经二极管的电流密度。有光照时产生一个光电流用符号 J_{ph} 表示,在正向电压作用下因载流子注入光电流反向流动。相应地式(10.1)在光照下修订为如下式:

$$J(V) = J_0 \cdot \left[\exp\left(\frac{eV}{k_B T}\right) - 1 \right] - J_{ph} \tag{10.2}$$

式(10.2)描述了光照下理想 pn 结太阳电池的 $J-V$ 曲线。光照下 $J-V$ 曲线包括几个特征点。零电压时,没有外部电压源驱动电流注入,生成电流纯粹来自于太阳能转换。此点的电流密度称作短路电流密度,用 J_{sc} 表示。在一定正向

118

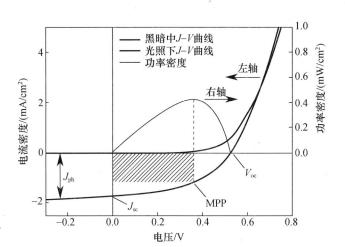

图 10.1　P3HT/CdSe 作为施主/受主系统的体异质结太阳电池电流密度 – 电压($J-V$)曲线。黑色曲线是无光照测量曲线,红色曲线是模拟太阳光(AM1.5G,100mW/cm^2)照射的测量曲线。蓝色曲线(参考右坐标轴)表示电压乘以电流密度所得的功率密度

电压时,注入电流与光电流相互补偿,净电流为 0。此点的电压称作开路电压,用 V_{oc} 表示。考虑式(10.1)和式(10.2),至少有两个重要问题:此模型是否也适合描述具有施主/受主异质结的有机或杂化太阳电池? 如何处理非理想行为? 第一个问题是基本问题。一个施主/受主混合物自然不具有肖克利方程理论推导的经典 pn 结,然而此概念证明依然适合描述有机或杂化太阳电池的 $J-V$ 曲线,但还需考虑偏离理想二极管的行为。通常可以假定一个等效电路模型来实现,引入一个串联和并联电阻(图 10.2)。

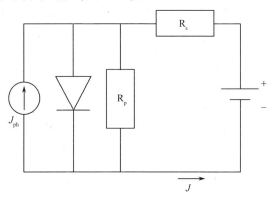

图 10.2　太阳电池的一个简单等效电路模型,引入一个并联和串联电阻

串联电阻 R_s 表示由界面和触点势垒带来的电阻损耗,对于一个理想太阳电池,串联电阻应该为 0。如果触点材料穿透到有机层导致局部短路(也称为分

流），须考虑真实太阳电池有另一个电流路径，因此并联电阻 R_P 有时称作分流电阻。理想太阳电池的并联电阻应该无穷大。根据图 10.2 的等效电路模型，可以推导出如下电流密度与电压的相互关系：

$$J(V) = \frac{1}{1 + R_S/R_P} \cdot \left[J_0 \cdot \left[\exp\left(\frac{e \cdot (V - JR_sA)}{nk_BT} \right) - 1 \right] - \left(J_{ph} - \frac{V}{R_pA} \right) \right]$$

$$(10.3)$$

式(10.3)有时称作增强肖克利方程。

式中：A 为器件面积；n 为二极管的理想因子，对于理想二极管，n 应该等于1。注意，式(10.3)不能分析求解电流密度，因为 J 有时呈现指数函数形式。但可以将实验 $J-V$ 曲线拟合到式(10.3)理论表达式，因而 R_S、R_P、J_0 和 n 可以用作拟合参数[2-4]。

通常，并联和串联电阻可以从 $J-V$ 曲线估计而得，无须拟合整个曲线。可以估计高正向偏压和 0V 时的 $J-V$ 曲线斜率得到 R_S 和 R_P。在正向偏压时，斜率由串联电阻确定，R_S 可以依据式(10.4)计算[5]：

$$R_S = \frac{1}{A} \lim_{V \to \infty} \left(\frac{dV}{dJ} \right)$$

$$(10.4)$$

在 0V，斜率由串联和并联电阻之和确定，R_P 由式(10.5)确定[5]：

$$R_P = \frac{1}{A} \cdot \frac{dV}{dJ} \bigg|_{V=0V} - R_S$$

$$(10.5)$$

另一个重要物理量自然是太阳电池的输出功率，功率是电压和电流的乘积。图 10.1 的蓝线给出电压在 0V 和 V_{OC} 之间的功率。在一个特定电压下可获得一个最大功率。此工作点称为最大功率点（MPP）。图 10.1 的阴影面积表示在MPP 的功率。J_{MPP} 和 V_{MPP} 分别是电流密度和电压的符号。因此可定义填充因子（FF）：

$$FF = \frac{J_{MPP} \cdot V_{MPP}}{J_{SC} \cdot V_{OC}}$$

$$(10.6)$$

填充因子描述 $J-V$ 曲线的矩形形状。对于高填充因子的太阳电池，J_{MPP} 必须接近 J_{SC}，V_{MPP} 应该接近 V_{OC}。电流电压曲线的形状将逐渐接近矩形。为了计算功率转换效率（PCE，η），器件传输的功率必须除以太阳光入射功率 P_{light}：

$$PCE = \frac{J_{MPP} \cdot V_{MPP}}{P_{light}} \cdot 100\%$$

$$(10.7)$$

运用填充因子的定义，转换效率可表示为

$$PCE = \frac{FF \cdot J_{SC} \cdot V_{OC}}{P_{light}} \cdot 100\%$$

$$(10.8)$$

10.1.2 测量条件

为了比较各种太阳电池的性能数据,需制定标准。因为一般而言,太阳电池的性能取决于多种参数,包括工作温度、入射光强度和入射光光谱强度分布。每个太阳电池都能转换太阳光的能量,尽管我们认为只有一个光源,但照射到太阳电池上的太阳光强烈依赖于电池所在的地理位置。这是由于部分太阳光在穿越大气层的路径上被吸收和散射。地球表面的阳光光谱强度分布取决于光子必须穿越大气层的距离,因而取决于入射光与地球体表面法线之间的夹角。所以辐照在地球表面的太阳光谱取决于具体地理位置。为了比较性能数据,科学家和工程师一致同意测量规定辐照条件下的 $J-V$ 曲线。

在地球大气层之外,太阳光谱有一定的光谱强度分布。此大气圈外光谱称作 AM0 光谱。缩写 AM0 代表“零空气质量”并意味着光线没有穿越任何大气层空气。如果太阳在天顶(zenith),阳光穿越空气的距离为最小,地球表面对应的光谱称作 AM1.0 光谱。因而在考虑大气层的吸收类型时需要做出几种假设。最广泛采用的测量太阳电池性能数据的标准是 AM1.5G 光谱。此光谱对应特定的角取向,太阳位置与天顶夹角为 48.2°,太阳电池表面法线与天顶夹角为 37°[6,7],而且还需要考虑入射光穿越大气层衰减的几个条件[6,7]。为了在实验室实现相应的光照条件,采用了具有复合滤光系统的太阳模拟器,以调节光源的发射谱从而接近 AM1.5G 光谱。模拟光谱与真实 AM1.5G 光谱的匹配程度取决于实验仪器,太阳模拟器因此划分为不同类型。

除了光谱分布,全部(总体)光强度亦十分重要。因为许多太阳电池的性能依赖于照射功率。作为一个标准,太阳电池应该在全部照射功率为 $1000W/m^2$ ($=100mW/cm^2$)下测量。测量温度应该是 25℃。

再次考虑辐照的光谱分布,太阳电池正确表征的另一个相关问题是光谱失配。本书只对问题简述。为了将太阳电池曝露在规定的入射光强度($1000W/m^2$)下,必须调节太阳模拟器的照射功率。通常调节光源与样品的距离以实现功率调节。为此使用一个已知 PCE 的晶硅参考电池放置在太阳模拟器下方。调节两者距离直到参考太阳电池产生合适的电流对应所需要的照射功率。随后将样品太阳电池置于太阳模拟器下方同样的距离处,对电池进行测量。

然而,上述过程忽略了所研究参考电池和样品具有不同的光谱响应。例如,一个典型有机太阳电池比硅参考电池吸收光谱范围窄。如果模拟频谱与真实 AM1.5G 频谱不同,需要在硅吸收频谱范围(波长小于或等于 1100nm)用硅太阳电池校准照射频率。假定一个非理想太阳模拟器在 400～500nm 范围发射较多光子,而在 900～1000nm 范围发射较少光子(相对于 AM1.5G 标准光谱),在测量参考太阳电池过程中,短波长范围的较高光子通量将被长波长范围的较低光子通量部分补偿。然而,如果随后一个仅吸收波长小于或等于600nm的样品放置到太阳模拟器下,长波长的低光子通量不会对短波长的高光子通量起到任何补偿作用。其结果是在样品的吸收范围内,太阳模拟器的照射功率对此样品过高,原因是样品与参考太阳电池的光谱失配。原则上,可以修正测量性能数据以适应光谱失配。考虑此现象的修正步骤示例描述见文献[8,9]。需要指出的是光谱失配在许多研究工作中被忽略。

值得注意的另一方面是光照有效面积。在电特性测量中需要测量电流。为了确定电流密度,需要知道太阳电池的光照有效面积。遗憾的是测量有效面积并不简单[9]。在众多研究中,有效面积假定为电极的几何重叠部分,如图10.3示意说明。然而,在定义有效面积之外区域由光吸收产生的电子-空穴对也有一定概率贡献给光电流,因为电极不仅仅收集其覆盖之下产生的载流子。有效面积周围的边缘区也将对电流有一定贡献。因此,将有效面积定义为电极的几何重叠区略微低估了与能量转换过程相关的光吸收面积。其结果是如果电流除以一个较小面积,将得到高估的电流密度。

Gupta等[10]详细研究了边缘区对光电流的贡献。通过采用激光小光斑激发有机太阳电池,可以清晰显示电极几何重叠面积之外生成的载流子也对光电流有贡献[10]。根据这些激光局部激发实验,可以估计有贡献边缘区宽度在$50\mu m$左右。在同一研究中还制备了有效面积在$0.01 \sim 0.5 cm^2$范围的各种太阳电池[10]。开路电压不受面积影响,而计算的电流密度强烈依赖于面积。对于电极几何重叠面积最小的器件$(0.01cm^2)$,计算电流密度比有效面积$0.5cm^2$的器件高85%[10]。部分原因是边沿效应,而对于小面积器件边沿效应更为重要。假定一个有贡献边缘区的宽度为$50\mu m$,器件定义有效面积为$1mm \times 1mm$,对器件电流密度的估计将高估10%。相比之下,一个有效面积$1cm^2$器件具有$50\mu m$宽的边缘区,电流密度仅高估1%。参考Gupta等的研究结果[10],对于有效面积为$0.09cm^2$的器件,计算其电流密度值比有效面积$0.5cm^2$器件高出20%。只有在$0.25 \sim 0.5cm^2$区间,电流密度差别才不显著[10]。

上述研讨说明从太阳电池电学表征推导出的电流密度和器件效率不幸都与有效面积相关。特别是小尺寸器件,可以观察到强相关性。部分原因来自边缘效应,对于小尺寸器件边缘效应不可忽略。然而,在实验室使用有效面积为$0.1cm^2$的样品进行研究相当普遍。一个避免边缘区对光电流产生贡献的方法是给光照边缘区加装遮光板。此步骤要小心谨慎。Snaith[9]近来研究集中于染料敏化太阳电池,但同时涉及有机体异质结器件,他报告了实现精确和可靠测量电流-电压曲线的各种方法。

最后需要指出的是,许多科学研究在可比较条件下对制备和测量的一系列样品进行比较。对于给定的一系列实验做出结论,考虑光谱失配、边缘效应并非

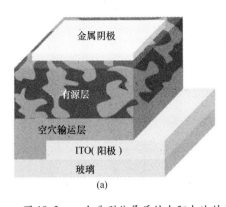

图 10.3　一个典型体异质结太阳电池结构三维视图(a)和顶视图(b)。
(b)图中红色标记的电极几何重叠区被定义为器件有效面积。有效面积
周围(绿色标记的边缘区)产生的载流子也会被电极收集

是必不可少的。然而,忽略这些效应将使得不同研究结果的比较更为困难。从此角度来看,对研究的标准进行改进是可取的。

10.2　量子效率测量

上面讨论的电流 – 电压测量提供了太阳电池对于(模拟)太阳光全光谱辐照的响应。通常研究太阳电池的光谱分辨特性也是令人感兴趣的,例如,为了评估电池使用的各种吸收材料对光电流产生的贡献如何,一个得到光谱分辨信息的重要方法是确定外量子效率(external quantum efficiency,EQE)。EQE 被定义为每个注入光子激发的电子 – 空穴对数量。作为选择,EQE 有时也称为注入光电转换效率(IPCE)。通常采用一个可调谐光源(由一个单色器实现)在低光强度下测量 EQE。图 10.4 给出一个 EQE 测量示例,对采用 PbS 量子点作为吸收材料的耗尽型异质结太阳电池的 EQE 进行测量[11]。使用的 PbS 纳米晶在 960nm 处有一个激发吸收峰,在 EQE 光谱也观察到一个对应峰值。

原则上,可以根据 EQE 数据计算光电流密度。因此必须对光谱辐照度 $P(\lambda)$ 在整个光谱范围积分,除以一个光子的能量,乘以 EQE,并乘以基本电荷。EQE 与对应短路电流密度的相互关系为

$$J_{SC}^{EQE} = \frac{e}{hc} \cdot \int_0^{\lambda_{max}} P(\lambda) \cdot \lambda \cdot EQE(\lambda) \cdot d\lambda \tag{10.9}$$

积分上限必须到 λ_{max},此值代表对应吸收材料能带隙的波长。超过此极限,EQE 等于0,因为没有光被吸收。光谱辐照度 $P(\lambda)$ 是入射辐射的光谱分辨功率密度,通常用每平方米每纳米带宽瓦特($Wm^{-2}nm^{-1}$)表示。$P(\lambda)$ 依赖于所使用的太阳模拟器,尽管通常太阳模拟器用于产生一个尽可能与 AM1.5G 光谱完全

匹配的光谱辐照度。因此若要在标准测试条件下计算短路电流密度,可以将AM1.5G 光谱作为光谱辐照度嵌入式(10.9)。然而,为了精确比较自 EQE 计算的电流密度与自太阳模拟器测量的电流密度,最好使用太阳模拟器提供的真实光谱辐照度。

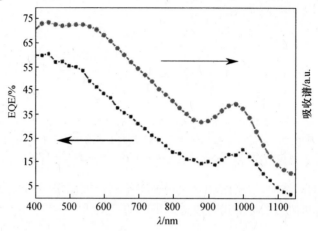

图 10.4 采用 PbS 纳米晶作为吸收材料的耗尽型异质结太阳电池的外量子效率。
太阳电池材料层顺序是氟掺杂氧化锡(FTO)/多孔 TiO₂/PbS 纳米晶/Au。
PbS 量子点吸收光谱也示于图中用于比较
(得到文献[11]的复制许可。美国化学协会 2010 版权所有)

实际上,即使考虑到太阳模拟器提供的光谱辐照度与真实 AM1.5G 光谱之间的差异,根据式(10.9)计算的短路电流密度也并不总是与 $J-V$ 测量获得的对应值相匹配。在许多研究实例中,此差异源于不同的辐照条件。例如,在典型 $J-V$ 测量过程中,如果弱光下测量 EQE 数据,其俘获载流子的缺陷态比强光下测量起到更大作用[12]。为了探讨对辐照条件的依赖关系,EQE 有时也在有背景光下测量,因此便于与 $J-V$ 测量时的辐照条件相比较。

在探讨各种光谱区如何实现能量转换时,外量子效率是有用的。然而,如果想了解一个特定波长的可吸收光子转换成可提取载流子的效率如何,必须将EQE 数据纳入太阳电池吸收关系特性中。在测量内量子效率(internal quantum efficiency,IQE)时已经采用这种思路。IQE 是引出电子 – 空穴对数目与被吸收光子数目之比,IQE 又称为可吸收光电转换效率(APCE)。

参考文献

[1] C. Kittel, Introduction to Solid State Physics, 8th edn. (Wiley, New York, 2005)

[2] S. Yoo, B. Domercq, B. Kippelen, J. Appl. Phys. 97, 103706 (2005)

［3］W. J. Potscavage Jr, A. Sharma, B. Kippelen, Acc. Chem. Res. 42, 1758（2009）

［4］J. Huang, J. Yu, H. Lin, Y. Jiang, Chin. Sci. Bull. 55, 1317（2010）

［5］D. Chirvase, J. Parisi, J. C. Hummelen, V. Dyakonov, Nanotechnology 15,1317（2004）

［6］C. A. Gueymard, D. Myers, K. Emery, Sol. Energy 73, 443（2002）

［7］National Laboratory of Renewable Energy（NREL）, http://rredc. nrel. gov/solar/spectra/. Accessed 5th Aug 2013

［8］V. Shrotriya, G. Li, Y. Yao, T. Moriarty, K. Emery, Y. Yang, Adv. Funct. Mater. 16, 2016(2006)

［9］H. Snaith, Energy Environ. Sci. 5, 6513（2012）

［10］D. Gupta, M. Bag, K. S. Narayan, Appl. Phys. Lett. 93, 163301（2008）

［11］A. G. Pattantyus–Abraham, I. J. Kramer, A. R. Barkhouse, X. Wang, G. Konstantatos, R. Debnath, L. Levina, I. Raabe, M. K. Nazeeruddin, M. Grätzel, E. H. Sargent, ACS Nano 4,3374（2010）

［12］F. Zutz, I. Lokteva, N. Radychev, J. Kolny–Olesiak, I. Riedel, H. Borchert, J. Parisi, Phys. Status Solidi A 206, 2700（2009）

第 11 章　载流子迁移率测量

摘要：太阳电池运行的一个基本进程是光生载流子输运，从生成处穿越器件输运到电极。输运会在各种材料层发生，每个材料层都有各自的输运特性。对于一给定材料，电荷输运可以通过最重要的物理量——载流子迁移率来宏观表征。有许多实验方法确定载流子迁移率，本章将简要介绍精选方法，即测量有机场效应晶体管（OFET）迁移率，和使用单载流子二极管进行研究。这两种方法的重要区别是电荷输运方向不同。在 OFET 中，研究的电荷输运是横向穿越衬底上的薄膜。相比之下在单载流子二极管中，输运方向是垂直于薄膜。因此，两种方法可提供互补信息。

11.1　电荷输运一般性质

在半导体纳米粒子、有机半导体或有机－无机杂化系统中，穿越薄膜的电荷输运是一个复杂话题。对于有机体异质结太阳电池，一个广泛采用的理论模型是跳跃输运（hopping transport）[1-3]。此模型中电子和空穴在局域输运位点（transport sites）之间跳跃，形成电荷输运。这些输运位点是电子态，定域在空间具有独特能量。例如，典型聚合物/富勒烯混合物中的电子必须穿越富勒烯分子的 LUMO 能级，每个富勒烯分子在薄膜分子定域点提供一个 LUMO 能级。然而，尽管所有的分子应该有完全相同的化学性质，各个分子的 LUMO 能级却不具有严格相同的能量，薄膜中的无序导致能级的轻微改变。其结果是，空间定域能级有一定的能量分布，因此最终获得输运位点的空间分布和能量分布。能量分布模拟典型高斯分布模型，标准偏差值为 50 ~ 150meV[2,4]。此宏观模型中，电荷输运受到载流子从给定点 i 跳跃到另一点 j 的概率 ν_{ij} 控制。由式（11.1）给出的米勒－亚伯拉罕（Miller – Abrahams）跳跃比率确定了此概率[1-3]：

$$\nu_{ij} = \nu_0 \cdot \exp(-\gamma \cdot r_{ij}) \cdot \begin{cases} \exp\left(-\dfrac{\Delta E_{ij}}{k_{\mathrm{B}}T}\right), & \Delta E_{ij} > 0 \\ 1, & \Delta E_{ij} < 0 \end{cases} \tag{11.1}$$

式中：ν_0 为比例常数，有时称为"尝试逃逸频率"；γ 为描述输运位点如何被强有力地定域在空间的常数；r_{ij} 为 i 点与 j 点之间的距离；ΔE_{ij} 为 i 点与 j 点之间的能量差。如果 j 点能量高于 i 点，ΔE_{ij} 是正的。这对应能量的向上跳跃步骤，仅仅在有热能可利用时才会发生。此情形下式 (11.1) 存在一个对应的玻耳兹曼因子。相比之下，能级的向下跳跃 ($\Delta E_{ij} < 0$) 不需要热激活。

从宏观角度分析，电荷输运采用宏观测量物理量来表征。让我们从金属的电荷输运开始。欧姆定律 (式 (11.2)) 中，在电阻性媒质的一给定位置，电导率 σ 作为电流密度 j 与电场强度 E 之间的比例常数而出现：

$$J = \sigma \cdot E \qquad (11.2)$$

电流密度与漂移速度 v_D 相关，在电场作用下，电子以平均速度 v_D 移动，其相互关系为

$$J = nq \cdot v_D \qquad (11.3)$$

式中：n 为单位体积的电子数目；q 为一个电子携带的基本电荷 (具有一个负号)。比较式 (11.2) 与式 (11.3)，可以获得漂移速度与电场之间的相互关系：

$$v_D = \frac{\sigma}{nq} \cdot E = -\mu \cdot E, \ \mu = \left| \frac{\sigma}{nq} \right| = \frac{\sigma}{ne}, q = -e \qquad (11.4)$$

作为漂移速度与电场之间比例常数的量 μ 称为载流子迁移率。在半导体中，不仅电子输运电荷，空穴也参与输运。总体而言，两种载流子拥有不同迁移率。因此，可以从式 (11.4) 定义电子迁移率 μ_e，依照式 (11.5) 定义空穴迁移率 μ_h。式中 p 是空穴浓度符号：

$$v_D = \frac{\sigma_h}{pq} \cdot E = +\mu_h \cdot E, \ \mu_h = \left| \frac{\sigma_h}{pq} \right| = \frac{\sigma_h}{pe}, q = +e \qquad (11.5)$$

对于半导体，全部电导率是电子和空穴的总和，即

$$\sigma = \sigma_e + \sigma_h = ne\mu_e + pe\mu_h \qquad (11.6)$$

需要说明的是上述方程描述的是简化案例。实际上，电子和空穴的迁移率通常不是常数。迁移率依赖于温度和电场[1,5]，因此它并非各向同性。

11.2　有机场效应晶体管

测量有机半导体载流子迁移率的一个重要方法是基于有机场效应晶体管进行测量[6,7]。构建 OFET 有不同方式，一个广泛使用的方法如图 11.1 所示。通常一个导电衬底用作栅电极，例如 p 型掺杂硅作为栅电极，其上涂覆一层电介质 (SiO_2)，在此介质层上沉积两个金属触点，分别作为源电极和漏电极。最后全部结构上涂覆一层被研究材料的薄膜。源极与地相接，在源极与漏极之间施加电压 (源漏电压 V_{SD})。电极的几何尺寸定义了导电沟道的长度 L 与宽度 W。如果存在可移动载流子，在源漏电压施加的电场作用下载流子能够移动。作用于栅电极的栅极电压 V_G 影响沟道的载流子密度。更精确地说，对于一个 p 型半导

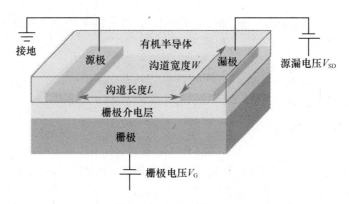

图 11.1　典型有机场效应晶体管(OFET)结构示意图

体,一个负的栅极电压导致有机半导体与介质层之间界面附近沟道的空穴堆积[8]。相比之下,研究 n 型半导体的电子输运需要正的栅极电压。通过测量源极与漏极之间的电流 I_{SD}(作为 V_{SD} 和 V_G 函数),可以实现对 OFET 的电学表征。

　　通常在给定栅极电压下,电流增加的快和慢与低的源漏电压 V_{SD} 线性相关,在高源漏电压时电流呈饱和状态。在线性区域,电流与电压的依赖关系可以表示为[11.7]

$$I_{SD} = \frac{W}{L} \cdot C \cdot \mu \cdot (V_G - V_0) \cdot V_{SD} \tag{11.7}$$

式中:C 为介质层电容;V_0 为与文献[8]详细讨论的现象相关的移位电压。式(11.7)相对于栅极电压的微分产生跨导。假定迁移率对于栅极电压的依赖性可以忽略,可得[7,8]

$$\frac{\partial I_{SD}}{\partial V_G} = \frac{W}{L} \cdot C \cdot \mu \cdot V_{SD} \tag{11.8}$$

　　根据此方程,如果 OFET 工作在线性区域(低源漏电压)并且如果迁移率不依赖于栅极电压 V_G,在恒定 V_{SD} 下电流应该与栅极电压线性相关。因此可以在给定源漏电压下描绘作为 V_G 函数的 I_{SD},并且从 $I_{SD} - V_{SD}$ 曲线斜率提取载流子迁移率 μ,如果沟道几何参数 L 和 W 以及电容 C 已知。这是在 OFET 中测量载流子迁移率的基础。然而需要指出的是,式(11.8)描绘的只是最简单模型,更加复杂的模型也早已被开发,如考虑源漏之间接触电阻[8,9]以及缺陷态[10]。

　　此外,式(11.8)表示的是低源漏电压状态,电流随源漏之间电压线性增加。还有可能评估高源漏电压状态,那时电流趋于饱和。根据饱和状态的模型,电流平方根应该与 V_G 成线性关系,即[7]

$$\frac{\partial \sqrt{I_{SD}}}{\partial V_G} = \sqrt{\frac{W}{2L} \cdot C \cdot \mu} \tag{11.9}$$

因此,饱和状态下,可以通过绘制电流平方根与栅极电压曲线来提取迁移率。OFET 的制备和表征已成功应用于确定许多场合有机半导体的载流子迁移率[7,9,11-13]。例如,Von Hauff 等研究了 P3HT/PCBM 混合物的电子和空穴输运,发现混合物重量比 P3HT:PCBM = 1:2,电子和空穴迁移率绝对值量级为 10^{-3} $cm^2/(V \cdot s)$ 时,两者的迁移率达到平衡[9]。

还可以采用无机半导体纳米晶薄膜制备 OFET。例如,Talapin 和 Murray 采用 n 型和 p 型 PbSe 纳米晶制备了场效应晶体管[14]。通过对纳米粒子表面的特殊处理,获得了电子迁移率为 $0.9cm^2/(V \cdot s)$,空穴迁移率为 $0.2cm^2/(V \cdot s)$[14],并且显示出可以在宽广范围对 PbS 纳米晶的电导率进行从 n 型到 p 型的调节[15]。

11.3　单载流子二极管

根据 OFET 的设计结构,电荷输运总是发生在与衬底平行的狭窄沟道内。但是电荷输运并非总是各向同性。尤其是一些有机半导体,其中广为使用的聚合物 P3HT,在薄膜制备过程中趋向于结晶。如果衬底上的晶畴取向不是任意的,电荷输运将会强烈地各向异性[16]。因此有必要研究垂直于半导体薄膜方向的电荷输运。可以借助于单载流子器件进行研究[17,18]。

在单载流子二极管中,被研究的样品如一个聚合物薄膜置入两个电极之间,与太阳电池类似。然而,电极并不分别具有高和低的功函数。在单空穴器件(hole-only device)中,两个电极必须具有高的功函数,电极能够与有机半导体的 HOMO 能级形成欧姆接触,因此空穴可容易注入器件并在器件中输运。相比之下,电子注入半导体的 LUMO 能级却要跨越一大势垒,因此电子导电受到抑制。在单电子器件(electron-only device)中,两个电极都必须有低的功函数,以使电子注入 LUMO 能级,而空穴注入 HOMO 能级受到抑制[17,18]。

图 11.2 对单载流子二极管概念给予可视化诠释。在具有理想欧姆接触的单载流子二极管中,电导率将受到有机半导体低载流子迁移率的限制。其结果是,当载流子受到电压驱动在触点注入时,空间电荷堆积在二极管。空间电荷的存在使电场减弱从而限制了电流。最终获得空间电荷限制电流(SCLC)密度,其表述见式(11.10),又称作莫特-葛尼(Mott-Gurney)定律[2,19]:

$$J_{SCLC} = \frac{9}{8} \varepsilon \varepsilon_0 \mu \cdot \frac{V^2}{d^3} \tag{11.10}$$

式中:ε 为相对介电常数;V 为外施电压;d 为半导体层厚度。方程在无光条件和单极输运下的电流密度-电压测量是有效的,意味着只有空穴或电子参与电荷输运。此外,假定是欧姆接触,其他效应如半导体中的缺陷态也被忽略。如果这些条件都满足,则式(11.10)可用于从单载流子器件的电流密度-电压测量中

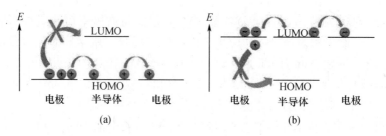

图 11.2 单空穴器件(a)和单电子器件(b)能量示意图。单空穴器件中,
电极与半导体的 HOMO 能级排成一线,空穴注入很容易,
电子注入受到抑制。单电子器件中情形与此相反

提取载流子迁移率 μ。

式(11.10)的一个强限制是忽略陷阱态,陷阱态在有机半导体以及无机半导体纳米晶中起到重要作用。已经开发出考虑到陷阱态的更复杂理论模型,并应用于拟合 $J - V$ 实验数据[18,20,21]。

参考文献

[1] H. Bässler, Phys. Status Sol. B 175, 15 (1993)

[2] D. Hertel, H. Bässler, Chem. Phys. Chem. 9, 666 (2008)

[3] C. Deibel, V. Dyakonov, Rep. Prog. Phys. 73, 096401 (2010)

[4] G. Garcia-Belmonte, J. Bisquert, Appl. Phys. Lett. 96, 113301 (2010)

[5] W. D. Gill, J. Appl. Phys. 43, 5033 (1972)

[6] G. Horowitz, Adv. Mater. 10, 365 (1998)

[7] J. Zaumseil, H. Sirringhaus, Chem. Rev. 107, 1296 (2007)

[8] G. Horowitz, R. Hajlaoui, D. Fichou, A. El Kassmi, J. Appl. Phys. 85, 3202 (1999)

[9] E. von Hauff, J. Parisi, V. Dyakonov, J. Appl. Phys. 100, 043702 (2006)

[10] G. Horowitz, P. Lang, M. Mottaghi, H. Aubin, Adv. Funct. Mater. 14, 1069 (2004)

[11] A. Zen, J. Pflaum, S. Hirschmann, W. Zhuang, F. Jaiser, U. Asawapirom, J. P. Rabe, U. Scherf, D. Neher, Adv. Funct. Mater. 14, 757 (2004)

[12] Y. Zhu, A. Babel, A. Jenekhe, Macromolecules 38, 7983 (2005)

[13] P. -T. Wu, H. Xin, F. S. Kim, G. Ren, S. A. Jenekhe, Macromolecules 42, 8817 (2009)

[14] D. V. Talapin, C. B. Murray, Science 310, 86 (2005)

[15] O. Voznyy, D. Zhitomirsky, P. Stadler, Z. Ning, S. Hoogland, E. H. Sargent, ACS Nano 6, 8448 (2012)

[16] E. J. W. Crossland, K. Rahimi, G. Reiter, U. Steiner, S. Ludwigs, Adv. Funct. Mater. 21, 518 (2011)

[17] V. D. Mihailetchi, L. J. A. Koster, P. W. M. Blom, C. Melzer, B. de Boer, J. K. J. van Duren, R. A. J. Janssen, Adv. Funct. Mater. 15, 795 (2005)

[18] V. D. Mihailetchi, H. X. Xie, B. de Boer, L. J. A. Koster, P. W. M. Blom, Adv. Funct. Mater. 16, 699 (2006)

[19] C. Melzer, E. J. Koop, V. D. Mihailetchi, P. W. M. Blom, Adv. Funct. Mater. 14, 865 (2004)

[20] M. M. Mandoc, B. de Boer, P. W. M. Blom, Phys. Rev. B 73, 155205 (2006)

[21] T. Kirchartz, Beilstein J. Nanotechnol. 4, 180 (2013)

第 3 部分

胶体纳米晶太阳电池

第 12 章 杂化聚合物/纳米晶太阳电池

摘要:本书第3部分讨论涉及胶体纳米晶的太阳电池概念。第一个概念即本章主题,是杂化聚合物/纳米晶太阳电池。杂化太阳电池基本上类似于有机聚合物/富勒烯体异质结太阳电池,不同之处在于富勒烯受主被无机半导体纳米晶所取代。有源层(active layer)成为一个有机组元(导电聚合物)和一个无机组元(半导体纳米晶)的复合物。这种有机-无机材料组合太阳电池称作"杂化太阳电池"。本章讨论杂化太阳电池相对于有机聚合物/富勒烯器件的潜在优势,给出采用不同材料系统取得成功的最新研究综述,以及遇到的障碍。总而言之,杂化太阳电池性能仍然落后于有机聚合物/富勒烯太阳电池,因此将重点阐述杂化太阳电池与有机太阳电池之间的具体差异。

12.1 采用无机纳米晶作为替代电子受主的潜在优势

目前,有机太阳电池最广泛使用的富勒烯衍生物无疑是苯基-C_{61}-丁酸甲酯(PCBM)。尽管已经成功应用,但 PCBM 还存在劣势。首先 PCBM 吸收谱在紫外 340nm 附近有一个显著峰,但在可见光波段只有一个低吸收系数[1-3]。因此,作为体异质结有源层的一个组元,PCBM 并未吸收多少太阳光。在某些情形下,PCBM 对聚合物/PCBM 太阳电池的吸收贡献可以忽略不计。例如,Scharber 等[4]已经计算聚合物/富勒烯体异质结太阳电池功率转换效率的可能极限,简化起见,假定只有施主聚合物的光吸收起到作用。初看到此有人会想到 PCBM 的微弱光吸收可以简单地采用加厚施主/受主混合物的有源层来补偿。然而,增加有源层厚度将导致电荷输运的更大损失。因此,如果有源层的受主材料也能显著吸收太阳光并转换成电流将是更理想的。电子受主可能候选者是有效捕获阳光的无机半导体纳米晶。基于在 2.3 节讨论过的量子尺寸效应,纳米晶可以在一定限度内调节吸收范围。例如,将 CdSe 纳米晶直径从 1.5nm 调节到 8nm,导致第一激发吸收峰值从 400nm 移动到 680nm[5];对于 PbSe 纳米晶,如果粒子直径从 3nm 改变到 5.5nm,第一激发吸收峰值从 1050nm 移动到 1650nm[6]。图 12.1 给出所选无机半导体的可吸收光谱范围与太阳发射谱相比较的图形。从图看到,有些材料,如 PbS,可以通过控制粒

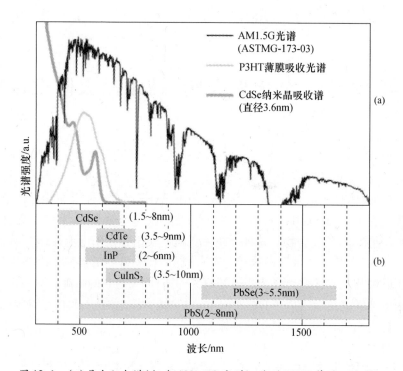

图 12.1　(a)是太阳光谱(标准 AM1.5G 光谱),典型 P3HT 薄膜以及 CdSe
纳米晶胶体溶液任意比例的吸收光谱。(b)是量子尺寸效应影响下所选择
半导体的可视化光谱范围。所有数据都基于光学测量。灰色阴影区域
对应于尺寸相关的第 1 个激发吸收峰值,或光致发光谱最大值或吸收
开始的位置。括号里的粒子直径对应于灰色阴影区域的吸收光谱范围。
数据来源如下:CdSe 和 CdTe 来自文献[5],InP 来自文献[7],
CuInS₂ 来自文献[8,9],PbSe 来自文献[6],PbS 来自文献[10]
(此图给出的数据并不是合成方法所能实现的尺寸范围)

子尺寸在宽广范围调节其禁带宽度。

　　为了有效捕获太阳光,不仅禁带宽度十分重要,吸收系数也同等重要。从此
角度观察,无机半导体纳米晶可作为太阳电池吸光材料的合适备选者。例如,
CdSe 纳米晶在 350nm 谱位的吸收系数为 10^5cm^{-1}量级[11],堪与典型共轭聚合物
的吸收系数相比较。因此,如果将此类半导体纳米晶用于杂化太阳电池有源层,
将会显著吸收阳光。Zutz 等[12]展示了对 P3HT/CdSe 杂化太阳电池有源层测量
的吸收谱。此外,外量子效率的测量也显示,纳米晶的光吸收对 P3HT/CdSe 太
阳电池产生光电流有所贡献[13,14]。更详细而言,纳米粒子中的光生激子转换成
可提取光电流的效率如何,依赖于纳米粒子的表面设计。此问题将在 12.3.3 节
详细讨论。在此需要提及的是,大多数胶体 CdSe 纳米晶合成路线产生的粒子是

被相对厚的有机配位体壳所包围。Greenham 等[15] 于 1996 年首创研究了 MEH – PPV 和 TOPO 包覆的 CdS 与 CdSe 纳米晶混合物中的电荷转移。研究显示，致密 TOPO 配位体壳不利于电荷分离。然而，用吡啶替换初始配位体后，发现电荷成功分离的证据[15]。在相当长一段时间内，吡啶交换配位体已成为制备杂化太阳电池工艺中处理 CdSe 纳米晶表面的标准程序。基于准球形吡啶包覆 CdSe 量子点与典型聚合物如 P3HT 或 PPV 衍生物相结合的太阳电池已见报道，其转换效率可达 1%[12,16]。

光吸收改善不是半导体纳米晶相对于典型富勒烯衍生物如 PCBM 的唯一潜在优势。另外一个重要问题是电荷输运。在聚合物/富勒烯太阳电池中，电子必须依靠热辅助跳跃穿越富勒烯分子链来完成输运。与此类似，杂化太阳电池中，电子必须从一个纳米粒子转移到另一个纳米粒子，此时有可能使用细长纳米晶，如纳米棒或四角体。如果纳米晶长轴取向平行于所需要的电荷输运方向，即垂直于有源层，需要的跳跃步骤数量可极大减少。2002 年，Huynh 等[17] 通过将准球形 CdSe 纳米粒子杂化太阳电池与不同长度 CdSe 纳米棒杂化太阳电池相比较，令人信服地证明细长纳米晶的有益效果。长 60nm 纳米棒的外量子效率是直径 7nm 量子点的 2 倍多。在 AM1.5G 条件下，纳米棒太阳电池的功率转换效率达到 1.7%[17]。在无序施主/受主混合物中，如果纳米棒取向不垂直于有源层，看似容易的沿生长轴电荷输运毫无用处。因此，在随机取向示例中有益效果受到部分抑制。相比之下，理想四角体有 1/4 部分几乎垂直于有源层。后来，Sun 等[18] 确实证明使用导电聚合物（MDMO – PPV）和 CdSe 四角体转换效率可达到 3%。

胶体半导体纳米晶的第三个潜在优势源于量子尺寸效应。作为粒子尺寸函数的禁带宽度改变会伴随导带和价带边沿的位移。对于 CdSe，Wang 和 Zunger[19] 的赝势计算揭示，如果粒子尺寸减小，能级图中的导带边沿上移而价带边沿下移。参照电子自旋共振谱（9.2 节）的图 9.5，受主导带边沿上移意味着施主/受主异质结有效禁带宽度在增加。由于有效禁带宽度与最大可能开路电压相关，通过调节半导体纳米晶粒子尺寸，应该实现对能级的调节，从而提高开路电压。Brandenburg 等[20] 确实证明 P3HT/CdSe 太阳电池具有一个尺寸相关开路电压，尽管相关效应没有理论预测导带边沿位移值那样显著。

以上描述的潜在优势表明，胶体半导体纳米晶是聚合物太阳电池中电子受主组元的合格备选者。然而，直到现在才从这些优势真实获益。迄今为止，杂化太阳电池仍然落后于有机太阳电池。在如下章节中，将对各种材料系统取得的成绩给予回顾，并讨论杂化太阳电池的原理机制和与有机太阳电池相比所具有的特异性。

12.2 杂化太阳电池的材料组合

12.2.1 镉硫属化合物太阳电池

体异质结聚合物/无机纳米粒子太阳电池中研究最集中的无机半导体当属 CdSe。CdSe 纳米晶在可见光区域有强吸收特性[11],可以采用胶体化学高精度控制尺寸和形状地制备 CdSe。由于采用各种合成路径成功制备出相对单分散纳米晶(单分散纳米晶指尺寸及形状均一,且在特定介质中具有良好分散能力的纳米材料),这种材料逐渐成为许多不同研究领域中主要的胶体纳米晶研究对象。由此可以解释为什么 CdSe 纳米晶成为应用于杂化太阳电池的首选材料之一。实际上是先前提到的 Greenham 等[15]最早开始研究聚合物/CdSe 太阳电池的。作为一个重要研究结果,作者通过光致发光猝灭实验证实,一个由 TOPO 组成的厚有机配位体壳不适合 MEH – PPV 与 CdSe 或 CdS 纳米晶之间的电荷转移。在 MEH – PPV 与 TOPO 包覆 CdS 混合物研究实验中,没有观察到聚合物光致发光猝灭现象。采用 TOPO 包覆 CdSe,有猝灭产生,但归结于福斯特共振能量转移(FRET),即激子转移而非单独的电子转移。事实上,CdSe 粒子的禁带宽度小于施主聚合物的 HOMO – LUMO 能带隙,因此此系统可能发生能量转移。在吡啶替换为配位体之后,观察到光致发光增强猝灭,此现象被解释成 MEH – PPV 与吡啶包覆 CdSe 之间电荷转移的证据[15]。此研究提供证据表明,在杂化太阳电池使用胶体纳米晶之前,已经应用过配位体交换工艺。作者在同一研究中制备了太阳电池并进行测试,利用 514nm 单色激光激发,观察到光伏效应,此波长下的量子效率达到 12%。据估计在标准测试条件(一个 AM1.5G 条件)下第一个杂化太阳电池的转换效率约为 0.1%[15]。

微弱的电荷转移是主要困难之一,如同 12.1 节指出的,使用纳米棒而非准球形粒子经过检验可作为一个改进策略[17,21]。2002 年采用 P3HT 作为聚合物和吡啶包覆 CdSe 纳米棒的杂化太阳电池在标准测试条件下功率转换效率达到 1.7%[17]。由于这次成功,在随后几年 CdSe 四角体受到关注,因为这些三维物体即使在随机取向时也能为电子向电极跳跃提供更好的路径[18,22]。2005 年在标准测试条件下,使用吡啶配位体,CdSe 四角体和 MDMO – PPV 组成的杂化太阳电池达到 2.8% 的转换效率。

转换效率从 0.1% 提高到 3% 左右并非是使用细长纳米晶取代准球形量子点所带来的唯一改进,与集中研究晶体形状相并行的是,已付出许多努力优化相关制备参数,如溶剂、混合物比例和退火温度的选择。尤其是用作处理杂化混合物溶液的溶剂选择不是易事。在有机太阳电池中使用的典型溶剂有三氯甲烷、氯苯或二氯苯。遗憾的是采用吡啶作配位体的胶体 CdSe 纳米晶不能以高浓度溶解于上述类型的溶剂,但可溶解于吡啶。对于导电聚合物,如 P3HT 或通常使用的 PPV 衍生物,吡啶则不是合适溶剂。作为一个折中方案,可以采用二元溶剂混合物,即三氯甲烷与吡啶混合溶剂,以使得施主和受主组元都能在一个溶液里以所需要的浓度溶解。Huynh 等[23]解决了此二元混合物溶剂的比例优化问题,首先利用三氯甲烷 - 吡啶混合溶剂处理吡啶包覆 CdSe 纳米棒和 P3HT 杂化薄膜,然后利用原子力显微镜(AFM)对经过处理的薄膜观测,发现只有在吡啶体积浓度为 5% ~15% 的狭窄窗口薄膜表面粗糙度较小(具有平方根 5nm)[23]。此外,发现在小尺度即有前途的形态学范围,较低表面粗糙度与相分离相关。这也反映在相应太阳电池的外量子效率上,当三氯甲烷与吡啶的体积比为 90:10 时,外量子效率获得最大值[23]。

另外一个需要优化的参数是施主与受主的混合比。大量研究报道,当 CdSe 与聚合物的重量比为 10:1 时产生最好结果[12,15,16,24]。考虑密度因素(CdSe 为 5.8g/cm^3,聚合物约为 1g/cm^3)后对应 CdSe 与聚合物的体积比范围为 60:40 ~ 65:35。因此,吸收层中纳米粒子过量体积似乎是有益的。此外还系统研究了薄膜沉积后吸收层的退火温度,从各种研究推导出的理想值范围为 120 ~ 180℃[14,23]。由于制备参数的不断优化,基于吡啶包覆准球形 CdSe 纳米晶太阳电池转换效率提高到 1%[12,16]。然而,即使经过优化,这些器件还是不能与细长 CdSe 纳米晶太阳电池相竞争。此处强调了使用各向异性纳米晶的有益作用。2007 年,Gur 等[25]考察了超分枝 CdSe 纳米晶在杂化太阳电池的应用潜力,发现采用这种相对大的物质可获得 2.2% 的功率转换效率。因此四角体成为这类型太阳电池中最有应用前景的晶体形状。

近些年来,通过将 P3HT 或 PPV 衍生物更换为新的窄禁带宽度聚合物,杂化太阳电池又取得更新的进展。Dayal 等[26]制备了吡啶包覆 CdSe 纳米棒和 PCPDTBT 组成的杂化太阳电池。图 12.2 给出此研究的 TEM 图像、光学吸收谱和验证的电流 - 电压测量,并取得转换效率大于 3%[26]。此成果对该领域的研究有强大影响,随后又有新的发展[27-29]。2012 年,Celik 等利用 CdSe 纳米棒和 PCPDTBT 制备的太阳电池获得 3.5% 的转换效率,此成效归结于吡啶交换配位体之前改进的纳米粒子清洗工序。同样也在 2012 年,Jeltsch 等[29]优化了薄膜退火工艺并研究了 CdSe/PCPDTBT 混合物,其中纳米粒子包括准球形粒子和纳米棒。采用球形粒子与 PCPDTBT 相组合,获得 2.5% 的转换效率;采用量子点/纳米棒混合物,则获得 3.64% 的转换效率[29]。

2013 年,杂化太阳电池领域又取得新的突破。Zhou 等[30]研究了 CdSe 纳米棒和 P3HT 或 PCPDTBT 作为聚合物的杂化太阳电池。合成后包围纳米棒的配位体壳含有 TOPO 和十四基磷酸(TDPA)。经过红外光谱证实,吡啶处理纳米棒

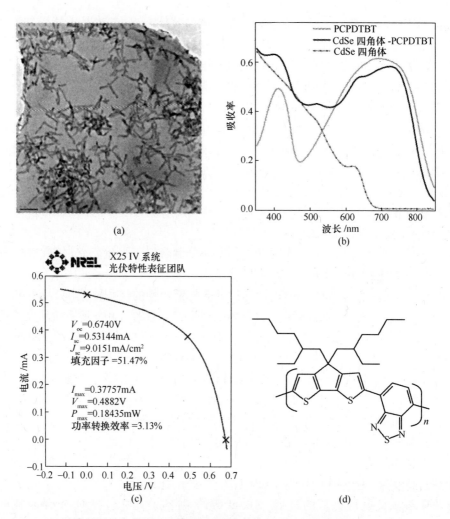

图 12.2 （a）CdSe 四角体的 TEM 图像。比例尺长度为 50nm。

（b）纯 CdSe 四角体、纯 PCPDTBT 和 CdSe/PCPDTBT 混合物薄膜的吸收光谱。

（c）采用 CdSe 四角体与 PCPDTBT 组成的杂化太阳电池的经 NREL 验证电流－电压曲线。

（d）PCPDTBT 结构（（a）～（c）图得到文献[26]的复制许可。美国化学协会 2010 版权所有）

表面后在表面留有显著的上述有机化合物。此研究的创新点在于引入一个乙二硫醇处理杂化层作为附加制备工序。沉积在 ITO/PEDOT:PSS 衬底上的杂化薄膜浸入到含有乙二硫醇的乙腈溶液，再用纯净乙腈冲洗。随后退火处理有源层，器件经过热蒸发铝接触完成制备[30]。此处理工艺证明可在极大程度上消除残余 TOPO 和 TDPA 配位体，由于较高的光电流密度，太阳电池性能得到极大提高。在标准测试条件下，采用 P3HT 聚合物，转换效率从 2.2% 提高到 2.9%，采用 PCPDTBT 聚合物，转换效率从 3.3% 提高到 4.7%[30]。至今，这仍然是公开报道的基于 CdSe 杂化太阳电池的最高效率记录。

将 PCPDTBT 与 P3HT 相比较,除了较窄的禁带宽度,讨论过的优势还有高空穴迁移率和较低的 HOMO 能级[29],这后一点优势值得关注。有几个研究组利用循环伏安法测定了 PCPDTBT 的 HOMO 能级,相对于真空的报道值范围在 $-5.0^{[31]} \sim 5.3 eV^{[32]}$。这确实略低于 P3HT 的 HOMO 能级报道值(见 7.2 节讨论)。Zhou 等[33]对 CdSe 量子点/PCPDTBT 杂化太阳电池与 CdSe 量子点/P3HT 杂化太阳电池进行直接比较。研究发现聚合物的选择对开路电压仅有微小影响,P3HT 杂化太阳电池的开路电压略高于 PCPDTBT 杂化太阳电池[33]。迄今为止,源于 PCPDTBT 的较低 HOMO 能级增加了施主/受主系统的有效禁带宽度,但并未对开路电压有多少影响。与 P3HT 相比,PCPDTBT 杂化太阳电池取得的性能改进归结于较高的电流密度[27]。

另一个感兴趣的问题是 PCPDTBT 的 LUMO 能级与 CdSe 导带边沿排列问题。对 PCPDTBT 的 LUMO 能级测量得出范围在 $-3.4^{[31]} \sim 3.57 eV^{[32]}$。对于 CdSe,由于量子尺寸效应,价带和导带边沿依赖于粒子尺寸。Jasieniak 等[34]详细研究了能带边沿绝对位置的尺寸相关性[34]。除了粒子尺寸,表面化学也对能级位置产生一定影响。使用吡啶替代烷基胺作配位体,会使价带向下位移 $0.35 eV^{[34]}$。如果现在考虑将吡啶包覆直径 4.7nm 球形粒子用于 Jeltsch 等[29]的 CdSe/PCPDTBT 太阳电池中,CdSe 价带和导带边沿预计分别是 $-5.75 eV$ 和 $-3.55 eV$(已经考虑吡啶引起的位移)[34]。因此对应 PCPDTBT 的 LUMO 能级,CdSe 导带边沿只有微小偏移。尽管如此,材料组合形成一个实用施主/受主系统并验证了相应杂化太阳电池性能。

目前,聚合物/CdSe 太阳电池研究的另一个重要趋势是配位体交换吡啶备选策略的细化。使用短烷基胺替代吡啶,基于 P3HT 和准球形 CdSe 纳米晶的杂化太阳电池功率转换效率从 1% 提高到 2%[14,35]。利用己酸处理 CdSe 纳米晶表面获得类似成功[36]。CdSe/P3HT 杂化太阳电池中,己酸处理准球形 CdSe 纳米粒子后转换效率达到 2.1%[33,36],对于 CdSe/PCPDTBT 杂化太阳电池,己酸处理后转换效率达到 2.7%[33]。通过其他表面处理得到改进的原因将在 12.3 节讨论。

其他镉硫属化合物(cadmium chalcogenides)如 CdS 和 CdTe 也被考虑用于杂化太阳电池。CdS 有一个较大的禁带宽度(块体材料为 2.4eV),因此作为阳光吸收材料,CdS 不如 CdSe 效率高。鉴于此,在相当长时间内 CdS 没有受到广泛关注,尽管早在 1996 年就有研究表明 CdS 是合适的电子受主材料[15]。2007年,Wang 等[37]制备了 MEH-PPV/CdS 纳米晶杂化太阳电池。纳米晶的 TEM 图像揭示一个其他作者称之为四角体的形状体,但在此研究中纳米晶被命名为多支纳米棒,因为不是所有粒子有准确的四个分支[37]。事实上,在许多 CdSe 研究中,观察到那些"四角体"或多或少距理想四角体几何形状有偏移。最初合成的配位体壳由十六烷基胺组成,随后通过配位体交换由吡啶取代,如此制成的MEH－PPV/CdS 杂化太阳电池在 100mW/cm^2 光强度模拟 AM1.5 辐照条件下转换效率达到 1.2%[37]。

近来,采用 CdS 纳米晶的杂化太阳电池取得显著进展。Ren 等[38]考察了稳定于丁胺的 CdS 量子点与 P3HT 组合的体异质结太阳电池,转换效率达到0.6%。在同一研究中,通过预成型共轭聚合物纳米线,将 CdS 量子点化学移植到 P3HT 纳米线,器件性能得到显著改善。短路电流密度从 2mA/cm^2 增加到6mA/cm^2[38]。另外,利用乙二硫醇处理纳米粒子表面会使太阳电池性能进一步改善。由于 P3HT 的 HOMO 能级相对于 CdS 量子点导带边沿有较大能级位移,短路电流密度增长到 10mA/cm^2,开路电压达到 1.0V。这些物理特性使得系统可与典型聚合物/富勒烯太阳电池相竞争。遗憾的是,填充因子相当低,只有 0.32,在标准测试条件下,平均器件转换效率只有 3.2%。公开报道的最好器件效率为 4.1%[38]。因此尽管 CdS 较大的禁带宽度不利于有效光吸收,但最近的研究表明 CdS 纳米晶仍可与 CdSe 纳米粒子一样有效用于杂化太阳电池。如果未来将应用到 CdS 的移植技术转移到其他半导体纳米晶,将会有一个光明的前景。

CdTe 体材料禁带宽度较小,约为 1.45eV,故吸收区扩展到近红外(NIR)波段。因此,CdTe 纳米晶理应比 CdSe 或 CdS 更适用于杂化太阳电池。Zhou 等[24]利用吡啶处理 CdSe$_x$Te$_{1-x}$ 四角体进行系统的系列实验研究,利用上述纳米晶混合物与 MEH－PPV 导电聚合物相组合制备体异质结太阳电池。采用纯净 CdSe的器件在模拟 AM1.5 辐照 80mW/cm^2 光强度下获得 1.1% 的转换效率,但是当碲含量增加时,转换效率单调下降。MEH－PPV 和纯净 CdTe 四角体组成的杂化太阳电池功率转换效率仅有 0.003%[24]。为了说明此现象的来源,作者利用循环伏安法研究了材料能级的绝对位置。相对于真空能级,CdTe 四角体价带边沿为 －5.0eV,而 MEH－PPV 的 HOMO 能级为 －5.1eV。因此可以做出结论:发生了能量转移而不是电荷分离,这说明 MEH－PPV/CdTe 系统没有形成实用施主/受主组合机制[24]。尝试实现的 P3HT/CdTe 太阳电池转换效率也低于 1%[39,40]。

尽管上述有关 CdTe 杂化太阳电池低转换效率的解释是令人信服的,但对于材料中的能级位置还存在一些疑问。近来 Jasieniak 等[34]精确测量了绝对能级位置,并谨慎采用大气光电能谱(PESA)研究了 CdSe、CdTe、PbS 和 PbSe 纳米晶。实验数据用于建立 CdTe 量子点尺寸相关价带边沿的公式。根据这些结果,CdTe 纳米晶的价带边沿只在粒子直径为 2~6nm 范围轻微依赖于粒子直径,相对于真空能级,价带边沿接近 －5.0eV[34]。此值与以前提到的数值有良好一致性。然而,还有其他显著不同的数值报道,如 －5.5eV[41]和 －6.1eV[42]。

有趣的是,还有少量研究认为 CdTe 纳米粒子适合用作电子受主。Kang 等[43]报告了 P3OT/CdTe 杂化太阳电池,采用电沉积法制备垂直对齐的 CdTe 纳米棒,纳米棒渗透于聚三辛基噻吩(P3OT)中,器件达到 1% 的功率转换效率。此外,2011 年报告了 PPV/CdTe 杂化太阳电池,标准条件下测量转换效率为 2.1%[42]。此研究的意义不仅因为基于 CdTe 杂化太阳电池相对好的特性,而且在于有源层是从水溶剂沉积而来。为了实现这个工艺,2 - 巯基乙胺被用作 CdTe 量子点的稳定剂,量子点的平均直径为 2.8nm[42]。需要注意的是作者在论文中指出,采用紫外光电能谱(UPS) 测量 CdTe 纳米晶价带边沿,得到相对于真空能级的价带边沿值为 - 6.1eV[42]。此数值与 Jasieniak 等[34]的研究结果相差 1eV。而且在制备 PPV/CdTe 杂化太阳电池过程中使用了非同寻常的 320℃ 高退火温度[42]。这令人疑虑,是否杂化太阳电池的有机组元(PPV 和 PEDOT: PSS)能保持毫无损伤。在后续研究中,采用 PPV 和水溶性 CdTe 纳米晶组成体异质结层的杂化太阳电池,其转换效率增长到 4.7% ,并使用较高的退火温度 (250℃)[129]。

另一个研究报道杂化太阳电池功率转换效率达到 3.2% ,电池体异质结由 CdTe 四角体和一个窄禁带宽度聚合物组成,聚合物的 HOMO 和 LUMO 能级分别为 - 5.1eV 和 - 3.65eV[44]。太阳电池采用一个倒置结构,在 CdTe/聚合物界面层之间含有一个 C_{60} 隔层(interlayer)[44]。CdTe 纳米粒子的价带和导带边沿分别为 - 5.78eV 和 - 4.07eV,显著低于其他作者的报道值。

总之,CdTe 纳米晶能级的绝对位置研究报道值较为分散并且在有争议的讨论阶段。然而,与此同时的实验证据表明 CdTe 纳米晶可以作为聚合物/纳米粒子杂化太阳电池的电子受主。

12.2.2 铅硫属化合物太阳电池

铅硫属化合物(lead chalcogenides) PbSe 和 PbS 作为块体材料具有较窄的禁带宽度,由于大的激子玻尔半径,通过控制粒子尺寸可以在大光谱范围调节吸收边(图 12.1)。这使得这些化合物具有可调节光学特征,成为有吸引力的高效光吸收材料。大量研究专注于此类型胶体半导体的聚合物/纳米晶杂化太阳电池[45-51]。在相当长时间,此类型太阳电池转换效率低于 1% ,因此也低于胶体镉硫属化合物纳米晶组成的杂化太阳电池。只是近来情形有所改变。

在 PbSe 杂化太阳电池中,施主/受主界面能级的相对位置起到关键作用。Jiang 等[49]利用循环伏安法测量了 MEH - PPV、P3HT 和不同尺寸的胶体 PbSe 纳米晶的能级。采用 MEH - PPV 组合,聚合物的 HOMO 能级低于所研究 PbSe 纳米晶全部粒子尺寸(直径为 4 ~ 10nm)范围的价带边。与此相反,采用 P3HT 作为施主聚合物,如果纳米晶粒子尺寸减少,低于关键值 5 ~ 8nm,发现纳米晶价带边下移低于聚合物的 HOMO 能级[49]。然而,当粒子直径为 4nm 时,施主和受主填满能级的偏差只有 0.17eV,制备的太阳电池最佳转换效率不超过 0.1%[49]。

聚合物/PbSe 纳米晶界面是否会发生电荷转移?此疑问后来通过光诱导吸收能谱测量得以解决。Noone 等[52]采用光诱导吸收能谱研究了 PPV 或 P3HT 与小 PbSe 纳米晶(直径 3.5nm)混合物,最初的十八烯酸配位体壳被丁胺所替换。经过光激发,聚合物中没有发现长寿命极化子形成。但是采用 CdSe 纳米晶作为电子受主的可控实验显示,极化子能级间有显著的光跃迁光谱特征。可以得出结论,在所研究的聚合物/PbSe 混合物中,没有发生电荷转移导致的长寿命极化子[52]。但同一论文包含说明,即其他研究者观察到 P3HT/PbSe 混合物的光诱导吸收能谱中有极化子跃迁,当最初配位体壳被吡啶替换后[52]。因此这还是一个有争议的问题,即在何种条件下聚合物/PbSe 界面会有电荷转移。

考虑 PbS,采用 MEH – PPV 和辛胺包覆 PbS 纳米晶混合物组成的杂化太阳电池具有合适的开路电压(0.4～0.5V),但较低的电流密度和填充因子致使器件的功率转换效率很低[46,47]。基于 P3HT/PbS 纳米晶异质结(纳米晶最初的十八烯酸配位体壳被乙酸处理)的器件显示相似的特性,即开路电压为 0.35V,短路电流密度低于 $0.1mA/cm^2$,致使转换效率低于 0.1%[50]。2005 年,Watt[48]采用新方法直接在 MEH – PPV 中合成 PbS 纳米晶,即无须用另外的配位体来稳定纳米晶表面。此方法并未导致纳米晶具有一个窄尺寸分布,然而获得了分散在聚合物基体中的单个纳米晶,其平均尺寸为 42nm,器件获得高开路电压 1V,相对低的短路电流密度为 $0.13mA/cm^2$,在 AM1.5 测试条件下功率转换效率为 0.7%[48]。

2010 年,Noone 等[51]制备了基于 PbS 纳米晶与窄禁带宽度聚合物(非 PPV 或 P3HT)组合的杂化太阳电池,实现功率转换效率 0.55%。与其他系统相比转换效率仍然较低,但此研究的不寻常之处是,基于导电聚合物和铅硫属化合物纳米晶的体异质结太阳电池第一次产生适度的短路电流密度(大约 4.2mA/cm^2)[51]。这说明电流生成不是聚合物/PbS 体异质结太阳电池的固有问题,可以选择恰当的施主聚合物来克服此困境。随后,Seo 等[53]采用此方式确实取得长足进步,使用另一种名为 PDTPBT 的窄禁带宽度聚合物与 PbS 纳米晶组合制备杂化太阳电池。纳米粒子后来合成了十八烯酸配位体壳,利用含有十八烯酸包覆粒子和 PDTPBT 的三氯甲烷杂化溶液将体异质结薄膜沉积在 ITO/PEDOT:PSS 衬底上。在样品退火之前,利用溶有乙二硫醇的乙腈溶液处理体异质结层。然后,将 TiO_2 隔层沉积在异质结层上,最后将 LiF/Al 电极制备在器件上[53]。被优化器件具有显著性能,短路电流密度达 $13mA/cm^2$,开路电压为 0.57V,填充因子为 50%,标准测试条件下功率转换效率 3.8%[53]。2013 年,Liu 等[130]将 PDT-PBT 与合金 PbS_xSe_{1-x} 纳米晶组合,应用二巯基硫醇进行表面处理,实现了有源层内垂直相隔离,改进了器件性能,实现转换效率5.5%。从此,基于铅硫属化合物的杂化太阳电池可以与对应的镉硫属化合物纳米晶器件相竞争。

铅硫属化合物纳米晶引人注目还因为"多激子产生"(MEG)现象[54,55]。基于单一半导体材料的无机太阳电池能量转换的基本限制是宽光谱带宽与避免热损失之间的平衡。使用一个窄禁带半导体将有助于捕获低能量光子,但在另一方面,高能量光子由于热化将损失更多能量,即激发声子使能量耗散到晶格。为了在两个过程间达到平衡,单结太阳电池的理论最佳禁带宽度应为1.3eV。多激子产生过程是一种现象,可以潜在避免窄禁带半导体的更高热损失,因为多激子产生意味着一个能量超过禁带宽度2倍的单光子,能激发形成一个以上的激子。此情形下注入光子的过剩能量不是以声子的形式在晶格耗散,而是转移给其他价电子,价电子受到激发将跃迁到导带。此过程也称为碰撞电离,图12.3给予示意说明。

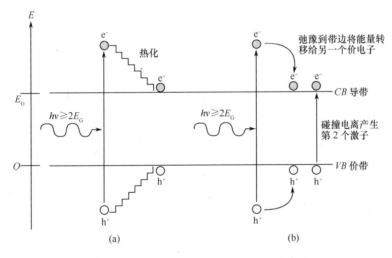

图12.3　(a)热化损失(b)MEG过程示意图

对一般固体材料,碰撞电离概率通常很低,因此无法从此过程受益。然而,对显示强量子限域效应的小半导体纳米晶来说,有证据表明多激子产生过程的效率相当高。尽管此过程没有限制化合物材料类型,但研究人员还是专门在铅硫属化合物中对"多激子产生"进行了研究。Klimov经过理论计算预计,在PbSe纳米晶中一个单光子可生成7个激子[54]。已经获得从单一光子生成多个激子的成功实验证据,2009年,Beard等[56]利用瞬态吸收光谱研究证明,在粒径3.7nm的PbSe纳米晶薄膜中,当光子能量是纳米晶禁带宽度的4倍以上时,每个注入光子平均可产生2.4个激子。

为了使太阳电池从多激子产生获益,最大的挑战是在其复合前提取光生载流子。这是一项困难的工作,因为单一量子点的多个激子可以相对快地俄歇复合。Klimov 计算了几种 II - VI 族半导体纳米晶中作为粒子尺寸函数的双电子 - 空穴对(称为双激子)的寿命[54],发现 PbSe 量子点的双激子寿命为 20 ~ 50ps[54]。这意味着如果想从多激子产生过程获益,自量子点的电荷提取必须在较快时间完成。迄今为止,只有少数报告声称成功提取了多个激子。2005 年,一个关于 MEH - PPV/PbSe 杂化太阳电池的研究报道显示,外量子效率测量值达到 150%,这归结于成功的多激子提取[45],然而,随后此报告引起其他作者的争议[57]。Sambur 等[58]近来发表的更有说服力的论文指出,量子点敏化太阳电池中 PbS 纳米晶与 TiO_2 是化学键合。作者确定了入射光电转换效率(IPCE)和吸收光电转换效率(APCE)。简言之,APCE 修正了 IPCE 因太阳电池不完全光吸收带来的损失。上述研究表明有一个光子能量阈值,当阈值略微大于禁带宽度 2 倍时 APCE 增长到大于 100%,意味这些器件已成功提取多激子[58]。尽管 IPCE 不高,但此研究还是提供了有希望的证据,在未来可利用多激子产生现象制备基于半导体量子点的高效太阳电池。

尽管本章集中于杂化聚合物/纳米晶太阳电池主题,但可以预言铅硫属化合物纳米晶将成为有前景的材料,用于无聚合物太阳电池[59]。这些器件概念将在第 13 章详细讨论。

12.2.3　基于三元 I - III - VI 族化合物的太阳电池

尽管前几节阐述了镉和铅硫属化合物半导体纳米晶取得的进展,但这些材料还存在固有劣势,即包含高毒性元素(Cd 或 Pb)。因此有必要发现无毒性但具有恰当吸收特性、能级和电特性,可用于太阳电池的可替代半导体。 I - III - VI 族半导体如 $CuInS_2$ 或 $CuInSe_2$ 被视为此领域有前途的备选材料。

此领域的第一次研究是 2003 年,Arici 等[60]采用胶体路径使用亚磷酸三苯酯作为包覆配位体制备了 $CuInS_2$ 纳米晶。粉末 X 射线衍射提供证据表明纳米晶具有黄铜矿结构,并揭示平均粒子尺寸为 3 ~ 4nm,但没有给出窄尺寸分布证据[60]。在不同类型太阳电池中对纳米晶进行测试,器件的 $CuInS_2$ 和 PCBM 双层嵌入在 ITO/PEDOT:PSS 阳极和 LiF/Al 阴极之间,在入射强度为 $80mW/cm^2$ 白光照射下,获得开路电压 0.7 ~ 0.8V,短路电流密度 $0.26mA/cm^2$,填充因子 0.44,功率转换效率 0.1%[60]。在另一种结构中,$CuInS_2$ 相与 PEDOT:PSS 相混合,所以有源层是 PCBM 和 $CuInS_2$/PEDOT:PSS 混合物的双层。PEDOT:PSS 的增加使短路电流密度提高到 $0.84mA/cm^2$,但是电压和填充因子降低,所以转换效率尚无改进[60]。

来自同一研究组的另一项工作是使用三辛基氧膦作为配位体合成 $CuInSe_2$ 纳米晶[61],制备了 P3HT/$CuInSe_2$ 体异质结杂化太阳电池。开路电压和填充因子分别为 1V 和 0.5,但短路电流密度只有 $0.3mA/cm^2$,导致在 $80mW/cm^2$ 照射功率下转换效率接近 0.2%[61]。尽管这些早期工作并未创造高效率太阳电池，但却成功验证了 CuIn(S,Se)$_2$ 纳米晶可以使电池运转，此三元纳米晶确实是未来取代毒性镉硫属化合物或铅硫属化合物的合适备选者。特别是该研究还为进一步优化留有相当大空间。例如，此研究没有报道采用配位体交换程序，虽然从先前研究得知由 TOPO 组成的 CdSe 和 CdS 的厚配位体壳不适合有效的电荷转移[15]。

直到最近几年，才开发出胶体合成 CuInS$_2$ 的方法，此方法实现了窄粒度分布和定义颗粒形状的精确结构控制[62-69]，并对聚合物/CuInS$_2$ 杂化太阳电池研究带来新的影响。Yue 等[68]合成了闪锌矿结构 CuInS$_2$ 纳米晶，其粒子直径为 3nm。采用循环伏安法测量纳米晶的能级，得到相对于真空的价带和导带边分别为 -5.8eV 和 -4.0eV，因此纳米晶应该与常见聚合物如 P3HT 或 PPV 形成 II 型异质结[68]。研究者采用 MEH-PPV/CuInS$_2$ 实现了体异质结杂化太阳电池并在单色光辐照(470nm, 16mW/cm^2)下测试了器件。尽管器件的电流密度和填充因子较低，但此研究对揭示纳米晶表面起到了重要作用。最初采用苯硫酚配位体来稳定胶体粒子。经验证采用 4-叔丁基吡啶进行表面处理可显著提升开路电压和短路电流密度[68]。

Radychev 等[70]制备了纤锌矿晶体结构 CuInS$_2$ 纳米晶，并在聚合物 P3HT/CuInS$_2$ 体异质结太阳电池中应用这些纳米晶。此例采用吡啶对纳米晶表面处理，随后合成了一个由油胺、十二硫醇和 TOPO 组成的配位体壳。采用吡啶处理直径 10nm CuInS$_2$ 纳米晶的太阳电池获得开路电压 0.4V，短路电流密度 0.28mA/cm^2，填充因子 0.24，实现一个较低的功率转换效率 0.03%；图 12.4 给出相应的 $J-V$ 曲线[70]。此外，合成了 CuInS$_2$ 纳米棒用于太阳电池，祈望从粒子形状受益。但结果是纳米棒例子特性更劣化(图 12.4)。对吸收层的形貌进行电子显微术分析揭示，吡啶处理过的纳米晶有结成大团块的强烈趋势[70]。利用己六醇替代吡啶进行表面处理可使纳米晶形貌显著改善。此工艺导致更好的二极管整流行为，但光伏特性没有改进。最后能级分析表明 CuInS$_2$ 与 P3HT 能级不恰当地排成一条直线。循环伏安法测定 CuInS$_2$ 纳米晶的价带边为 $-(4.7\pm0.1)$eV，此值几乎与 P3HT 的 HOMO 能级相同[70]。此 CuInS$_2$ 纳米晶价带边能级值明显低于其他作者的报道值[68]。原因可能在于不同的晶体结构(纤锌矿结构、闪锌矿结构或黄铜矿结构)，但此假设没有清晰的实验或理论证据。

最近，Yang 等[71]对 CuInSe$_2$ 的研究引人注目。CuInSe$_2$ 与 P3HT 相组合制备杂化太阳电池，对纳米粒子与聚合物的成分比例以及薄膜退火温度进行优化，太阳电池获得开路电压 0.45V，短路电流密度 0.57mA/cm^2，填充因子 0.30，功率转换效率 0.08%[71]。

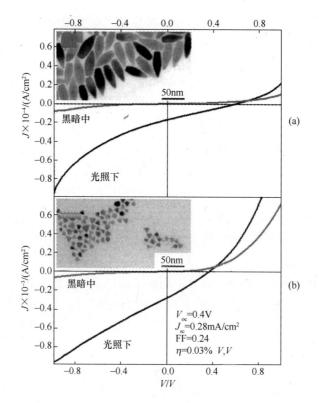

图 12.4　CuInS$_2$/P3HT 杂化太阳电池在暗场和模拟太阳光(100mW/cm^2,
AM1.5G 辐照)照射下电流密度 – 电压(J – V)曲线。使用的纳米晶由吡啶处理
过具有棒形(a)或锥体形(b)。注意:两个图的电流密度轴有不同量级大小。
插图显示吡啶处理前的纯纳米晶 TEM 图像(复制来自《有机电子学》,第 13 卷,
Radychev 等[70],基于聚 3 – 己基噻吩和不同形状胶体 CuInS$_2$ 纳米晶杂化
混合物的形态学和电子特性研究,第 3154 – 3164 页,得到 Elsevier2012 版权许可)

　　因此,采用胶体合成 CuInS$_2$ 或 CuInSe$_2$ 纳米晶的杂化太阳电池的近期研究
深化了此光电器件极限因子的知识,但是相对于早期 Arici 等[61]的研究结果,转
换效率并未改进。尽管胶体合成高质量 CuInS$_2$ 和 CuInSe$_2$ 纳米晶的工艺路径已
有实用性进展,但采用此类型半导体纳米晶的杂化太阳电池要取得适宜的转换
效率还面临挑战。

　　最近采用各种方法制备纳米晶的研究取得显著进展。Maier 等[72]没有利用
胶体化学制备 CuInS$_2$ 纳米粒子,随后再将纳米粒子与聚合物混合,而是直接在
P3EBT 组成的聚合物基体原位合成 CuInS$_2$ 纳米材料。此方法避免了使用包围
纳米晶的额外有机稳定剂。将分散在 P3EBT 基体中的 CuInS$_2$ 化合物薄膜嵌入
太阳电池,标准测试条件下电池转换效率达到 0.3%[72]。此外,将 Zn 并入无机

纳米晶(摩尔比 Zn:Cu = 0.1:1)后电池转换效率提高到 0.4%[72]。采用另一种聚合物 PSiF - DBT,同一研究组在 2011 年验证了杂化聚合物/CuInS$_2$ 太阳电池转换效率可达 2.8%,改进主要由于短路电流密度提升到 10mA/cm^2,填充因子达到 0.5[73]。此令人振奋的结果证明 CuInS$_2$ 是未来取代镉或铅基材料的真正候选者。尽管到目前为止原位法给出了最好结果,但是不应该放弃胶体路径,因为原理上胶体法在控制纳米晶结构特性方面(包括其表面钝化)具有更高潜力。

另一个 I - III - VI 族半导体材料是 AgInS$_2$。2013 年,Guchhait 和 Pal[74]给出采用胶体制备 AgInS$_2$ 纳米晶和 P3HT 的杂化太阳电池结果。器件取得良好的开路电压 0.72V,在 100mW/cm^2 白光照射下功率转换效率为 0.47%[74]。此外,测试了扩散到粒子的掺杂铜 AgInS$_2$ 系统,当纳米粒子包含 8%(摩尔分数)铜(相对于全部阳离子组元)时取得最佳结果,功率转换效率达到 1.1%[74]。该研究中纳米粒子与 P3HT 的重量比为 1:1,此对应纳米粒子一个小的体积分数。此外,合成体包含相对长链的配位体,即十八烯酸、油胺和 1 - 十二硫醇。没有报道表明在器件制备前这些配位体被交换[74]。因此,可实现的器件特性令人惊讶。进一步研究将揭示 AgInS$_2$ 纳米晶以及杂化太阳电池中 AgInS$_2$ 和 CuInS$_2$ 混合系统更广阔的应用前景。

12.2.4 基于 III - V 族半导体太阳电池

数种 III - V 族半导体拥有适于太阳电池的吸收特性。然而迄今为止,只有少量报道涉及 III - V 族半导体材料杂化太阳电池。Pientka 等[75]利用光诱导吸收光谱和光诱导电子自旋共振技术,研究了胶体 InP 纳米晶与 MDMO - PPV 界面的电荷转移。合成后,纳米粒子有一个 TOP/TOPO 配位体壳,在对应聚合物混合物中没有发现电荷转移迹象。然而,采用吡啶进行配位体交换后,在施主/受主界面发现电荷成功转移的证据[75],但此研究没有制备杂化太阳电池。后来,Novotny 等[76]制备了杂化太阳电池,化学气相沉积法制备的 InP 纳米线阵列渗透到 P3HT。观察到一个光响应,但器件效率很低,因为短路电流密度只有几微安每平方厘米,开路电压限制到 0.2V[76]。原理上没有充分理由说明,为什么对 III - V 族半导体杂化太阳电池的研究不如对 II - VI 族化合物太阳电池研究那样深入。

12.2.5 基于过渡金属氧化物太阳电池

应用于杂化太阳电池且引人瞩目的另一类型材料是过渡金属氧化物,特别是 ZnO 和 TiO$_2$[77]。这些宽禁带半导体不会吸收许多太阳光辐射的光子,然而这些材料与导电聚合物组合可用作高效电子受主。与富勒烯受主相比,过渡金属氧化物 ZnO 和 TiO$_2$ 具有可低成本大规模生产的潜在优势,只要具有成本效益地大规模生产富勒烯还面临困境,这个优势还将继续保持。

Beek 等[57,78,79]合成了胶体 ZnO 纳米晶并且开发了与 MDMO－PPV 或 P3HT 聚合物组合的杂化太阳电池。MDMO－PPV/ZnO 体异质结器件转换效率达到 1.6%[78]，P3HT/ZnO 体异质结器件转换效率达到 0.9%[79]。如果与典型聚合物/富勒烯太阳电池相比，上述两种器件转换效率的主要限制是较小的光电流。近来，P3HT 和胶体 ZnO 纳米晶组成的体异质结已经应用到不同电极结构的太阳电池[80]，研究者对正常结构器件(层顺序为 ITO/PEDOT：PSS/P3HT：ZnO/Al)与反向结构器件(层顺序为 ITO/ZnO/P3HT：ZnO/PEDOT：PSS/Au)进行了比较，反向结构器件实现功率转换效率 1.0%，更可喜的是在老化测试中展示稳定性超过 2000h[80]。

作为胶体合成方法的替代，原位合成方法也可以制备 P3HT/ZnO 体异质结层，即聚合物存在时形成 ZnO 相。Janssen 研究组令人印象深刻的结果证明，采用此方法可以实现功率转换效率 2%[81]。电子层析成像法研究揭示原位形成的 ZnO 相构成一个高度相连的三维网络，此网络应能促进电子输运。P3HT/ZnO 系统的缺点在于两种材料都有相对大的禁带宽度。ZnO 体材料能带隙为 3.3eV，P3HT 的 HOMO－LUMO 能带隙为 1.9eV，所以大部分太阳光不能被 P3HT/ZnO 太阳电池所吸收。一个改进策略是将 ZnO 与窄禁带宽度的导电聚合物相组合。从此角度出发，Oosterhout 等[82]最近把原位合成 ZnO 和 P3HT 互穿网络的方法转移到 ZnO 和聚(3－己基硒酚)(P3HS)体异质结层，而后者的 HOMO－LUMO 能带隙仅为 1.7eV。相应器件在标准测试条件下功率转换效率达到 0.4%。然而，采用 P3HS 和 PCBM 的参考太阳电池却实现了 1.5% 的转换效率[82]。原理上，与其他窄禁带宽度聚合物组合的进一步研究将会改进聚合物/ZnO 太阳电池。

采用 TiO_2，Lin 等[83]制备了胶体 TiO_2 纳米棒和 P3HT 组成的体异质结杂化太阳电池。此研究中的纳米棒在合成后具有一个十八烯酸配位体壳，通过配位体交换吡啶取代了十八烯酸。随后，纳米棒表面附着其他有机分子而得到进一步修饰[83]。吡啶包覆 TiO_2 纳米棒的体异质结太阳电池转换效率达到 1.1%，经过有机染料对表面修饰后，功率转换效率可成功提升到 2.2%[83]。

ZnO 和 TiO_2 是体异质结太阳电池的适用材料，这些过渡金属氧化物可以生长在不同衬底上，并具有垂直取向的细长纳米结构阵列形式[77,84-88]。为了实现这些结构，成功运用了各种工艺，其中包括电化学方法和热蒸发路径。图 12.5 给出电化学法生长在 ITO 上的垂直排列 ZnO 纳米棒阵列的 SEM 图像示例和 X 射线衍射数据[89]。

制备如此排列纳米棒阵列的实用方法为研制有序施主/受主异质结太阳电池打开了通途，构成异质结的施主和受主材料垂直取向阵列将如十指互相交叉。与无序体异质结结构形成对比，有序异质结有源层应该有利于高效输运分离的

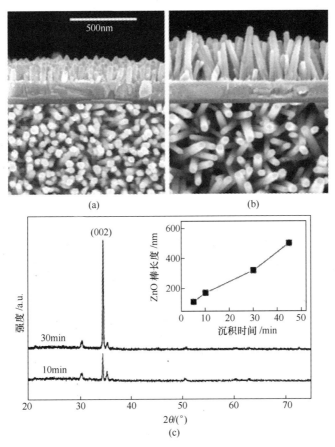

图 12.5　ITO 上 ZnO 纳米棒阵列的侧面 SEM 图(a)和顶视 SEM 图(b)。

使用不同沉积时间((a)为 10min,(b)为 30min)采用电化学沉积法制备

此纳米棒结构。所有图像的比例尺是相同的。(c)为(a)和(b)图的 ZnO 样品的

X 射线衍射图形。(002)强反射表明纳米棒沿着六方晶格的 c 轴生长。

插图显示纳米棒长度与沉积时间的相互关系

(得到文献[89]的复制许可,美国化学协会 2010 版权所有)

载流子到电极。然而,制备足够小的横向纳米结构还面临巨大挑战,因为必须考虑导电聚合物中短激子扩散长度。图 12.5 给出渗透到 MEH – PPV 的纳米结构,随后沉积一个金薄膜作阳极,采用此方法获得转换效率为 0.34% 的有序杂化太阳电池[89]。Huang 等[77]最近对垂直取向 ZnO 纳米棒阵列杂化太阳电池给出了全面综述。迄今为止,此类型太阳电池的转换效率不超过 1% 。另一方面,如果制备纳米棒阵列的方法和无机结构渗透进导电聚合物的技术在未来还有改进,可以预料此类型太阳电池还会有新的进展。

　　至今,由于制备足够小的横向尺寸尚有困难,因此不仅尝试将过渡金属氧化

物纳米阵列与 p 型导电聚合物相渗透,而且还与聚合物/富勒烯混合物相渗透。在后一种情形下,垂直排列纳米棒仍然起到推动电子输运到阴极的作用。采用 P3HT/PCBM 作为施主/受主混合物,垂直有序 ZnO 或 TiO$_2$ 纳米结构的渗透导致功率转换效率达到 4%[86,90]。

12.2.6 硅纳米晶太阳电池

在此讨论无机半导体纳米晶的最后一种材料:硅纳米晶。Liu 等[91,92]研究了基于硅纳米晶和 P3HT 的体异质结杂化太阳电池。第一项研究结果显示使用小纳米晶(直径为 3~5nm)是有益的,因为量子尺寸效应,纳米晶的价带边沿发生位移,远低于 P3HT 的 HOMO 能级,制备出转换效率达到 1.15% 的器件[91]。随后的进一步优化使转换效率提升到 1.5%[92]。这些结果说明硅纳米晶也能作为聚合物基太阳电池中有前途的电子受主材料。尤其硅是地球上蕴含极丰富的一种元素材料,具有大规模低成本生产的相对优势。而且对电荷转移的一项基础研究揭示,硅纳米晶不仅可用作电子受主,而且可与富勒烯衍生物组合作为施主材料使用[93]。

与过渡金属氧化物相类似,可以用硅制成并行纳米线阵列。例如,2009 年 Huang 等[94]利用蚀刻硅片工艺制备出硅纳米线阵列,并将阵列结构印制到 P3HT/PCBM 体异质结太阳电池的有源层。已经证实纳米线阵列可推进电子输运到阴极,利用硅纳米线的太阳电池转换效率达到 1.9%[94]。此项研究后来得以继续。2012 年,背部涂覆钛(Ti)和银(Ag)作阴极的硅纳米线阵列与 ITO 上 PEDOT:PSS 薄膜相组合,ITO 作阳极,优化后的电池实现引人注目的功率转换效率 8.4%[95]。渗透 p 型导电小分子的硅纳米线阵列导致有机-无机太阳电池的转换效率达到 10.3%[96]。这确实是有机和无机材料太阳电池的巨大成果。然而,不能忘记的是此类型太阳电池与本章集中讨论的杂化体异质结太阳电池完全不同。特别是硅纳米线阵列是从硅晶圆制备而来,因此该技术的按比例扩展仍然依赖于硅晶圆的生产,虽然有机组元可以从溶液制取。因此,由于传统杂化太阳电池的有机和无机组元都可以从溶液加工制得,直到如今,基于镉或铅硫属化合物的太阳电池依然是最有效的系统。

12.3 杂化太阳电池基本原理和改进策略

尽管有机和杂化体异质结太阳电池的工作原理相同,但详细观察光转换过程的基本步骤时还会发现有特殊差异。差异主要来自作为替代电子受主的半导体纳米晶系统的复杂性。在 12.1 节讨论了广泛使用的富勒烯衍生物 PCBM,尽管 PCBM 具有很微弱的太阳光吸收特性,但这种化合物在有机太阳电池中已经成为确认的标准受主材料。有人会问为什么 PCBM 的吸光特性很弱却成功用于有机太阳电池，或者换句话说，迄今为止具有合适吸收特性的替代材料却没有改进体异质结太阳电池的总体效率？在如下各节将阐述杂化太阳电池的基本原理，并与聚合物/富勒烯系统进行比较。

12.3.1　有机－无机施主－受主界面的电荷分离

采用富勒烯衍生物如 PCBM 作为受主，有机体异质结太阳电池的能级位置较为简单。PCBM 的吸收谱在紫外波段有一个显著峰并延伸至可见光范围[2]。相对于真空，PCBM 的 HOMO 和 LUMO 能级分别为 －6.0eV 和 －3.8eV[97-99]。由于相对于真空的前线轨道的绝对位置，PCBM 容易与许多常用导电聚合物（如P3HT、PPV 衍生物）和许多窄禁带宽度聚合物形成 Ⅱ 型异质结。因此，富勒烯衍生物如 PCBM 必须被认作有效的电子受主。此结论已被许多实验所证实[100-102]。

此外，在与窄禁带宽度聚合物相组合时，PCBM 相对宽的禁带宽度将超过施主聚合物的能带隙，在此情形下，福斯特共振能量转移（FRET）（即激子从施主聚合物转移到受主）将受到抑制。FRET 是一个可与施主/受主界面电荷分离相竞争的物理过程，如果激子从施主转移到受主后，空穴又从受主转移回到施主，FRET 也可能最终获得分离电荷[100]。

采用半导体纳米晶作为替代电子受主，情形变得不明显了。能级禁带宽度和价带与导带边沿的绝对位置一方面强烈依赖于半导体材料，另一方面又依赖于纳米晶粒子尺寸。因此，不是所有类型的纳米晶在与常用导电聚合物相组合时都适合当作电子受主。此外，以前讨论的纳米晶良好光吸收特性优势说明，最理想的纳米晶系统禁带宽度不会明显大于导电聚合物的 HOMO－LUMO 能带隙。所以，福斯特共振能量转移可以成为施主/受主界面与电荷分离相竞争的一个进程。因此空穴回迁移的效率成为一个重要问题。此外，胶体制备的半导体纳米晶通常被一个配位体壳所包围，此壳是无机纳米晶与聚合物之间电荷转移的阻挡层。从上述一般讨论可以清楚地认识到，当考虑一个新型杂化聚合物/纳米晶系统时，一项重要的任务是详细研究施主/受主界面上电荷分离的基本步骤。

或许研究电荷转移的最容易方法是光致发光猝灭实验。实验对纯聚合物薄膜和聚合物/受主混合物薄膜的光致发光信号强度做了比较。如果增加受主猝灭了聚合物的光致发光谱，此迹象可解释成受激聚合物的电子成功转移到受主。如果 FRET 过程可以从被考虑系统排除，此解释是正确的。

光致发光猝灭实验已经用于早期对聚合物/纳米晶系统电荷转移的研究，如在 12.2.1 节提到的那样。1996 年，Greenham 等[15]研究了 TOPO 包覆 CdS 纳米晶(直径 4nm)与 MEH-PPV 之间的电荷转移现象。这些纳米晶的吸收谱没有与聚合物的光致发光谱相重叠,所以没有发生 FRET 过程。当关注能级时,尽管 MEH-PPV 和 CdS 纳米晶形成 II 型异质结,但观察聚合物的光致发光谱在混合物中并没有猝灭[15]。这是一个清晰迹象,表明相对厚的 TOPO 配位体壳阻挡了电子从聚合物转移到纳米晶。经过吡啶配位体交换后,观察到光致发光猝灭随着混合物中 CdS 含量增加光致发光信号减少[15]。此实例清楚地说明,发生在施主/受主界面的电荷转移基本进程中,配位体的选择至关重要。

在可能发生 FRET 的系统中,光致发光猝灭实验变得不再明显。在 MEH-PPV 和 CdSe 纳米晶(直径 5nm)混合物中,即使存在 TOPO 配位体壳也能观察到聚合物的光致发光谱猝灭[15]。观察到的猝灭原因归结为 FRET,因为 FRET 是一个远程机制,不受 TOPO 配位体壳阻挡[15]。配位体交换后,光致发光谱猝灭效率提高,所以配位体交换后仍能提供一些电子转移证据[15]。然而,能够更直接密切观察电荷转移进程的其他方法对此类材料系统是更可取的。

数个研究组已经采用光诱导吸收光谱详细研究了聚合物/CdSe 混合物的电荷转移[13,52,75,103]。采用 PPV 衍生物或 P3HT 作为聚合物,如果 CdSe 量子点原始配位体壳被吡啶所取代,在这些研究中对应于聚合物中极化子能级间光跃迁的光诱导吸收光谱信号则是电荷成功转移的证据[13,52,75,103]。为了提供更详细的数据,Pientka 等研究了 MDMO-PPV 和 CdSe 纳米晶之间的电荷转移,合成的纳米晶具有一个包含 TOP、TOPO 和十六烷基胺(HDA)的配位体壳,研究人员观察到这个相对厚的配位体壳并没有完全抑制电荷转移进程,但用吡啶交换配位体后极化子信号变得更强[75]。

成功证明聚合物/CdSe 混合物中电荷转移的另一种方法是光诱导电子自旋共振(L-ESR)(见第 9 章)。对于聚合物 MDMO-PPV[75]和 P3HT[13],当聚合物/CdSe 样品受到激光源激发后,可以观察到杂化混合物中与聚合物正极化子相关的电子自旋共振信号在增长。值得注意的是,与典型聚合物/富勒烯混合物(见图 9.3 比较实例)相对照,杂化聚合物/CdSe 混合物的电子自旋共振谱至今不能探测到转移至 CdSe 纳米晶粒子的电子。因此,采用 L-ESR 对聚合物/CdSe 混合物电荷转移的研究依赖于对聚合物中正极化子的信号分析。纳米晶粒子电子信号缺乏的原因尚不十分清楚,或许与快速自旋-晶格弛豫时间有关。

从能量角度观察,聚合物/CdSe 混合物中的电荷转移并不出人意料。精确测定有机材料以及量子点的能级绝对值并非易事,当比较不同研究报告的数据时会看到有相当大的离散性。最近,Jasieniak 等[34]极其谨慎地研究了 CdSe 导带和价带边沿的能级位置,发现价带边沿相对于真空接近于 -5.5eV,在粒子直径 3~7nm 范围内能级仅有微小变化。由于广泛使用的聚合物 P3HT、MEH-PPV 和 MDMO-PPV 具有较高的 HOMO 能级,这些聚合物将与 CdSe 量子点组成 II 型异质结,如果不受配位体壳阻挡,可期望有电荷转移。相似的考虑也适于作为电子受主的 ZnO 或 TiO₂。这两种过渡金属氧化物都有高电离势,所以可容易与施主聚合物组合形成 II 型异质结,已经有大量光物理研究确认聚合物/ZnO[78,79] 和聚合物/TiO₂[104] 系统存在电荷转移。

还有一些其他材料组合,其中的电荷转移是否发生成为更引人注目的基本问题。比如,在 12.2 节已经提到的 CdTe 和 PbSe 纳米晶,两者价带边沿非常接近于常用导电聚合物的 HOMO 能级。关于聚合物/PbSe 样品,已经有数个光诱导吸收光谱的研究报告[52,105](见 12.2.2 节讨论),但是对电荷转移的讨论仍有争议。至于 CdTe,对导电聚合物与 CdTe 半导体纳米晶之间电荷转移的详细光物理研究至今还是空白。

光诱导吸收光谱术还用于探索 P3HT 和 CuInS₂ 纳米晶混合物的电荷转移。在胶体制备 CuInS₂ 纳米晶和配位体壳作稳定剂的混合物中发现 P3HT 相内光诱导形成空穴极化子迹象。比较厚的配位体壳由十二硫醇、油胺和 TOPO 组成[106]。光诱导吸收光谱和 L-ESR 研究的一个缺点在于,只能定性验证有电荷转移,但不知道此物理过程的效率如何。尤其是当无机纳米晶被一个厚有机配位体壳包围,如果光诱导极化子形成是电荷转移的证据,并意味此过程效率大到足以产生可实用的显著光电流时,电荷转移的效率依然是有待解决的问题。为了得到定量分析结果,一些研究者将一个新材料系统,比如聚合物/纳米晶与一更好的已知参考系统,如聚合物/PCBM 的光诱导吸收谱信号或电子自旋共振信号强度相比较,同时保持两种样品的聚合物含量相同。另一方面,已经看到电子自旋共振信号在绝对温标上被量化的相关报道。Dietmueller 等[93] 利用 L-ESR 方法研究了 P3HT 与硅纳米晶以及硅纳米晶与 PCBM 混合物中的电荷转移,并且在适当参考样品帮助下测量了光激发前后的自旋密度。这是一个有益的方法,可获得对施主/受主系统电荷分离效率的更加量化的结论。

12.3.2 有机-无机杂化系统的电荷输运

正如 11.1 节的简要介绍,描述有机半导体材料电荷输运的广泛采用的模型是热激活跳跃模型[107]。根据此模型,受结构无序诱导,有机半导体的能级存在一定涨落,这意味着一个给定能级上的态密度增宽,可以最简单近似为高斯分布,标准偏差(在此也称作无序参数)典型值大约为 100mV[107]。在一个空间图景中这表明存在不同能量的局域态,载流子在这些局域态之间跳跃而产生电荷输运。已经开发详细模型来描述两个给定位置间的跳跃概率。简言之,跳跃概率依赖于位置之间的空间距离和能级差异以及温度[107]。依赖温度是明显的,因为从一个位置到另一较高能级位置的跳跃概率在高温下将会更高。

通过类比有机和杂化太阳电池,可以尝试将有机半导体电荷输运模型直接转移到杂化系统。另一方面,还有一个先决条件即杂化混合物必须表现相似。Ginger 和 Greenham[108]对沉积在两个电极之间的 CdSe 纳米晶薄膜的电荷输运进行了基础研究。作为一个重要发现,观察到电导率在温度在 180 ~ 300K 时显示出类似阿累尼乌斯(Arrhenius)的温度相关性,可以推论在这些系统中电荷输运也服从热激活跳跃机制[108]。因此从有机光电器件推导出的电荷输运模型也能转移到杂化器件。然而,应当小心谨慎地看待各个模型的精确适用性。

对于杂化聚合物/纳米晶混合物,通常认为一个纳米晶粒子内的电荷输运相对容易,因为半导体纳米晶形成的能带或多或少是准连续的,假如粒子尺寸不是太小。与此相比,从一个纳米粒子到另一个纳米粒子的电荷输运更为关键;此步骤被认为是热激活跳跃所致。与典型有机异质结,如聚合物/富勒烯混合物相反,杂化系统拥有会影响跳跃概率的额外参数。与电荷分离类似,有机配位体壳对电荷输运起着重要作用,因为配位体壳厚度将影响粒子间距离。换句话说,一个厚绝缘配位体壳会减少电荷从一个纳米晶到另一个纳米晶的跳跃概率。因此,配位体壳设计对于电荷输运过程也很重要。

作为另一个结果,纳米粒子相中的电荷输运应该依赖于跳跃步骤的跳步数,载流子从生成点出发跳跃到电极被提取。与有机化合物相对比,杂化系统中的跳步数受到所选纳米晶尺寸和形状的影响。在 12.2.1 节讨论过,使用细长纳米晶而不是准球形量子点,结果证明是改进杂化太阳电池性能的成功策略,通过减少跳步数而改进了电荷输运。

在杂化聚合物/纳米晶太阳电池中,无机半导体纳米晶通常作为电子受主。因此研究纳米粒子相内的电子输运以及纳米晶对聚合物相空穴输运的影响尤为重要。如果纳米晶扰动了聚合物相的分子序,可以预料对空穴迁移率会产生影响。为解决这个问题,Ginger 和 Greenham 制备了[108]沉积在 ITO 和一个金属电极之间的 TOPO 包覆 CdSe 量子点薄膜层器件,以研究穿越纳米粒子薄膜的电荷输运。采用空间电荷限制电流模型分析了电流 - 电压特性,并估计了深陷阱态和电子、空穴迁移率数值。电子迁移率范围在 $(10^{-4} - 10^{-6})$ cm²/(V·s),而空穴迁移率很低,大约为 10^{-12} cm²/(V·s)[108]。这说明 CdSe 量子点是电子输运的合适材料。后来,Kumari 等[109,110]研究了单空穴器件(hole - only devices)的空穴输运,采用置于 ITO/PEDOT:PSS 与金电极之间的 P3HT 和吡啶包覆 CdSe 纳米晶混合物。具有陷阱的 SCLC 模型再一次用于模拟电流 - 电压特性,据报道,提取的空穴迁移率从纯 P3HT 薄膜的 3×10^{-6} cm²/(V·s)增加到杂化 P3HT/CdSe 混合物的 8×10^{-6} cm²/(V·s)[110]。因此聚合物薄膜中纳米晶的加入并没有对空穴迁移率产生不利影响,而且有略微改进。在研究有机场效应晶体管的空穴输运时也观察到类似趋势:测量到纯 P3HT 空穴迁移率为 1.4×10^{-4} cm²/(V·s),P3HT/CdSe 混合物的空穴迁移率为 2.3×10^{-4} cm²/(V·s)[111]。在此提到的迁移率绝对值量级与 P3HT/PCBM 混合物 OFET 的测量结果一致[112]。

Talapin 和 Murray[111]研究了场效应晶体管中 PbSe 纳米晶薄膜中的电子和空穴输运。采用油酸作为包覆配位体壳使粒子间距达到 1.1 ~ 1.5nm，致使导电性变弱。然而，用酰肼对样品化学处理可在很大程度上消除庞大的油酸配位体，从而减少粒子间距。其结果是实现良好的 n 型电导率，电子迁移率达到 0.9cm² / (V·s)[113]。此外，采用真空处理或热处理，可将导电性转换为 p 型，其空穴迁移率达到 0.2cm² / (V·s)[113]。此例显示出在胶体纳米晶中输运电荷时配位体壳的重要作用，对纳米晶表面进行恰当处理是使薄膜获得良好导电性的有效策略。此例还验证胶体纳米晶在一些情况下既可呈现 n 型导电行为还可呈现 p 型导电行为。

12.3.3 杂化太阳电池中的缺陷和载流子捕获

聚合物薄膜以及有机聚合物/富勒烯薄膜有大量的缺陷[114]，如结构无序或杂质引起的缺陷。杂化混合物中无机半导体纳米晶是缺陷的一个来源。事实上，小纳米晶会存在许多不同类型的缺陷，如空位、填隙原子或杂质等结构缺陷都存于纳米粒子体内。此外，半导体纳米晶表面也是一个缺陷源。如同在 2.4 节提到的，从能量角度观察，具有悬挂键的表面原子在许多材料体系中与禁带能隙的深能级有关[115,117]。例如，有人采用理论方法对 InP 纳米晶表面的 In 和 P 悬挂键能级进行了详细探讨[115]，观察到 In 悬挂键的强尺寸相关性。如果粒子尺寸小于 5.7nm，发现对应的缺陷能级位于导带最小值之下。随着粒子尺寸减少缺陷能级变得更深，直径 1.5nm 的小 InP 纳米晶其缺陷能级仅有 0.7eV[115]。对于 P 悬挂键，尺寸相关性变得不明显，但在此例中还是预测到相当深的缺陷态，InP 小量子点的缺陷能级位于价带最大值之上 0.7eV[115]。

缺陷能级可以作为系统载流子的陷阱，因此与材料电荷输运的基本进程相关。例如，Schafferhans 等[118]研究了 P3HT 氧诱导缺陷态，当深缺陷态密度增加时，利用线性增加电压光电荷提取(photo - CELIV)实验测量的载流子迁移率急剧下降。此外，缺陷能级可以作为载流子的复合中心。通常，高密度深缺陷能级对光电器件的性能有不利影响，为此开发避免杂化混合物深能级的策略很有必要。下面将概述缺陷对杂化太阳电池影响的新知识，讨论避免高缺陷浓度的可行策略。

通过复合研究可以获得有关聚合物薄膜中缺陷的有用信息，如采用频率相关的 PIA 测量(8.3 节)或时间相关 L - ESR 测量(9.2 节)。图 9.4 给出 L - ESR 实验中激光激发源关闭后光生极化子的复合，观察到有机 P3HT/PCBM 和杂化 P3HT/CdSe 混合物的不同强烈衰减动力学曲线。杂化混合物的极端缓慢复合过程说明此系统存在许多深陷阱态(见 9.2 节讨论)[13]。杂化混合物包含载流子深陷阱这一发现成为有机和杂化太阳电池的根本区别,尽管以前讨论过陷阱态的优势,但陷阱存在会导致器件性能变差。直观感觉深陷阱能级将阻碍有效电荷输运,因为载流子跳跃遇到的能量势垒变得更大。通过实验也能观察到此效应。例如,Kumari 等[109,110]研究了基于 P3HT 和 P3HT/CdSe 的单空穴器件。利用 SCLC 模型评估了器件的电流–电压特性,包括陷阱在能量和空间的指数分布,更多和更深的陷阱态导致更低的载流子迁移率[109,110]。

在 PIA 研究中也获得杂化太阳电池的混合物内存在深陷阱的证据[13,103]。例如,Ginger 和 Greenham[103]采用 PIA 光谱研究 MEH – PPV 和吡啶包覆 CdSe量子点混合物,发现正极化子寿命的宽广分布。分析得知部分极化子寿命小于 $100\mu s$,而其他长寿命极化子寿命达到数毫秒。此外,据报道,在室温下还存留有极化子[103]。这与 P3HT/CdSe 混合物需要在高于室温的温度下退火以消除 L – ESR 能谱中的持续信号的观察结论相一致[13](也与 9.2 节讨论相比较)。Heinemann 等[13]对杂化 P3HT/CdSe 混合物进行了 PIA 光谱测量,并直接与有机 P3HT/PCBM 混合物参考系统相比较。图 12.6 给出获得的频率相关数据[13]。

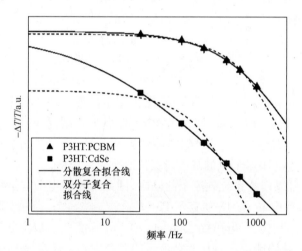

图 12.6　P3HT/PCBM 和 P3HT/ CdSe 混合物的 PIA 光谱观察到的正极化子(1.26eV 的 P2 跃迁)对应信号的频率相关性(CdSe 量子点经过吡啶配位体交换处理)。温度为 80K。显示的实验数据分别是基于双分子复合模型和分散复合模型拟合而成(2009 Wiley – V CH Verlag GmbH & Co. KGaA 版权所有)

对于有机混合物,低调制频率时的信号饱和表明,没有极化子的寿命超过最低应用频率的倒数。对于杂化混合物,没有观察到低频波段的信号饱和,这说明杂化系统存在较长寿命的样品。为了得到更加量化的结论,借助于已有的复合模型对实验数据进行了拟合[13]。使用的双分子复合模型作为例子在文献[104]

给予了详细描述。模型假定正极化子和负极化子都是可移动的,所以复合速率将正比于两种载流子的浓度,与二级双分子化学反应相类似。对于 P3HT/PCBM 混合物,拟合并不完善,但可以合理近似实验观察到的反应(图 12.6)。这表明电子极化子和空穴极化子都是可移动的并容易复合[13]。

与此相反,双分子模型完全无法解释杂化混合物的复合行为,这说明此系统中载流子陷阱起重要作用。存在的深陷阱态会捕获部分载流子,此情形下陷阱成为复合的限速因素。此例子可用分散复合模型来描述,PIA 信号的频率相关性应该服从下列方程式[13,75]:

$$-\frac{\Delta T}{T} = \frac{(\Delta T/T)_0}{1 + (\omega\tau)^\gamma} \tag{12.1}$$

式中:$(\Delta T/T)_0$ 为零频率极限下 PIA 信号的强度;ω 为调制频率;τ 为平均寿命;γ 为介于 0 和 1 之间的参数。γ 接近于 1 对应陷阱几乎不起作用的状态,此值下降表明陷阱态影响在增大。考虑到寿命,必须提到的是尽管总体具有一个宽广的寿命分布,但拟合参数 τ 仅表示一个平均值。在此描述的模型结果证明适于拟合观察到的杂化 P3HT/CdSe 系统的频率相关性,也适于有机混合物(图12.6)。对于 P3HT/CdSe 系统,参数 γ 拟合值为 0.55,而对于 P3HT/PCBM 此值为 0.98。此例支持如下结论:与杂化系统相比,陷阱在有机混合物中起到较小作用。当 $T=80\mathrm{K}$ 时,有机混合物的平均寿命是 1.25ms,杂化混合物的平均寿命则是 60.7ms[13]。杂化系统测量到的寿命较长,与前面提到的 MEH – PPV/CdSe 系统较长寿命分布有合理的一致性[103]。

总之,根据 PIA 和 L – ESR 能谱测量到的长复合时间,有证据表明导电聚合物和吡啶包覆 CdSe 量子点混合物包含深陷阱态,可以捕获部分载流子。问题在于陷阱态的物理起源是什么,陷阱有多深,是否能减少陷阱。

近期研究表明有机配位体的表面覆盖对陷阱态起到重要作用。如同 2.2 节的解释,用于胶体合成的典型配位体是具有官能团和长烃链(典型链中包含 6 ~ 20 个碳原子)的分子。最终生成的相对厚配位体壳对于胶体溶液内纳米晶的良好稳定性和防止粒子聚集起到有利作用。然而,如此紧密的配位体壳并不适合电荷转移,吡啶配位体交换已成为替代厚绝缘壳的合适方式,交换后依然提供溶解度,但可实现电荷转移过程。厚绝缘壳源自与一个薄配位体壳合成而得。

在大多数光伏研究中被忽视的问题是配位体交换步骤的效率。20 世纪 90 年代有少数基础研究涉及此问题。研究显示,即使在重复的吡啶交换配位体之后,仍然有 10% ~ 15% 的 CdSe 量子点表面被原始配位体三丁基膦/三辛基氧膦(TBP/TOPO)[119] 和 TOP/TOPO[120] 所包覆。然而,一直没有人研究不完全配位体交换对 CdSe 杂化太阳电池性能的影响,直到 2010 年,Lokteva 等[121]研究了最初稳定于油酸的 CdSe 纳米晶被吡啶多次处理后的效果。单次吡啶处理后,26%

的镉表面位依然被原始配位体壳所包覆,54% 的镉位被吡啶所包覆,重复配位体交换步骤有助于减少其他的原始配位体壳,但是经历三次交换循环后,12% 的镉位依然被原始配位体所包覆,而吡啶占据了 80% 的镉位[121]。这说明并未实现完全配位体壳交换。然而,采用配位体交换更完全的量子点,相应太阳电池的性能将有所改善。此外,引用研究文献揭示基于一次配位体交换粒子的杂化太阳电池显示出最佳性能[121]。作为主要原因,发现数次配位体交换增加了纳米晶在聚合物基体内形成大聚集块的趋势。图 12.7 给出用于杂化太阳电池的 P3HT/CdSe 薄膜的 TEM 图像,其中的 CdSe 量子点分别经历了一次、两次和三次吡啶配位体交换[121]。

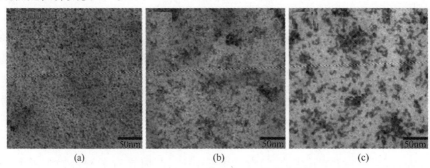

(a)   (b)   (c)

图 12.7　杂化体异质结太阳电池中 P3HT/CdSe 薄膜的 TEM 图像。
所有样品的薄膜制备参数(混合比率、退火温度等)是相同的,
只有初始稳定于油酸的 CdSe 纳米晶经历了一次(a)、两次(b)和
三次(c)吡啶处理(得到文献[121]的复制许可,美国化学协会 2010 版权所有)

实例研究显示,配位体壳对纳米晶的形态有强烈影响。Olson 等[35]对此问题进行了研究,利用 P3HT 和 CdSe 量子点制备杂化太阳电池,并采用一系列不同配位体对 CdSe 量子点进行包覆。细节如下:首先,初始稳定于 TOP 的纳米晶用吡啶处理一次;其次,利用其他化合物进行配位体交换,化合物包括丁胺、三丁胺、十八酸和油酸。利用原子力显微镜(AFM)测量所研究混合物的形貌,太阳电池的电学特性展示显著差异。采用丁胺配位体的太阳电池获得最好结果,转换效率达到 1.8%[35]。这是当时采用准球形 CdSe 纳米晶的杂化太阳电池转换效率新记录,原因是与使用吡啶作最终配位体相比,丁胺配位体纳米晶的形貌得到改进。

后来,Radychev 等[14]详细探讨了丁胺取代吡啶的影响以及转换效率得到改进的物理根源。图 12.8 给出基于 P3HT 和丁胺包覆 CdSe 量子点的杂化太阳电池电流–电压曲线,图 12.9 比较了基于吡啶和基于丁胺配位体交换的典型太阳电池的外量子效率[14]。

将图 12.8 给出的电特性与公开报道的吡啶包覆准球形 CdSe 量子点杂化太阳电池结果相比较[12,16],改善的性能可归结于较高的电流密度。图 12.9 给出

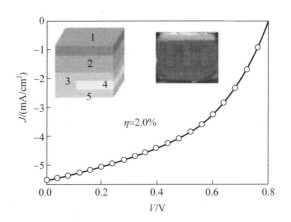

图 12.8　基于 P3HT 和稳定于丁胺的胶体 CdSe 纳米晶典型体异质结太阳

电池电流密度–电压特性,采用照射强度 100mW/cm² 模拟太阳光

(AM1.5G 辐照)。插图给出器件结构和同一衬底上三个太阳电池照片。

结构图各层:1 为 Al 阴极,2 为有源层,3 为 PEDOT:PSS 层,4 为 ITO 层,

5 为玻璃层(得到文献[14]的复制许可,2011 美国化学协会版权所有)

的外量子效率谱分析有助于理解附加电流源自何处。图 12.9(b)给出基于吡啶和基于丁胺系统的外量子效率的差异。差异曲线的形状并不与 P3HT 吸收光谱相像。因此,更有效的电流生成原因,如由于聚合物中短激子扩散长度导致更精细形貌从而减少复合损失,不可能对改进的性能做出解释[14]。与此相反,差异图的形状更类似于纳米晶的吸收光谱,只是有微小红移。因为太阳电池在 180℃ 下退火,烧结过程会使粒子尺寸略微增大,所以相对于胶体溶液内纯纳米晶吸收光谱的红移并不令人惊讶。因此外量子效率数据分析表明附加电流源于纳米晶吸收光的更有效的光转换。

问题是配位体壳如何影响纳米粒子吸收光后产生的激子命运。L–ESR 光谱测量给出了一个证据。图 12.10 比较了不同样品和温度下,激发源关闭后聚合物内极化子对应光诱导 ESR 信号的时间相关衰减特性。从图看到,在丁胺系统中容易复合的移动载流子的快速衰减迹象更加明显(关闭激光源后比较最初几秒的衰减)。这表明与吡啶作配位体的系统相比,丁胺系统中载流子捕获并不明显。

可以详细分析作为温度函数的衰减动力学。假定全部可移动载流子复合后的缓慢衰减是由载流子热激活发射形成定义陷阱态所致,可以利用一个单指数衰减函数描述此机制动力学。文献[14]试图在全部时间范围,即从 $t=0$ 开始拟合衰减动力学。然而,似乎更应关注载流子的复合机制,只有深陷阱的载流子发射才能决定复合机制。文献[122]对关闭激发源 10min 后的衰减曲线进行了评估。根据阿累尼乌斯模型,在各种温度下拟合数据可以慎重估计载流子的激活

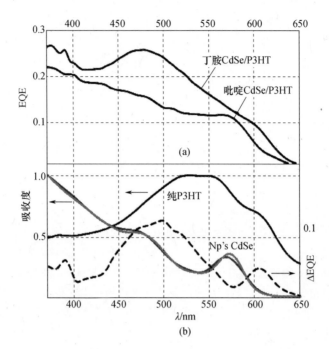

图 12.9　(a)分别采用吡啶和丁胺作 CdSe 量子点配位体的体异质结 P3HT/CdSe
太阳电池外量子效率谱。(b)纯 P3HT 薄膜(黑实线)和吡啶包覆 CdSe 纳米晶胶体溶液
(蓝线)和丁胺包覆 CdSe 纳米晶(红线)的吸收光谱(左轴)。此外,外量子效率谱差异
(根据(a)图曲线点对点相减而得)给出(黑短划线,右轴)(得到文献[14]的复制许可,
2011 美国化学协会版权所有)

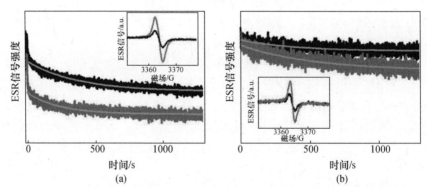

图 12.10　关闭($t=0$)激发源(532nm 激光)后对应 P3HT 中正极化子的
光诱导 ESR 信号衰减曲线。(a)P3HT 与丁胺包覆 CdSe 量子点混合物薄膜。
(b)P3HT 与吡啶包覆 CdSe 量子点混合物薄膜。黑色衰减曲线在 $T=237K$ 时测得,
红色衰减曲线在 $T=276K$ 时测得。插图显示连续激光照射 30min 后的 ESR 能谱
(红色曲线)和关闭激发源 25min 后的 ESR 能谱(黑色曲线)。绿色曲线表示如文献[14]
所描述的对曲线拟合的尝试(得到文献[14]复制许可,美国化学协会版权所有)

能。发现基于吡啶系统的激活能为 80mV,基于丁胺系统的激活能为 35mV[122]。考虑到室温下热能 $k_B T$ 为 25meV,观察到的陷阱深度差异会对工作温度下的太阳电池有巨大影响。

对复合过程的分析清楚表明,配位体壳对系统存在的陷阱态有影响。上面描述的 ESR 谱测量到的陷阱态最有可能是纳米晶引入的电子陷阱[14,122]。尽管 ESR 信号本身反映的是聚合物中空穴极化子,但信号衰减既依赖于对空穴的捕获又依赖于对电子的捕获。如果电子被受主相捕获,施主相仅有的空穴将找不到复合伙伴,在此情形下信号将持续存在。最近,Knowles 等[117]研究了不同配位体,主要是取代苯胺包覆 CdSe 量子点的电子结构,描述了配位体对表面态的影响,图 12.11 给出定性图解:没有配位体时,Cd 和 Se 悬挂键导致能级进入禁带内(图 12.11(a))。如果增加配位体,未填充表面悬挂键轨道会与配位体填充轨道重叠(如位于胺的氮原子上的孤对电子)。根据分子轨道理论,两个分子轨

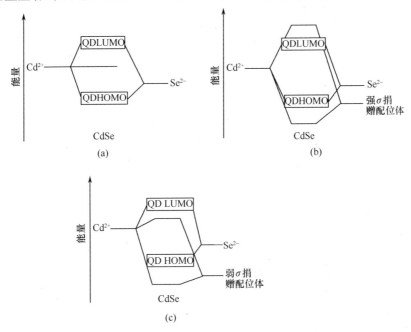

图 12.11　描述量子点上缺电子 Cd^{2+} 表面位点与 σ 捐赠配位体之间键相互作用的定性分子轨道图。(a)一个空 Cd^{2+} 表面位态导致在禁带内产生一个捕获电子的能隙态。(b)通过与 Cd^{2+} 键合,一个强 σ 捐赠配位体消除了捕获电子能隙态并形成一个反键轨道,能量高于量子点的 LUMO(或导带最小值)。对应的成键轨道不形成捕获空穴的能隙态,因为成键轨道低于量子点的 HOMO(或价带最大值)。(c)一个弱 σ 捐赠配位体使捕获电子能隙态增加并高于空 Cd^{2+} 态,但未消除陷阱因为形成的反键轨道低于量子点的 LUMO(得到文献[117]的复制许可,2010 美国化学协会版权所有)

道将形成如图 12.11(b)和(c)所示的剩余未填充反键分子轨道。如果未填充分子轨道还在半导体禁带内,它依然是一个电子陷阱。所以,利用表面活性剂钝化陷阱态从而消除陷阱态,此消除效果依赖于配位体的性质。一个强 σ 捐赠配位体将使反键分子轨道提升至导带最小值之上,从而消除陷阱(图 12.11(b)),而一个浅陷阱会存留在弱 σ 捐赠配位体情形中(图 12.11(c))[117]。

根据上述定性分析,丁胺和吡啶系统(见上面讨论)中陷阱的不同激活能似乎与两种配位体将陷阱能级提升到导带最小值的不同能力有关。然而,为核实此解释,有必要进行理论计算来预测相对于被研究材料导带最小值的反键分子轨道的能级位置。到目前为止,尚无此类计算。根据文献[117],另一种烷基胺即十六烷基胺可以将能级提升到导带最小值之上,即消除与 Cd 悬挂键相关的陷阱。

除了电子陷阱与 Cd 悬挂键的钝化有关,需要高度重视的是,丁胺和吡啶系统还具有不同的空穴陷阱态。事实上,10 年前就知道吡啶能容纳空穴,因为正电荷可以稳定在芳族环中[14,116,123,124]。这意味着除了因 Se 悬挂键导致空穴陷阱存在,吡啶配位体本身也可能给系统引入附加空穴陷阱。这将使纳米晶相因光吸收产生激子的命运受到影响。如果这样一个激子空穴被纳米晶的局域态所捕获,如果对应态没有与聚合物相紧密接触(例如,由于对应态位于小纳米晶聚集体内表面),空穴将不可能转移到聚合物[14]。因此,吡啶配位体引入的附加空穴陷阱减少了纳米粒子产生激子在施主/受主界面的分离概率。通过使用另一种替代吡啶的配位体来消除陷阱是主要理由,从而解释了为什么使用丁胺作配位体时纳米晶的光吸收可更有效地生成 P3HT/CdSe 太阳电池的光电流(比较上面讨论的 EQE 数据)[14]。

总之,上述讨论表明,使用不同包覆配位体是改进杂化太阳电池性能的一项有前途的策略。无机半导体纳米晶表面是附加缺陷态的来源,这些缺陷态不存在于有机聚合物/富勒烯配对物(counterparts)中。因此,如果未来想要受益于无机纳米晶作受主的潜在优势,对陷阱的有效钝化十分必要。不同配位体具有不同的表面覆盖能力,以及消除陷阱或至少使其变浅的能力。另一方面,一些配位体分子也能给系统引入新型陷阱。此外,不同配位体将导致纳米晶不同的溶解性能,此特性将对聚合物/纳米晶有源层的形态产生强烈影响。因此,纵观杂化太阳电池的许多方面,配位体壳都起到重要作用。未来研究将更集中于理解不同配位体的影响和优化策略。

本节到目前为止主要集中于 ESR 和 PIA 光谱,将其作为研究复合过程的有效方法,通过这些方法得出对载流子捕获效应的结论。除此之外还有更多方法可提供陷阱态信息。例如,电荷 – 深能级瞬态谱(Q – DLTS)已经用于研究基于 MEH – PPV 和 CdSe/ZnS 核 – 壳纳米晶杂化混合物的发光二极管内的陷阱[125]。

此研究观察到 5 个陷阱态,不仅能确定陷阱深度,还能确定捕获截面和陷阱浓度[125]。由于聚合物/纳米晶 LED 和太阳电池中的杂化混合物性质相似,可以通过对杂化太阳电池的相似研究获得有价值信息。然而,尚未看到 Q – DLTS 用于聚合物/纳米晶太阳电池研究的报道。

迄今为止,基于 CdSe 纳米晶的杂化太阳电池或许是该领域研究最为集中的材料系统。但是已经看到对其他杂化系统复合过程和缺陷研究的有价值报告。例如,已经详细研究了聚合物/ZnO 杂化太阳电池的器件物理[57,78,79,126]。Pacholski 等[127]详细描述了用于杂化太阳电池的 ZnO 纳米晶的制备方法:溶于甲醇溶剂的二水合乙酸锌与氢氧化钾进行化学反应。此合成路径没有生成长链配位体分子,所以无须进行配位体交换。Beek 等[78]研究了增加丙胺作配位体的效应,太阳电池性能没有改进,但有报道指出表面活性剂对薄膜形态有正面影响,使薄膜更光滑[78]。后来,Park 等[128]采用油酸或新开发的半导体二羧酸修饰胶体 ZnO 纳米晶表面。两种分子改进了 ZnO 纳米晶在 MDMO – PPV 杂化混合物中的分散特性,但是绝缘油酸配位体壳降低了光电流和功率转换效率,而半导体二羧酸显著改善了器件特性[128]。因此,未来对聚合物/ZnO 太阳电池的各种配位体的深入研究将为此材料系统带来新的进展。

12.3.4　杂化体异质结太阳电池需要的配位体交换选择方案

广泛使用的配位体交换方法,通过合成用薄配位体壳取代厚有机配位体壳实现电荷转移,此方法还存在一些缺点。首先配位体交换尚不完全[199 – 121]。配位体交换的有效性依赖于材料系统,需要从原理上对每一种材料详细研究。其次,与相对小的分子进行配位体交换时会导致纳米晶形成大聚集体[121],自然这也依赖材料系统,包括配位体的选择。最后,不是所有配位体都能提供溶解聚合物的具有合适溶解度的溶剂。例如,如果纳米晶配位体壳被吡啶所取代,杂化聚合物/CdSe 太阳电池的有源层通常采用三氯甲烷/吡啶或氯苯/吡啶二元溶剂混合物进行处理。由于薄膜形态强烈依赖于溶剂比[23],这将为薄膜制备引入另一个参数以优化制备工艺,从而导致工艺越来越复杂。

Zhou 等[36]为聚合物/CdSe 太阳电池引入了一个配位体交换的取代方法。在此研究中,使用十六烷基胺(HDA)作为稳定剂,采用胶体化学法制备准球形 CdSe 纳米晶。研究者没有使用吡啶进行配位体交换,而是采用己酸溶液处理纳米粒子。己酸被认为可与部分 HDA 配位体反应形成一种有机盐,通过离心分离技术可容易消除此有机盐[36]。据报道,酸处理后纳米晶可减少配位体壳,但纳米晶在邻二氯苯(oDCB)中仍有高溶解度。邻二氯苯被用作制备太阳电池所需 P3HT 混合物的溶剂。在标准测试条件下,太阳电池效率达到 2.0%[36],此效率大约是吡啶包覆准球形 CdSe 纳米晶杂化太阳电池典型效率的 2 倍,与丁胺作配位体的 CdSe 纳米晶杂化太阳电池效率相同。研究显示,此酸处理工艺是经典配位体交换步骤的取代方法。

一个完全不同的方法是原位合成法。不是先通过胶体化学合成纳米晶,再与导电聚合物混合,而是直接在聚合物基体内合成无机化合物。此方法已用于研究聚合物/ZnO 杂化太阳电池[81,82]。Oosterhout 等[81]制备了包含 P3HT 和二乙基锌的溶液,其中二乙基锌作为锌的前驱体。在所需湿度条件下采用旋涂法将溶液覆盖于 ITO/PEDOT:PSS 电极上。形成的 Zn(OH)$_2$ 经 100℃ 退火最终转变为 ZnO[81]。令人感兴趣的关键点在于 ZnO 相形成一个连通无机网络,该网络与 P3HT 相互相贯穿。采用电子层析成像技术详细测量了该网络的三维结构[81]。重构三维物质具有良好的三维形态印象,用于评估图像的先进统计方法可实现详尽的定量信息提取。例如,确定了给定 ZnO 域一定距离处存在聚合物域的概率[81]。采用原位方法制备的太阳电池转换效率达到 2.0%[81],此性能优于第一步采用胶体合成 ZnO 纳米晶的经典路径制备的体异质结 P3HT/ZnO 太阳电池的转换效率。因此该研究表明,原位合成无机半导体网络是一种有前途的取代方法。此外,必须强调的是引用文献也证明电子层析成像可以提供吸收层三维形态的独特信息细节。尤其是在杂化系统,有机和无机材料的 TEM 图像形成鲜明的对比。

在近期一项研究中,原位方法扩展到制备 P3HS 中的 ZnO,目的是改进光吸收特性,因为此聚合物具有的禁带宽度小于 P3HT,[82]但是最终并未实现改进目的。原位合成方法还被报道用于其他无机半导体材料。例如,Maier 等[72]在 P3EBT 基体中合成 CuInS$_2$,在 ITO 衬底上旋涂含有 Cu、In 和 S 前驱体以及聚合物的溶液,再将薄膜在真空 180℃ 下退火。用此方法制备的太阳电池功率转换效率达到 0.4%[72]。采用其他前驱体并选择 PSFDHTBT 作为导电聚合物,杂化聚合物/CuInS$_2$ 太阳电池功率转换效率达到 2.8%[73]。这是目前聚合物/CuInS$_2$ 太阳电池所能实现的最高转换效率,并且再一次证明原位合成法是胶体化学法的有前途取代方法。

需要指出的是,原位方法还存在一些缺点。该方法的支持者认为其优势在于此类合成无须额外的表面活性剂,所以不会引入电荷转移势垒。另一方面,12.3.3 节的讨论说明配位体很重要,因为配位体能消除纳米晶表面的缺陷态。所以,在配位体的正效应和负效应之间将有一些权衡。原位法形成互穿网络的真正优势是无机域的高度连通性,此特性得到电子层析成像技术的证实[81]。另一方面,在无机半导体材料结构特性的控制上,原位方法不如胶体化学方法。因此,迄今为止尚不清楚何种方法将最终为有源层以合适方式提供更好的控制形态可能性。

参考文献

［1］ S. Cook, H. Ohkita, Y. Kim, J. J. Benson – Smith, D. D. C. Bradley, J. R. Durrant, Chem. Phys. Lett. 445, 276 (2007)

［2］ S. Cook, R. Katoh, A. Furube, J. Phys. Chem. C 113, 2547 (2009)

［3］ J. W. Jeong, J. W. Huh, J. I. Lee, H. Y. Chu, J. J. Pak, B. K. Ju, Thin Solid Films 518, 6343(2010)

［4］ M. C. Scharber, D. Mühlbacher, M. Koppe, P. Denk, C. Waldlauf, A. J. Heeger, C. J. Brabec, Adv. Mater. 18, 789 (2006)

［5］ W. W. Yu, L. Qu, W. Guo, X. Peng, Chem. Mater. 15, 2854 (2003)

［6］ Q. Dai, Y. Wang, X. Li, Y. Zhang, D. J. Pellegrino, M. Zhao, B. Zou, J. Seo, Y. Wang, W. W. Yu, ACS Nano 3, 1518 (2009)

［7］ S. Adam, D. V. Talapin, H. Borchert, A. Lobo, C. McGinley, A. R. B. de Castro, M. Haase, H. Weller, T. Möller, J. Chem. Phys. 123, 084706

(2005)

［8］ H. Zhong, S. S. Lo, T. Mirkovic, Y. Li, Y. Ding, Y. Li, G. D. Scholes, ACS Nano 4, 5253(2010)

［9］ S. Peng, Y. Liang, F. Cheng, J. Liang, Sci. China Chem. 55, 1236 (2012)

［10］ I. Moreels, K. Lambert, D. Smeets, D. De Muynck, T. Nollet, J. C. Martins, F. Vanhaecke, A. Vantomme, C. Delerue, G. Allan, Z. Hens, ACSNano 3, 3023 (2009)

［11］ J. Jasieniak, L. Smith, J. van Embden, P. Mulvaney, M. Califano, J. Phys. Chem. C 113, 19468 (2009)

［12］ F. Zutz, I. Lokteva, N. Radychev, J. Kolny – Olesiak, I. Riedel, H. Borchert, J. Parisi, Phys. Status Solidi A 206, 2700 (2009)

［13］ M. D. Heinemann, K. von Maydell, F. Zutz, J. Kolny – Olesiak, H. Borchert, I Riedel, J. Parisi, Adv. Funct. Mater. 19, 3788 (2009)

［14］ N. Radychev, I. Lokteva, F. Witt, J. Kolny – Olesiak, H. Borchert, J. Parisi, J. Phys. Chem. C115, 14111 (2011)

［15］ N. C. Greenham, X. Peng, A. P. Alivisatos, Phys. Rev. B 54, 17628 (1996)

［16］ L. Han, D. Qin, X. Jiang, Y. Liu, L. Wang, J. Chen, Y. Cao, Nanotechnology 17, 4736(2006)

［17］ W. U. Huynh, J. J. Dittmer, A. P. Alivisatos, Science 295, 2425 (2002)

［18］ B. Sun, H. J. Snaith, A. S. Dhoot, S. Westenhoff, N. C. Greenham, J. Appl. Phys. 97, 014914(2005)

［19］ L. – W. Wang, A. Zunger, Phys. Rev. B 53, 9579 (1996)

［20］ J. – E. Brandenburg, X. Jin, M. Kruszynska, J. Ohland, J. Kolny – Olesiak, I. Riedel, H. Borchert, J. Parisi, J. Appl. Phys. 110, 064509 (2011)

［21］ W. U. Huynh, X. Peng, A. P. Alivisatos, Adv. Mater. 11, 923 (1999)

［22］ B. Sun, E. Marx, N. C. Greenham, Nano Lett. 3, 961 (2003)

［23］ W. U. Huynh, J. J. Dittmer, W. C. Libby, G. L. Whitting, A. P. Alivisatos, Adv. Funct. Mater. 13, 73 (2003)

［24］ Y. Zhou, Y. Li, H. Zhong, J. Hou, Y. Ding, C. Yang, Y. Li, Nanotechnology 17, 4041(2006)

［25］ I. Gur, N. A. Fromer, C. – P. Chen, A. G. Kanaras, A. P. Alivisatos, Nano Lett. 7, 409 (2007)

［26］ S. Dayal, N. Kopidakis, D. C. Olson, D. S. Ginley, G. Rumbles, Nano Lett. 10, 239 (2010)

[27] M. Wright, A. Uddin, Sol. Energy Mater. Sol. Cells 107, 87 (2012)

[28] D. Celik, M. Krüger, C. Veit, H. F. Schleiermacher, B. Zimmermann, S. Allard, I. Dumsch, U. Scherf, F. Rauscher, P. Niyamakom, Sol. Energy Mater. Sol. Cells 98, 433 (2012)

[29] K. Jeltsch, M. Schädel, J. – B. Bonekamp, P. Niyamakom, F. Rauscher, H. W. A. Lademann, I. Dumsch, S. Allard, U. Scherf, K. Meerholz, Adv. Funct. Mater. 22,397 (2012)

[30] R. Zhou, R. Stalder, D. Xie, W. Cao, Y. Zheng, Y. Yang, M. Plaisant, P. H. Holloway, K. S. Schanze, J. R. Reynolds, J. Xue, ACS Nano 7, 4846(2013)

[31] J. Hou, T. L. Chen, S. Zhang, H. – Y. Chen, Y. Yang, J. Phys. Chem. C 113, 1601(2009)

[32] D. Mühlbacher, M. C. Scharber, M. Morana, Z. Zhu, D. Waller, R. Gaudiana, C. J. Brabec, Adv. Mater. 18, 2884 (2006)

[33] Y. Zhou, M. Eck, C. Veit, B. Zimmermann, F. Rauscher, P. Niyamakom, S. Yilmaz, I. Dumsch, S. Allard, U. Scherf, M. Krüger, Sol. Energy Mater. Sol. Cells 95,1232 (2011)

[34] J. Jasieniak, M. Califano, S. E. Watkins, ACS Nano 5, 5888 (2011)

[35] J. D. Olson, G. P. Gray, S. A. Carter, Sol. Energy Mater. Sol. Cells 93,519 (2009)

[36] Y. Zhou, F. S. Riehle, Y. Yuan, H. – F. Schleiermacher, M. Niggemann, G. A. Urban, M. Krüger, Appl. Phys. Lett. 96, 013304 (2010)

[37] L. Wang, Y. Liu, X. Jiang, D. Qin, Y. Cao, J. Phys. Chem. C 111, 9538 (2007)

[38] S. Ren, L. – Y. Chang, S. – K. Lim, J. Zhao, M. Smith, N. Zhao, V. Bulovic, M. Bawendi, S. Gradecak, Nano Lett. 11, 3998 (2011)

[39] J. Y. Kim, I. J. Chung, Y. C. Kim, J. – W. Yu, J. Korean Phys. Soc. 45,231 (2004)

[40] I. Gur, N. A. Fromer, A. P. Alivisatos, J. Phys. Chem. B 110, 25543 (2006)

[41] P. T. K. Chin, J. W. Stouwdam, S. S. van Bavel, R. A. J. Janssen, Nanotechnology 19, 205602(2008)

[42] W. Yu, H. Zhang, Z. Fan, J. Zhang, H. Wei, D. Zhou, B. Xu, F. Li, W. Tian, B. Yang, Energy Environ. Sci. 4, 2831 (2011)

[43] Y. Kang, N. – G. Park, D. Kim, Appl. Phys. Lett. 86, 113101 (2005)

[44] H. – C. Chen, C. – W. Lai, I. – C. Wu, H. – R. Pan, I. – W. P. Chen, Y. – K. Peng, C. – L. Liu, C. – H. Chen, P. – T. Chou, Adv. Mater. 23, 5451 (2011)

[45] D. Qi, M. Fischbein, M. Drndic, S. Selmic, Appl. Phys. Lett. 86, 093103 (2005)

[46] S. A. McDonald, G. Konstantatos, S. Zhang, P. W. Cyr, E. J. D. Klem, L. Levina, E. H. Sargent, Nat. Mater. 4, 138 (2005)

[47] S. Zhang, P. W. Cyr, S. A. McDonald, G. Konstantatos, E. H. Sargent, Appl. Phys. Lett. 87,233101 (2005)

[48] A. A. R. Watt, D. Blake, J. H. Warner, E. A. Thomsen, E. L. Tavenner, H. Rubinsztein – Dunlop, P. Meredith, J. Phys. D Appl. Phys. 38, 2006 (2005)

[49] X. Jiang, R. D. Schaller, S. B. Lee, J. M. Pietryga, V. I. Klimov, A. A. Zakhidov, J. Mater. Res. 22, 2204 (2007)

[50] J. Seo, S. J. Kim, W. J. Kim, R. Singh, M. Samoc, A. N. Cartwright, P. N. Prasad, Nanotechnology 20, 095202 (2009)

[51] K. M. Noone, E. Strein, N. C. Anderson, P. – T. Wu, S. A. Jenekhe, D. S. Ginger, NanoLett. 10,2635 (2010)

[52] K. M. Noone, N. C. Anderson, N. E. Horwitz, A. M. Munro, A. P. Kulkarni, D. S. Ginger, ACSNano 3,

1345（2009）

［53］ J. Seo, M. J. Cho, D. Lee, A. N. Cartwright, P. N. Prasad, Adv. Mater. 23, 3984(2011)

［54］ V. I. Klimov, J. Phys. Chem. B 110, 16827 (2006)

［55］ M. C. Beard, J. Phys. Chem. Lett. 2, 1282 (2011)

［56］ M. C. Beard, A. G. Midgett, M. Law, O. E. Semonin, R. J. Ellingson, A. J. Nozik, NanoLett. 9, 836 (2009)

［57］ W. E. J. Beek, R. A. J. Janssen, in Hybrid Nanocomposites for Nanotechnology, ed. by L. Merhari (Springer, New York, 2009)

［58］ J. B. Sambur, T. Novet, B. A. Parkinson, Science 330, 63 (2010)

［59］ E. H. Sargent, Nat. Photonics 6, 133 (2012)

［60］ E. Arici, N. S. Sariciftci, D. Meissner, Adv. Funct. Mater. 13, 165 (2003)

［61］ E. Arici, H. Hoppe, F. Schäffler, D. Meissner, M. A. Malik, N. S. Sariciftci, Appl. Phys. A 79, 59 (2004)

［62］ D. Pan, L. An, Z. Sun, W. Hou, Y. Yang, Z. Yang, Y. Lu, J. Am. Chem. Soc. 130, 5620(2008)

［63］ B. Koo, R. N. Patel, B. A. Korgel, Chem. Mater. 21, 1962 (2009)

［64］ D. Pan, D. Weng, X. Wang, Q. Xiao, W. Chen, C. Xu, Z. Yang, Y. Lu, Chem. Commun. 4221 (2009)

［65］ M. Kruszynska, H. Borchert, J. Parisi, J. Kolny – Olesiak, J. Am. Chem. Soc. 132, 15976(2010)

［66］ H. Zhong, S. S. Lo, T. Mirkovic, Y. Li, Y. Ding, Y. Li, G. D. Scholes, ACS Nano 4, 5253(2010)

［67］ M. Kruszynska, H. Borchert, J. Parisi, J. Kolny – Olesiak, J. Nanopart. Res. 13, 5815 (2011)

［68］ W. Yue, S. Han, R. Peng, W. Shen, H. Geng, F. Wu, S. Tao, M. Wang, J. Mater. Chem. 20, 7570 (2010)

［69］ D. Aldakov, A. Lefrancois, P. Reiss, J. Mater. Chem. C 1, 3756 (2013)

［70］ N. Radychev, D. Scheunemann, M. Kruszynska, K. Frevert, R. Miranti, J. Kolny – Olesiak, H. Borchert, J. Parisi, Org. Electron. 13, 3154 (2012)

［71］ Y. Yang, H. Zhong, Z. Bai, B. Zou, Y. Li, G. D. Scholes, J. Phys. Chem. C 116, 7280 (2012)

［72］ E. Maier, T. Rath, W. Haas, O. Werzer, R. Saf, F. Hofer, D. Meissner, O. Volobujeva, S. Bereznev, E. Mellikov, H. Amenitsch, R. Resel, G. Trimmel, Sol. Energy Mater. Sol. Cells 95, 1354 (2011)

［73］ T. Rath, M. Edler, W. Haas, A. Fischereder, S. Moscher, A. Schenk, R. Trattnig, M. Sezen, G. Mauthner, A. Pein, D. Meischler, K. Bartl, R. Saf, N. Bansal, S. A. Haque, F. Hofer, E. J. W. List, G. Trimmel, Adv. Energy Mater. 1, 1046 (2011)

［74］ A. Guchhait, A. J. Pal, ACS Appl. Mater. Interfaces 5, 4181 (2013)

［75］ M. Pientka, V. Dyakonov, D. Meissner, A. L. Rogach, D. V. Talapin, H. Weller, L. Lutsen, D. Vanderzande, Nanotechnology 15, 163 (2004)

［76］ C. J. Novotny, E. T. Yu, P. K. L. Yu, Nano Lett. 8, 775 (2008)

［77］ J. Huang, Z. Yin, Q. Zheng, Energy Environ. Sci. 4, 3861 (2011)

［78］ W. J. E. Beek, M. M. Wienk, M. Kemerink, X. Yang, R. A. J. Janssen, J. Phys. Chem. B 109, 9505 (2005)

［79］ W. J. E. Beek, M. M. Wienk, R. A. J. Janssen, Adv. Funct. Mater. 16, 1112 (2006)

［80］ S. V. Bhat, A. Govindaraj, C. N. R. Rao, Sol. Energy Mater. Sol. Cells 95, 2318 (2011)

［81］ S. D. Oosterhout, M. M. Wienk, S. S. van Bavel, R. Thiedmann, L. J. A. Koster, J. Gilot, J. Loos, V.

Schmidt, R. A. J. Janssen, Nat. Mater. 8,818 (2009)

[82] S. D. Oosterhout, M. M. Wienk, M. Al – Hashimi, M. Heeney, R. A. J. Janssen, J. Phys. Chem. C 115, 18091 (2011)

[83] Y. – Y. Lin, T. – H. Chu, S. – S. Li, C. – H. Chuang, C. – H. Chang, W. – F. Su, C. – P. Chang, M. – W. Chu, C. – W. Chen, J. Am. Chem. Soc. 131, 3644 (2009)

[84] B. Pradhan, S. K. Batabyal, A. J. Pal, Appl. Phys. Lett. 89, 233109 (2006)

[85] B. Pradhan, S. K. Batabyal, A. J. Pal, Sol. Energy Mater. Sol. Cells 91, 769 (2007)

[86] G. K. Mor, K. Shankar, M. Paulose, O. K. Varghese, C. A. Grimes, Appl. Phys. Lett. 91, 152111 (2007)

[87] T. Goshal, S. Biswas, S. Kar, A. Dev, S. Chakrabarti, S. Chaudhuri, Nanotechnology 19, 065606 (2008)

[88] Y. Hames, Z. Alpaslan, A. Kösemen, S. E. San, Y. Yerli, Sol. Energy 84, 426 (2010)

[89] D. Bi, F. Wu, W. Yue, Y. Guo, W. Shen, R. Peng, H. Wu, X. Wang, M. Wang, J. Phys. Chem. C 114, 13846 (2010)

[90] K. Takanezawa, K. Tajima, K. Hashimoto, Appl. Phys. Lett. 93, 063308 (2008)

[91] C. – Y. Liu, Z. C. Holman, U. R. Kortshagen, Nano Lett. 9, 449 (2009)

[92] C. – Y. Liu, Z. C. Holman, U. R. Kortshagen, Adv. Funct. Mater. 20, 2157 (2010)

[93] R. Dietmueller, A. R. Stegner, R. Lechner, S. Niesar, R. N. Pereira, M. S. Brandt, A. Ebbers, M. Trocha, H. Wiggers, M. Stutzmann, Appl. Phys. Lett. 94, 113301 (2009)

[94] J. – S. Huang, C. – Y. Hsiao, S. – J. Syu, J. – J. Chao, C. – F. Lin, Sol. Energy Mater. Sol. Cells 93,621 (2009)

[95] H. – J. Syu, S. – C. Shiu, C. – F. Lin, Sol. Energy Mater. Sol. Cells 98,267 (2012)

[96] L. He, C. Jiang, Rusli, D. Lai, H. Wang, Appl. Phys. Lett. 99, 021104 (2011)

[97] M. Al – Ibrahim, H. – K. Roth, M. Schroedner, A. Konkin, U. Zhokhavets, G. Gobsch, P. Scharff, S. Sensfuss, Org. Electron. 6,65(2005)

[98] C. R. McNeill, A. Abrusci, J. Zaumseil, R. Wilson, M. J. McKiernan, J. H. Burroughes, J. J. M. Halls, N. C. Greenham, R. H. Friend, Appl. Phys. Lett. 90,193506 (2007)

[99] S. Wilken, D. Scheunemann, V. Wilkens, J. Parisi, H. Borchert, Org. Electron. 13, 2386(2012)

[100] B. C. Thompson, J. M. J. Frechet, Angew. Chem. Int. Ed. 47, 58 (2008)

[101] C. Deibel, V. Dyakonov, Rep. Prog. Phys. 73, 096401 (2010)

[102] C. J. Brabec, S. Gowrisanker, J. J. M. Halls, D. Laird, S. Jia, S. P. Williams, Adv. Mater. 22,3839 (2010)

[103] D. S. Ginger, N. C. Greenham, Phys. Rev. B 59, 10622 (1999)

[104] P. A. van Hal, M. P. T. Christiaans, M. M. Wienk, J. M. Kroon, R. A. J. Janssen, J. Phys. Chem. B 103, 4352(1999)

[105] E. Witt, F. Witt, N. Trautwein, D. Fenske, J. Neumann, H. Borchert, J. Parisi, J. Kolny – Olesiak, Phys. Chem. Chem. Phys. 14, 11706 (2012)

[106] M. Kruszynska, M. Knipper, J. Kolny – Olesiak, H. Borchert, J. Parisi, Thin Solid Films 519,7374 (2011)

[107] D. Hertel, H. Bässler, Chem. Phys. Chem. 9, 666 (2008)

[108] D. S. Ginger, N. C. Greenham, J. Appl. Phys. 87, 1361 (2000)

[109] K. Kumari, S. Chand, P. Kumar, S. N. Sharma, V. D. Vankar, V. Kumar, Appl. Phys. Lett. 92, 263504 (2008)

[110] K. Kumari, S. Chand, V. D. Vankar, V. Kumar, Appl. Phys. Lett. 94, 213503 (2009)

[111] H. Borchert, F. Zutz, N. Radychev, I. Lokteva, J. Kolny-Olesiak, E. von Hauff, I. Riedel, J. Parisi, in Proceedings of the 24th European Photovoltaic Solar Energy Conference(EUPVSEC) (2009), p. 643

[112] E. von Hauff, J. Parisi, V. Dyakonov, J. Appl. Phys. 100, 043702 (2006)

[113] D. V. Talapin, C. B. Murray, Science 310, 86 (2005)

[114] S. Neugebauer, J. Rauh, C. Deibel, V. Dyakonov, Appl. Phys. Lett. 100, 263304 (2012)

[115] H. Fu, A. Zunger, Phys. Rev. B 56, 1496 (1997)

[116] P. Guyot-Sionnest, M. Shim, C. Matranga, M. Hines, Phys. Rev. B 60, R2181 (1999)

[117] K. E. Knowles, D. B. Tice, E. A. McArthur, G. C. Solomon, E. A. Weiss, J. Am. Chem. Soc. 132, 1041 (2010)

[118] J. Schafferhans, A. Baumann, C. Deibel, V. Dyakonov, Appl. Phys. Lett. 93, 093303 (2008)

[119] J. E. B. Katari, V. L. Colvin, A. P. Alivisatos, J. Phys. Chem. 98, 4109(1994)

[120] M. Kuno, J. K. Lee, B. O. Dabbousi, F. V. Mikulec, M. G. Bawendi, J. Chem. Phys. 107, 9869 (1997)

[121] I. Lokteva, N. Radychev, F. Witt, H. Borchert, J. Parisi, J. Kolny-Olesiak, J. Phys. Chem. C114, 12784 (2010)

[122] F. Witt, Charakterisierung limitierender Faktoren in hybridenDonor-Akzeptor-Solarzellen, Ph. D. thesis (University of Oldenburg, Oldenburg, Germany, 2011)(in German)

[123] V. I. Klimov, J. Phys. Chem. B 104, 6112 (2000)

[124] D. S. Ginger, A. S. Dhoot, C. E. Finlayson, N. C. Greenham, Appl. Phys. Lett. 77, 2816 (2000)

[125] C.-W. Lee, C. Renaud, C.-S. Hsu, T.-P. Nguyen, Nanotechnology 19, 455202 (2008)

[126] M. Meister, J. J. Amsden, I. A. Howard, I. Park, C. Lee, D. Y. Yoon, F. Laquai, J. Phys. Chem. Lett. 3, 2665 (2012)

[127] C. Pacholski, A. Kornowski, H. Weller, Angew. Chem. Int. Ed. 41, 1188 (2002)

[128] I. Park, Y. Lim, S. Noh, D. Lee, M. Meister, J. J. Amsden, F. Laquai, C. Lee, D. Y. Yoon, Org. Electron. 12, 424 (2011)

[129] Z. Chen, H. Zhang, X. Du, X. Cheng, X. Chen, Y. Jiang, B. Yang, Energy Environ. Sci. 6, 1597 (2013)

[130] Z. Liu, Y. Sun, J. Yuan, H. Wei, X. Huang, L. Han, W. Wang, H. Wang, W. Ma, Adv. Mater. 25, 5772 (2013)

第 13 章　纳米晶无机吸收层太阳电池

摘要:胶体半导体纳米晶不仅是杂化体异质结太阳电池所需材料,此电池中无机纳米晶与导电聚合物混合形成器件光敏层。与无机薄膜太阳电池更接近的是,无机纳米晶还能构建无机吸收层太阳电池,其吸收层仅由胶体制备纳米粒子构成,没有额外导电聚合物。因此该方法保存了光敏层可由液体介质制备的优势,所以有成本效益的技术如印刷术可以应用到此特例。目前主要开发了利用溶液制备胶体纳米晶吸收层的两种类型太阳电池,即肖特基太阳电池和耗尽型异质结太阳电池。此研究领域尚属朝阳时期,但在几年内就已取得快速和令人印象深刻的进展。目前,此无机纳米晶吸收层太阳电池的性能甚至超过聚合物/纳米粒子体异质结太阳电池。本章介绍无机纳米晶太阳电池的概念并综述此领域的发展现状。

13.1　无导电聚合物采用溶液可生产胶体半导体纳米晶吸收层的太阳电池概念

本书第 12 章讨论了杂化体异质结太阳电池。胶体半导体纳米晶与导电聚合物混合形成溶液,利用旋涂、印刷、喷涂和其他技术从溶液介质中沉积材料。因此,溶液包含有机和无机材料组分。胶体纳米晶的溶液加工性能不是来自于添加聚合物,而是源于胶体合成方法的固有特性。换句话说,可以从无导电聚合物的胶体半导体纳米晶溶液制备太阳电池的吸收层[1]。已经开发两个主要概念用于溶液处理胶体半导体纳米晶组成的无机吸收层太阳电池。在此简述这些概念。

第一个概念是肖特基太阳电池。如果一个半导体材料与一个金属相接触,接触前两种材料的费米能级相对位置决定形成接触的性质。如果半导体和金属的费米能级之间存在较大偏移(通常有几百毫电子伏),便可获得一个肖特基接触。对肖特基接触物理基础的一般介绍见文献[2]。在此详细考虑一个 p 型半导体(费米能级接近价带)与具有相当高费米能级的金属相接触。接触后金属内电子将注入界面半导体内。注入电子与 p 型半导体的空穴相复合从而降低了界面附近区域的空穴浓度。此半导体耗尽了自由载流子,界面对应区域称为耗尽区。电子流动以及通过复合使空穴中和,提高了耗尽区半导体的费米能级。此外,由于存在离子核,降低的空穴浓度导致耗尽区形成负空间电荷。当费米能级在整个系统达到一个恒定值时,半导体 – 金属结得到平衡。此过程的结果是,半导体的价带和导带在界面弯曲。图 13.1 给出在此描述的平衡肖特基接触能级示意图。

与经典 pn 结相似(比较第 1 章),肖特基接触耗尽区的能带弯曲形成一个驱动力,可分离光生电子 – 空穴对。因此,太阳电池可以构造在肖特基接触基础上。金属早已构成其中一个电极,必须是透明的第二个电极安置在半导体的另一面。图 13.1 图解了一个典型器件结构。针对在此讨论的结,电子将被驱动到金属阴极,而空穴将被驱动穿越半导体到达透明阳极。

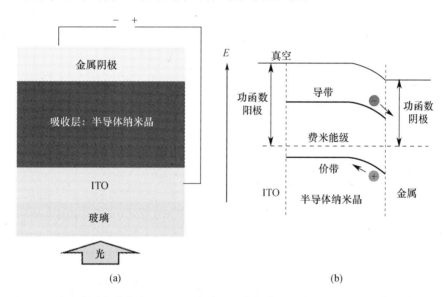

图 13.1 　(a)典型肖特基太阳电池层序列图。在半导体纳米晶层与恰当选择的金属界面间形成肖特基接触。为了获得肖特基接触,接触前半导体和金属的费米能级之间必须有大的能量偏差。(b)肖特基太阳电池能级示意图,给出的是平衡状态 p 型半导体与一个低功函数金属之间的结图,半导体金属界面耗尽区内的能带弯曲导致的驱动力促使光生电子 – 空穴对分离

上述讨论基于固体物理学的基本原理。假如半导体层是由密集但个体化小纳米晶组成,基本问题在于,为扩展固体开发的肖特基接触理论在何种程度上依然有效。文献[3]依据胶体量子点组成的一个固体有效介质图回答了此问题。根据这个模型,小个体纳米晶固体层可以视作有效半导体介质,其具有的物理特性在结空间改变,变化尺度远大于个体纳米晶的尺寸。固体物理学的已知论证已经应用于有效介质近似下的胶体纳米晶层[3]。

无聚合物胶体半导体纳米晶太阳电池的第二个概念是耗尽型异质结太阳电池[4,5]。图 13.2 给出此类型太阳电池典型层序列,此例中铟锡氧化物(ITO)或氟掺杂氧化锡(FTO)用作阴极。在 TiO₂(或 ZnO)层上涂覆 ITO/FTO,可以选择性地输运电子到电极,而非常低的 TiO₂(ZnO)价带则阻止输运空穴。在过渡金属氧化物上面沉积来自胶体溶液的 p 型半导体纳米晶。因此,p 型半导体和 TiO₂ 必须形成Ⅱ型异质结。最后,一个高功函数金属比如金用作阳极。

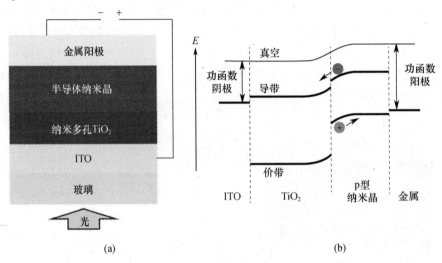

图 13.2　(a)典型耗尽型太阳电池层序列简图。在半导体纳米晶层与 TiO₂ 界面形成一耗尽区。事实上,TiO₂ 通常是纳米多孔的,所以与半导体纳米晶层的边界并非如简化图那般尖锐。(b)耗尽型异质结太阳电池能带图,勾画出 p 型半导体和 n 型 TiO₂ 之间的异质结。半导体–TiO₂ 界面内耗尽区的能带弯曲产生一个驱动力,促使光生电子–空穴对分离

由于光吸收半导体纳米晶和 TiO₂ 费米能级之间存在差异,Ⅱ型异质结的界面处能带变弯曲[1,6],TiO₂ 的电子注入半导体纳米晶层。与肖特基接触的论证很相似,界面形成一个耗尽区,TiO₂ 有正空间电荷,p 型半导体有负空间电荷[3]。能带弯曲再一次形成驱动力,促使光生电子–空穴对分离。为了提取载流子,最好应该在阴极与 TiO₂ 导带之间以及阳极与 p 型半导体之间建立欧姆接触。

13.2　镉硫属化合物纳米晶作无机吸收层的太阳电池

2005 年,Gur 等[7]采用胶体半导体纳米晶作为光敏层制备太阳电池。此器件概念与前几节概述的例子有所不同。作者研究了胶体制备 CdSe 和 CdTe 纳米棒组成的双层器件,其中配位体壳被吡啶取代。太阳电池制备程序如下:在

ITO 上沉积 CdTe 层,再沉积 CdSe 层,最后沉积 Al 电极[7]。因此,使用位于两种镉硫属化合物之间的异质结可以代替 TiO$_2$ 与能吸收大部分太阳光的半导体之间的 II 型异质结。据报道,CdSe 和 CdTe 也能形成 II 型异质结,这两种材料是太阳光的有效吸收体。采用此相对简单的结构,可以实现 2.9% 的功率转换效率[7]。在 2005 年,此记录堪与聚合物/CdSe 体异质结太阳电池的最大转换效率相比较[8]。尽管有此成果,但在随后几年有关无机 CdSe/CdTe 纳米晶太阳电池的研究报道并不多见。

2009 年,Li 等[9]使用四角体代替纳米棒并在 CdSe/CdTe 异质结与电极之间增加隔层。在阳极侧引入一个 PEDOT:PSS 隔层,实现了一个 CdSe/CdTe 异质结单层混合系统,替代了双层结构。层顺序为 ITO/PEDOT:PSS/CdTe:CdSe/Al 的四角体器件转换效率仅达到 0.16%[9]。在纳米晶吸收层与 Al 阴极之间引入一蒸发沉积 C$_{60}$ 薄膜使转换效率提高到 0.62%[9]。因此,电子选择性富勒烯隔层的积极效应得到验证,但是整体器件效率依然低于前文提到的 Gur 等[7]早期研究的报道数值。

13.3　铅硫属化合物纳米晶作无机吸收层的太阳电池

采用无机纳米晶作为吸收层的太阳电池领域最近研究主要集中于 PbS 和 PbSe 纳米晶[1,3,6,10-12]。根据 Koleilat 等[13]的研究工作,稳定于辛胺配位体的胶体 p 型 PbSe 纳米晶涂覆在 ITO 电极上。随后,用 1,4 - 二巯基硫醇处理 PbSe 薄膜。因为二巯基硫醇有两个官能团,其分子可以与薄膜的两个相邻纳米晶结合,二巯基硫醇起到交联剂的作用,处理后的薄膜不能溶解于先前沉积纳米晶的溶剂。因此,交联剂处理后,可以沉积第二层纳米晶以增强吸收层厚度。第二种纳米晶沉积后同样进行二巯基硫醇处理。最后,沉积一个 Mg 触点作为辅助电极[13]。图 13.3 给出一个器件能带结构图和模拟太阳光辐照下测量的电流 - 电压曲线。在 p 型 PbSe 纳米晶层与 Mg 电极界面形成一个肖特基接触,可分离电子和空穴。耗尽区宽度估计为 65nm[13]。在标准测试条件下,这种量子点肖特基太阳电池转换效率达到 1.1%[13]。从图 13.3 可以看到,此类型的肖特基太阳电池产生合理的电流密度,但开路电压相当低。Luther 等[44]通过优化 PbSe/金属肖特基结太阳电池的开路电压解决了此问题。系统改变 PbSe 纳米晶的粒子尺寸(直径在 3~7nm 范围)并且优选金属后,发现小粒子尺寸有利于较高开路电压,因为量子尺寸效应导致的较低价带边沿增加了肖特基势垒的高度,从而影响了开路电压[14]。

考虑到金属,对功函数范围在 3~5eV 的一系列金属进行了测试。发现具有较低功函数的金属可提高开路电压,但是功函数相差 2eV 的金属对开路电

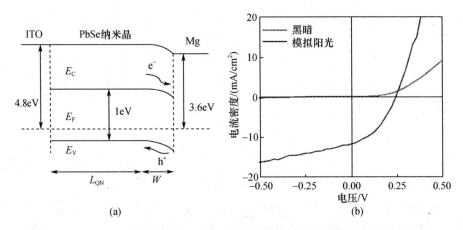

图 13.3　(a)PbSe 肖特基太阳电池器件模型空间能带图。在 Mg/p 型半导体纳米晶界面形成一个肖特基势垒。大多数光生载流子扩散穿越准中性区(L_{QN},厚度 145nm)并在耗尽区分离(W,厚度 65nm),一小部分载流子复合。(b)暗场和模拟阳光(光谱 AM1.5,100mW/cm^2)照射下电流密度-电压特性(得到文献[13]的复制许可,美国化学协会 2008 版权所有)

的影响值仅相差 150meV。由此观察可以得到结论,由于费米能级丁扎效应,肖特基势垒高度微弱依赖于金属选择。在此研究中,开路电压限制在 0.25V,在标准测试条件下,PbSe 量子点肖特基太阳电池的转换效率达到 2.1%[14]。值得注意的是,此研究的吸收层制备采用层层沉积法,利用浸涂法将已烷溶剂中的每层纳米晶沉积,随后经过溶解于乙腈的乙二硫醇溶液冲洗,乙二硫醇起到交联剂的作用[14]。与 Koleilat 等的早期研究结果相比[13],器件效率的改进有可能部分源于使用乙二硫醇作为交联剂,替代了二巯基硫醇。后来,研究结果显示使用三元 PbS$_x$Se$_{1-x}$ 纳米晶作为此类肖特基太阳电池的吸收体,开路电压可提高到 0.45V,通过优化三元成分比例,转换效率提高到 3.3%[15]。

　　2011 年,Ma 等[16]重新探讨了粒子尺寸问题,并且研究了粒子直径在 1～3nm 的小 PbSe 纳米晶组成的肖特基太阳电池。在此研究中,仍然使用了层层交替沉积法,以获得胶体纳米晶薄膜。采用 1,4-二巯基硫醇作为交联剂,与前述研究略有不同的是,在 ITO 接触与 PbSe 纳米晶层之间引入了一个 PEDOT 隔层[16]。实验发现,光子能量为 1.6eV 时出现第一激发吸收峰,开路电压达到 0.6V。此值对应粒子直径为 2.3nm,平均转换效率为 3.5%,最佳转换效率为 4.6%[16]。

　　肖特基太阳电池不仅采用 PbSe 一种纳米晶材料。Szendrei 等[17]研究了相应的 PbS 纳米晶太阳电池。吸收层置于 ITO 和 LiF/Al 电极之间。严格来说,这不像一个正常肖特基接触,因为 LiF 隔层自然不是金属。另一方面,LiF 层只有

1nm 厚度[17]。采用 1,4 - 二巯基硫醇作交联剂的层层沉积法,据报道,每次沉积使层厚度增加 6～7nm,所以利用沉积循环数目可精确控制吸收层的总厚度,原子力显微镜测量确认获得光滑表面[17]。使用直径 3.5nm 或 4.3nm 的准球形 PbS 纳米晶制备的太阳电池,功率转换效率可分别达到 3.5% 和 3.9%[17]。此外,还检测了短路电流密度和开路电压相对于照明强度的依赖性,从测量可知,空间电荷的积累并不影响器件,但是陷阱态却有一定作用[17]。

总之,采用层层沉积胶体铅硫属化合物制备吸收层的肖特基太阳电池,目前达到的转换效率可以与第 12 章讨论的最佳聚合物/纳米晶异质结系统相竞争。然而,肖特基太阳电池概念有些一般限制,对此概念的透彻讨论参见文献[3]。一个限制因素是相对窄的耗尽区,例如,文献[13]估计了 ITO/PbSe/Mg 肖特基太阳电池耗尽区的厚度只有 65nm。耗尽区外能带弯曲不明显。图 13.3(a) 的能带图对此进行了说明,可以看到一个厚度为 L_{QN} 的准中性区域。所以,器件能带结构在窄区域提供一个驱动力,促使光生电子 - 空穴对分离。另一方面,为了在纳米晶光谱吸收范围实现全部的太阳光吸收,吸收层厚度需要显著大于耗尽区的宽度。如果吸收层较厚,生成在耗尽区外即准中性区的电子 - 空穴对在能带结构帮助分裂之前需要首先扩散进入耗尽区[13]。因为扩散进程中会发生复合,因此限制了器件性能[3]。

一个额外的缺点是耗尽区位于太阳电池背面[3]。太阳光从 ITO 电极进入,所以吸收从准中性区开始,而不是耗尽区。因此,电子 - 空穴对生成速率在区域内较高,而分离成自由载流子较困难。13.1 节阐述的耗尽型异质结概念至少为上述最后一个问题提供了解决方案。参看图 13.2,耗尽区位于入射光进入吸收层的一边。2009 年,Choi 等[18]研制了耗尽型异质结太阳电池,电池层序列为 ITO/PEDOT:PSS/PbSe 纳米晶/ZnO 纳米晶/Al。因此使用了一个位于 PbSe 和 ZnO 之间的异质结,但是 PbSe/ZnO 界面仍然位于相对于入射光方向吸收层的背面。

研究发现,器件功能强烈依赖于 PbSe 量子点的粒子尺寸,因为当粒子直径小于 3.8nm 时,PbSe 纳米晶的导带边沿高于 ZnO 导带边沿。因此,只有在 PbSe 纳米晶粒子较小时,PbSe/ZnO 系统才形成 Ⅱ 型异质结[18]。图 13.4 给出系统改变粒子尺寸时 PbSe 纳米晶太阳电池的电流密度 - 电压曲线,同时给出开路电压与粒子直径的相关性。发现粒子直径 2nm 时获得最佳结果,对应太阳电池的功率转换效率达到 3.4%[18]。

2010 年,Pattantyus - Abraham 等[3]提出了耗尽型异质结太阳电池,如图 13.2所描绘。研究者探讨了太阳电池中不同尺寸的 PbS 纳米晶,电池结构为 FTO/TiO₂/PbS 纳米晶/Au。在此层层沉积技术用于沉积 PbS 吸收层:纳米晶稳定于油酸酯配位体并形成辛烷和癸烷混合物胶体溶液,采用旋涂法沉积一层薄

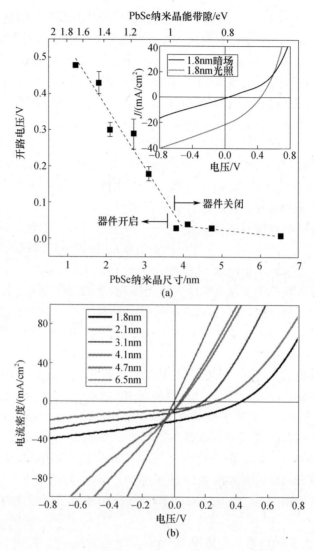

图 13.4 （a）PbSe/ZnO 纳米晶异质结太阳电池与准球形 PbSe 量子点直径相关的开路电压。上横轴标度是量子尺寸效应引起的与粒子尺寸相关的纳米晶能带隙。在小于临界粒子尺寸时，器件显示真实光伏效应，图示给出两个区域（器件开和关）。插图给出暗场和光照下性能最佳太阳电池的电流密度－电压曲线。（b）模拟太阳光（AM1.5 光谱，100mW/cm²）辐照下不同尺寸 PbSe 纳米晶组成典型器件的电流密度－电压特性（得到文献[18]的复制许可，美国化学协会 2009 版权所有）

膜后，再用巯基丙酸处理薄膜，以便替代油酸酯配位体并使薄膜不溶解于处理纳米晶的溶剂混合物。进行 10 次沉积循环后可以获得 200nm 厚的吸收层[3]。采用粒径为 3.7nm 的 PbS 纳米晶，太阳电池可以实现开路电压 0.53V，短路电流密度 15.3mA/cm², 填充因子 57%, 标准测试条件下功率转换效率接近 5%[3]。

近来, Jeong 等[19]研究了不同交联剂对器件性能的影响[19]。研究者研究了基于 PbS 耗尽型异质结太阳电池, 在层层沉积 PbS 吸收层的工艺进程中分别采用巯基丙酸或乙二醇作为交联剂。与采用乙二醇作交联剂相比, 使用巯基丙酸作交联剂后光电流密度增大 1 倍[19]。此效应的物理根源据说是"迁移率–寿命积", 即载流子迁移率与其寿命的乘积。迁移率–寿命积的平方根正比于载流子的扩散长度, 即载流子复合前的平均扩散距离。发现分别采用两个交联剂导致显著不同的迁移率–寿命积[19]。实验清楚地证明包围或连接薄膜中纳米晶的分子对胶体量子点薄膜的物理特征极为重要——与以前在第 12 章讨论的杂化体异质结太阳电池非常相似。

一个设计纳米粒子表面完全不同的方法是使用无机、离子配位体[6,20,21]。2011 年, Tang 等[6]合成了最初油酸配位体包覆的 PbS 纳米晶, 并且用 CdCl₂、十四基磷酸和油胺混合物处理粒子。采用层层沉积方法, 使用 Cd 处理 PbS 纳米晶合成胶体溶液制备固体薄膜。每一个循环中, 纳米层沉积跟随一个十六烷基三甲基溴化铵处理和随后的清洗步骤。此工艺的结果是溴离子包覆 PbS 纳米晶层。经过红外光谱证实, 初始有机配位体因为与铵阳离子反应而被有效去除[6]。因此, 此工艺最终生成胶体量子点薄膜, 薄膜的纳米粒子被无机阴离子包覆而不是长有机配位体。相应耗尽型异质结太阳电池的功率转换效率确认值达到 5.1%, 非确认最佳太阳电池转换效率达到 6%[6]。采用其他无机配位体, 即 Cl⁻、I⁻或 SCN⁻, 转换效率可达到 3.0% ~ 5.5%, 这说明此策略并不限定于特定化合物[6]。原子配位体方法的成功归结于表面缺陷的有效钝化, 以及薄膜的高载流子迁移率。对 Br⁻包覆 PbS 纳米晶薄膜的电子迁移率进行测量, 结果显示电子迁移率比经过巯基丙酸处理的纳米晶薄膜增大一个数量级[6]。此有说服力的结果证明原子配位体交换对于未来胶体量子点太阳电池的开发是非常有前途的策略。

2012 年, 无机配位体与有机交联剂的组合使用取得长足进展。无机配位体可钝化与纳米晶表面相关的缺陷态, 而有机交联剂可优化薄膜构成, 实验验证功率转换效率可达到 7.0%[22]。2013 年, 通过修饰 FTO 电极功函数和耗尽区宽度, PbS 量子点太阳电池功率转换效率达到 8.5%[23]。此记录远高于聚合物/纳米粒子体异质结太阳电池的当前效率记录。由于配位体壳设计起到重要作用, 并且对缺陷态钝化有强烈影响, 因此对胶体制备量子点组成的吸收层中电子缺陷的详细分析将是给该领域带来进一步发展的未来研究的重要任务。此方向最近的进展是 Bozyigit 等[24]使用 Q – DLTS 研究乙二醇处理 PbS 纳米晶制备肖特基太阳电池陷阱态。纳米粒子的光学禁带宽度为 1.3eV, 发现一个深度为 0.4eV 的特征陷阱态, 讨论了缺陷的物理起源[24]。

13.4　其他半导体纳米晶作无机吸收层的太阳电池

仅仅在几年内，基于 PbSe 和 PbS 量子点的无机太阳电池就取得了显著的快速进展。然而，由于使用的材料是剧毒性从而限制了该技术的大规模应用。因此尚有些研究小组在从事低毒性半导体材料太阳电池的研究。

近来，Scheunemann 等[25]报道了异质结分别位于胶体合成 CuInS₂ 和 ZnO 双层之间的太阳电池。ITO/PEDOT:PSS 用作 CuInS₂ 侧面的前触点，不透明 Al 层用作 ZnO 侧面的背电极。图 13.5 给出使用胶体纳米晶的 TEM 图像以及无 Al 触点太阳电池截面 SEM 图像，可以看到，已经实现高度均匀的纳米粒子层。相对于入射光，该器件具有位于 CuInS₂ 吸收层背面的耗尽区。器件显示出光伏效应，但功率转换效率至今依然很低，只有 0.2%[25]。一个限制因素（不是唯一因素）是相对小的吸收层厚度：大约 70nm，只能允许吸收可见光范围小部分入射光子[25]。

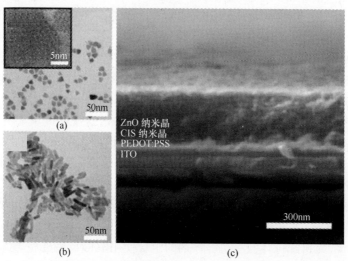

图 13.5　（a）胶体 CuInS₂ 纳米晶 TEM 图和 HRTEM（插图）。（b）胶体 ZnO 纳米棒 TEM 图像。（c）纳米晶太阳电池横截面 SEM 图（蒸发在结构顶层的 Al 阴极不显示在图中）（得到文献[25]的复制许可。2013AIP Publishing LLC 版权所有）

另一个饶有兴趣的研究成果是 Li 等[26]研制的层序列为 ITO/CuInS₂/CdS/Al 溶液可制备无机吸收层太阳电池。研究者没有使用胶体化学工艺，而是利用含有 CuInS₂ 前驱体材料的溶液涂覆 ITO，通过退火在 ITO 衬底上原位形成晶体吸收材料[26]，第二步使用其他前驱体在顶部沉积 CdS 层。如此制备的太阳电池功率转换效率可达 4%[26]。此研究的缺点在于还采用毒性镉硫属化合物作为材料组元之一。然而,本研究采用了一个可替代胶体方法的原位方法,原则上应该不仅限制于特定半导体材料,尽管用原位合成方法还难以控制如粒子尺寸和形状这样的结构特征。

在此详述的最后一个例子是 Jeong 等[27]对溶液可制备吸收层 CuInSe$_2$ 太阳电池的研究。采用策略很接近 CuInSe$_2$ 无机太阳电池概念,其吸收层通常采用蒸发或溅射技术制备。从用聚乙二醇溶解前驱体开始,采用微波辐照协助反应法从结晶相(CuInSe$_2$、CuSe、Cu$_{2-x}$Se、In$_2$O$_3$)混合物制备出晶体纳米颗粒[27]。然后,多相纳米颗粒被分散到乙烯乙二醇和乙醇混合物,使用聚乙烯吡咯烷酮(PVP)作为添加剂。该分散液用于涂覆涂钼玻璃衬底,再在真空中使衬底干燥。下一步,样品在 530℃ 的 Se 气氛中退火硒化,导致生成一个纯 CuInSe$_2$ 致密层[27]。最后,利用化学水浴沉积法在顶部沉积一 CdS 层,器件通过溅射沉积一 Al 掺杂 ZnO 透明电极而制成。采用上述方法,获得功率转换效率 8.2%[27] 的 CuInSe$_2$ 太阳电池。这确实是一个成功,但如何将此成果与以前讨论的太阳电池相比较尚不明确。一方面,如果与溅射或蒸发沉积 CuInSe$_2$ 吸收层商用无机太阳电池相比较,从溶液沉积吸收材料是此方法的优势所在;另一方面,如果与本书集中讨论的太阳电池类型相比较,此方法仍包括从无机薄膜太阳电池领域采纳的附加步骤,即应用高温硒化和化学水浴沉积 CdS 隔层。这些制备步骤难以操作,并且与制备有机太阳电池或基于胶体半导体纳米晶太阳电池所涉及的典型工艺构成显著区别。因此,对与必要制备工艺相关的相应太阳电池的性能进行比较相当困难。

总之,到目前为止,量子点肖特基太阳电池或耗尽型异质结太阳电池概念,已经通过采用 PbS 和 PbSe 纳米晶而成为现实。已经开始研究采用低毒性材料的相应器件,但是尚未达到性能比较。此外,已经使用许多不同方法来实现溶液可制备吸收层无机太阳电池,但不是所有方法都基于胶体化学路径。近几年来,量子点肖特基太阳电池或耗尽型异质结太阳电池已经取得显著进展,今天依据材料和制备方法功率转换效率可达7% ~8% 。然而,未来依然还有大量研究空间,例如,如何避免使用高毒性材料,如何设计更简单的器件制备工艺。

参考文献

[1] E. H. Sargent, Nat. Photonics 6, 133 (2012)

[2] C. Kittel, Introduction to solid state physics, 8th edn. (Wiley, New York, 2005)

[3] A. G. Pattantyus – Abraham, I. J. Kramer, A. R. Barkhouse, X. Wang, G. Konstantatos, R. Debnath, L. Levina, I. Raabe, M. K. Nazeeruddin, M. Grätzel, E. H. Sargent, ACS Nano 4, 3374 (2010)

[4] J. Y. Kim, O. Voznyy, D. Zhitomirsky, E. H. Sargent, Adv. Mater. 25, 4986 (2013)

[5] I. J. Kramer, E. H. Sargent, Chem. Rev. 114, 863 (2014)

[6] J. Tang, K. W. Kemp, S. Hoogland, K. S. Jeong, H. Liu, L. Levina, M. Furukawa, X. Wang, R. Debnath, D. Cha, K. W. Chou, A. Fischer, A. Amassian, J. B. Asbury, E. H. Sargent, Nat. Mater. 10, 765 (2011)

[7] I. Gur, N. A. Fromer, M. L. Geier, P. A. Alivisatos, Science 310, 462 (2005)

[8] B. Sun, H. J. Snaith, A. S. Dhoot, S. Westenhoff, N. C. Greenham, J. Appl. Phys. 97,014914(2005)

[9] Y. Li, R. Mastria, A. Fiore, C. Nobile, L. Yin, M. Biasiucci, G. Cheng, A. M. Cucolo, R. Cingolani, L. Manna, G. Gigli, Adv. Mater. 21, 1 (2009)

[10] L. Etgar, W. Zhang, S. Gabriel, S. G. Hickey, M. K. Nazeeruddin, A. Eychm üller, B. Liu, M. Grätzel, Adv. Mater. 24, 2202 (2012)

[11] J. Tang, H. Liu, D. Zhitomirsky, S. Hoogland, X. Wang, M. Furukawa, L. Levina, E. H. Sargent, Nano Lett. 12, 4889 (2012)

[12] A. Loiudice, A. Rizzo, G. Grancini, M. Biasiucci, M. R. Belviso, M. Corricelli, M. L. Curri, M. Striccoli, A. Agostiano, P. D. Cozzoli, A. Petrozza, G. Lanzani, G. Gigli, Energ. Environ. Sci. 6, 1565 (2013)

[13] G. I. Koleilat, L. Levina, H. Shukla, S. H. Myrskog, S. Hinds, A. G. Pattantyus – Abraham, E. H. Sargent, ACS Nano 2, 833 (2008)

[14] J. M. Luther, M. Law, M. C. Beard, Q. Song, M. O. Reese, R. J. Ellingson, A. J. Nozik, Nano Lett. 8, 3488 (2008)

[15] W. Ma, J. M. Luther, H. Zheng, Y. Wu, A. P. Alivisatos, Nano Lett. 9,1699 (2009)

[16] W. Ma, S. L. Swisher, T. Ewers, J. Engel, V. E. Ferry, H. A. Atwater, A. P. Alivisatos, ACS Nano 5, 8140 (2011)

[17] K. Szendrei, W. Gomulya, M. Yarema, W. Heiss, M. A. Loi, Appl. Phys. Lett. 97,203501(2010)

[18] J. J. Choi, Y. – F. Lim, M. E. B. Santiago – Berrios, M. Oh, B. – R. Hyun, L. Sun, A. C. Bartnik, A. Goedhart, G. G. Malliaras, H. D. Abruna, F. W. Wise, T. Hanrath, NanoLett. 9, 3749 (2009)

[19] K. S. Jeong, J. Tang, H. Liu, J. Kim, A. W. Schaefer, K. Kemp, L. Levina, X. Wang, S. Hoogland, R. Debnath, L. Brzozowski, E. H. Sargent, J. B. Asbury, ACS Nano 6,89 (2012)

[20] M. V. Kovalenko, M. Scheele, D. V. Talapin, Science 324, 1417 (2009)

[21] A. Nag, M. V. Kovalenko, J. – S. Lee, W. Liu, B. Spokoyny, D. V. Talapin, J. Am. Chem. Soc. 133, 10612 (2011)

[22] A. H. Ip, S. M. Thon, S. Hoogland, O. Voznyy, D. Zhitomirsky, R. Debnath, L. Levina, L. R. Rollny, G. H. Carey, A. Fischer, K. W. Kemp, I. J. Kramer, Z. Ning, A. J. Labelle, K. W. Chou, A. Amassian, E. H. Sargent, Nat. Nanotechnol. 7,577 (2012)

[23] P. Maraghechi, A. J. Labelle, A. R. Kirmani, X. Lan, M. M. Adachi, S. M. Thon, S. Hoogland, A. Lee, Z. Ning, A. Fischer, A. Amassian, E. H. Sargent, ACS Nano 7,6111 (2013)

[24] D. Bozyigit, M. Jakob, O. Yarema, V. Wood, ACS Appl. Mater. Interfaces 5, 2915(2013)

[25] D. Scheunemann, S. Wilken, J. Parisi, H. Borchert, Appl. Phys. Lett. 103,133902(2013)

[26] L. Li, N. Coates, D. Moses, J. Am. Chem. Soc. 132, 22 (2010)

[27] S. Jeong, B. – S. Lee, S. Ahn, K. Yoon, Y. – H. Seo, Y. Choi, B. – H. Ryu, Energ. Environ. Sci. 5, 7539 (2012)

第14章　胶体制备纳米晶其他类型太阳电池

摘要:除了前几章讨论的聚合物/纳米晶杂化太阳电池和纳米晶无机吸收层太阳电池,还有许多其他方法可将胶体制备纳米晶融入太阳电池。本章讨论四个研究领域中纳米晶履行的各种功能。第一个研究领域是体异质结太阳电池,其有源层包括三种材料组元,即导电聚合物、富勒烯衍生物和胶体纳米晶。第二个研究领域是使用宽禁带胶体半导体纳米颗粒,以实现有机太阳电池中溶液可制备隔层。第三个重要研究领域是量子点敏化太阳电池,此电池与染料敏化太阳电池相似,只是用无机纳米晶替代了有机染料。第四个研究领域是使用金属纳米颗粒通过等离子体效应增强有机太阳电池的光吸收。

14.1　导电聚合物、富勒烯和半导体纳米晶三元混合物体异质结太阳电池

单一体异质结作为有源层的有机太阳电池受到的一般限制与大多数有机半导体相对窄的吸收范围有关。Scharber 等[1]尝试计算 PCBM 作电子受主的聚合物/富勒烯体异质结太阳电池最大可能转换效率。因此,根据施主/受主系统有效禁带宽度可以给出最大可能开路电压,经 0.3V 偏差修正,即[1]

$$V_{OC}^{max} \approx \frac{1}{e} \cdot E_G^{eff} - 0.3V \tag{14.1}$$

有效能带隙 E_G^{eff} 是聚合物施主 HOMO 能级与富勒烯受主 LUMO 能级之间的能量差,如图 9.5 所示。为了估计可实现的光电流,假定只有被聚合物吸收的光能够产生光电流,在聚合物全部吸收范围内外量子效率等于 65%,即所有的光子能量大于聚合物施主的禁带宽度[1]。根据式(10.9),从外量子效率可计算出短路电流密度。此外,假定填充因子为 65%[1],根据式(10.8)可计算出最终功率转换效率。从这些模拟可以得出结论,与 PCBM 组合的理想聚合物其 HOMO - LUMO 能带隙应该为 1.5eV,其 LUMO 能级要比 PCBM 的 LUMO 能级高 0.3eV。在满足这些条件时预计功率转换效率可达到 10% ~ 11%[1]。

实现高转换效率的一种策略是将两个体异质结串联的叠层太阳电池[2],如图 14.1(a)所示。两个有源层中的半导体聚合物必须有不同的禁带宽度。太阳光首先穿越具有高能隙的聚合物层,因此,高能量光子被吸收,低能量光子从第

一有源层透射出来。部分低能量光子被具有低能隙的第二聚合物有源层吸收。对于叠层太阳电池,与上面描述的单结太阳电池相似,模拟条件下预测转换效率为14% ~ 15%[2]。实验条件下,聚合物/富勒烯有源层叠层太阳电池转换效率达到8.9%,扩展到三结太阳电池,转换效率可达9.6%[3]。

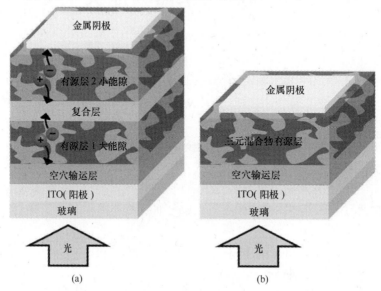

图14.1 (a)叠层太阳电池可能结构示意图,包含不同聚合物/富勒烯体异质结的两个有源层串联到一起,一个复合层将两个有源层隔离开。具有大能带隙施主聚合物的有源层应该置于入射光一边,以使热损失最小化。(b)包含三元混合物的单有源层体异质结太阳电池结构图

为了增强聚合物/富勒烯体异质结太阳电池的光吸收特性,引入了三元混合物作为替代材料。如图14.1(b)所示的结构原理图,三种材料混合于单一体异质结层[4]。添加到聚合物/富勒烯有源层的第三种材料组元具有不同功能。例如,它可以是一低带隙聚合物,目的是捕获二元聚合物/富勒烯混合物无法吸收的太阳光[4]。然而,第三种组元还能带来扩展有源层光谱吸收范围以外的其他好处。例如,第三种组元还能对电荷分离和电荷输运基本过程产生影响。Ameri等[4]近来在有机三元太阳电池的综述文章中总结了三元体异质结太阳电池的优势和取得成绩。

在此综述中一个研究方向是向聚合物/富勒烯有源层添加胶体纳米晶,所以获得了由导电聚合物、富勒烯和无机纳米晶组成的三元混合物[4]。不但使用了半导体纳米晶,还使用了金属纳米颗粒。本节将讨论添加半导体纳米晶带来的影响。在14.4节中将讨论金属纳米颗粒。

2011年,Peterson等[5]研究了向P3HT/PCBM体异质结层加入甲基紫精功

能化 CdSe 纳米晶的三元太阳电池。实验对三种材料组元的浓度比进行了系统
改变。论文报道了 CdSe 纳米晶对纳米晶激子吸收峰附近光谱范围内光电流生
成的影响,以及对空间电荷积累的影响[5]。然而,此研究并未报道功率转换效
率数据[5]。Fu 等[6]研究了倒置结构三元 P3HT/PCBM/CdSe 体异质结太阳电
池,即层序列为 FTO/TiO₂/三元 BHJ/PEDOT: PSS/Ag。此例中对 CdSe 纳米晶进
行了吡啶配位体交换。P3HT: PCBM: CdSe 的重量比为 1∶1∶0.1,器件转换效率
从 2.1%(无 CdSe)提高到 3.1%(有 CdSe)[6]。效率提高主要是光电流增加和
填充因子改进造成的,开路电压对效率仅有微小影响。三元吸收薄膜中由于吡
啶包覆 CdSe 纳米晶的轻微聚集,形成电子输运的渗透通道,改进的光吸收和电
子输运是太阳电池性能提高的物理原因[6]。

另一项研究是向 P3HT/PCBM 太阳电池加入十二硫醇包覆 CuInS₂ 纳米
晶[7]。P3HT: PCBM: CuInS₂ 的重量比大范围改变,从 1∶1∶0 到 1∶1∶1,并取得了
正面效应。具有占重量比 20% 的 CuInS₂(相对于 P3HT 的重量百分率)器件相
对于 P3HT/PCBM 参考系统,显示出增大的短路电流密度。当填充因子和开路
电压保持近似常数时,功率转换效率略微增长,从 2.4% 增加到 2.8%[7]。应该
注意的一个关键点是,样品性能数据之间偏差较小,没有提供样品与样品之间的
统计离散信息。此外,优化 P3HT/PCBM 太阳电池原理上可实现更高功率转换
效率[8],后来的论据也用于上一段提到的研究中。这些情况使得估计将半导体
纳米晶融入混合物的改进效果变得困难。此领域的未来研究将会有更深入
认识。

无机纳米晶三元有源层并非一定由纳米晶、聚合物和富勒烯所组成。相反,
Yu 等[9]研究了使用 P3HT 与 TiO₂ 和 CuInSe₂ 无机纳米晶相结合的三元体异质
结太阳电池。优化后的此类型器件开路电压达到 0.34V,短路电流密度为
8.1mA/cm²,填充因子为 53%,功率转换效率达到 1.4%[9]。

2012 年,Liao 等[10]报道了涉及无机纳米颗粒的三元太阳电池领域的详细
研究进展[10],研究成果是 P3HT、PCBM 和油酸配位体包覆胶体 Cu₂S 纳米晶组
成的三元体异质结太阳电池。与上面提到的研究案例相反,此研究三元混合物
中纳米晶部分含量很少,相对于 P3HT,纳米晶的重量比从 10% 变化到 5%,其对
应的体积比只有 1.2% ~0.62%[10]。因此,纳米晶不能实现大幅度增加吸收太
阳光的目的。不过,选择合适的浓度,还是可观察到对器件性能的正面影响。无
Cu₂S 时器件功率转换效率为 3.5%,向混合物加入体积比为 0.06% 的 Cu₂S 纳
米晶后功率转换效率达到 4.3%[10]。改进原因归结于混合物的形态变化,利用
各种类型 X 射线散射实验对混合物形态进行了详细检测。图 14.2 给出来自这
些实验的形态原理。

在纯 P3HT/PCBM 系统中,有源层包括三种类型区域[10]:①包含 P3HT 和

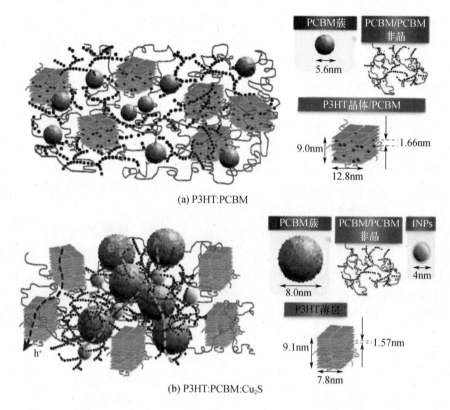

(a) P3HT:PCBM

(b) P3HT:PCBM:Cu₂S

图 14.2　存在于分离相体异质结有源层的不同区域图示。有源层由(a)P3HT/PCBM 和(b)P3HT/PCBM/Cu₂S(体积比 0.06% 的 Cu₂S 纳米晶)组成。拟建结构模型是基于 X 射线散射技术分析而得(得到文献[10]的复制许可。美国化学协会 2012 版权所有)

PCBM 的非晶区域;②PCBM 簇;③嵌入 P3HT 晶体薄层结构的 PCBM 分子和 P3HT 晶体域。这三种类型区域如图 14.2(a)所示。把体积比为 0.06% 的 Cu₂S 纳米晶加入到混合物后,混合物形态有如下改变:由于邻近薄晶片显示更小的距离,PCBM 嵌入 P3HT 微晶受到抑制。同时,PCBM 簇显著增大,最终与 Cu₂S 纳米晶形成聚集物[10]。因此建立起的渗透通道更有利于电子输运,如图 14.2(b)所示。此更有利输运的形态是器件性能改善的根源[10]。研究表明,胶体纳米晶以低浓度加入到聚合物/富勒烯混合物,可为调节体异质结有源层形态开辟机遇。

14.2　作为有机太阳电池隔层的宽禁带半导体纳米晶

过渡金属氧化物,特别是 ZnO 和 TiO₂ 不仅可用作太阳电池有源层的电子受主组元,而且可用作制备阴极和有源层之间的隔层[11-19]。由于相对真空的导带边绝对位置与较大的能带隙相结合,ZnO 和 TiO₂ 是有源层和电触点(阴极)之间输运电子的适用材料,而向阴极输运空穴受到阻止。因此,本节讨论隔层的引入以避免阴极处不希望的空穴复合[11,17]。

制备过渡金属氧化物隔层有许多方法,其中有许多不同的溶胶凝胶法,前驱体材料自溶液沉积在电极上,随后经退火转变成晶体氧化物[11,15,16,20]。作为一种选择,可以从胶体溶液沉积纳米晶实现 ZnO 隔层[13,21,22]。使用预制 ZnO 纳米晶的特殊性在于可以从合适溶剂将隔层沉积在聚合物/富勒烯混合物有源层顶部[13,21],亦能沉积在倒置器件结构的阴极上面,倒置器件有源层随后沉积在 ZnO 隔层顶部。比较而言,溶胶凝胶法并不总是适合上述两种类型器件结构,由于在沉积的前驱体向晶体过渡金属氧化物转变步骤中,需要相对高的退火温度,溶胶 – 凝胶法只能用于倒置器件结构[11]。然而,溶胶 – 凝胶法已经得到开发可以用于 150℃ 以下的适当退火温度,所以至少可以在有机聚合物/富勒烯顶部制备非晶过渡金属氧化物隔层[12]。

除了防止空穴到达阴极,具有电子选择性的 ZnO 或 TiOₓ 隔层可同时具有光学间隔层的作用[21]。由于与可见光波长相比有机太阳电池各层很薄,干涉效应对器件内光强空间分布起重要作用。考虑一个由一系列不同材料层构成的有机太阳电池,可以通过传输矩阵法计算太阳电池内电场强度的空间分布[23,24]。对于给定光波长,可以获得电池特定位置场强的最大值和最小值。图 14.3(a)给出选择光波长中光电场作为 P3HT/PCBM 太阳电池位置函数的模拟实例,实例中,一个厚 40nm 的体异质结有源层位于 ITO/PEDOT:PSS 和 LiF/Al 触点之间[13]。在 400 ~ 600nm 的全部波长范围,即 P3HT 强吸收范围内,电场在 PEDOT:PSS 层达到最大值,但在有源层内和接近金属阴极处电场衰减。此电场特性对于有源层电流生成显然不理想。图 14.3(b)给出器件的对应光学模拟,其中一个厚 39nm 的 ZnO 纳米晶隔层嵌入有源层和阴极之间[13]。现在,电场最大值转移到有源层内。

如果没有损耗,即对应一个统一的内量子效率,依据光电场的空间分布,可以计算出光照下电流生成速率和预料的最终光电流。根据图 14.3 给出的结果,将 ZnO 隔层嵌入具有 40nm 厚有源层的器件应该有效提高光电流。此结果已经得到理论推断和实验确认[13]。同一研究的另一个显著结果是,作者确定光电流提高的原因只能是光学效应,换句话说,额外效应如上面提到的抑制空穴输运到错误电极与制备的器件无关[13]。此外,应该提及的是 ZnO 隔层效应强烈依赖于有源层的厚度。事实上,已经发现振动行为,说明加入光学间隔层后的有源层厚度降低了光电流[13]。因此,通过加入作为光学间隔层的过渡金属氧化物来改进器件性能的策略需要仔细考虑太阳电池各个层厚度参数的设计。

ZnO 隔层还用于叠层太阳电池。实验证明,胶体 ZnO 纳米晶适于制备叠层

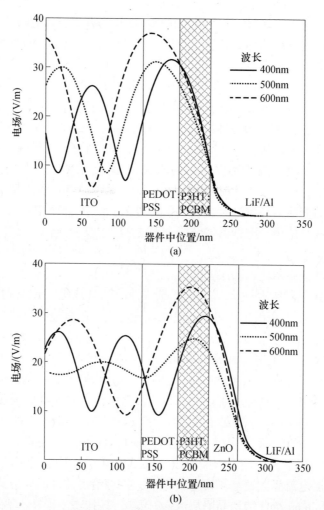

图 14.3　具有 40nm 厚 P3HT/PCBM 有源层的有机太阳电池在不同光波长下的
光电场计算值。(a) 无隔层；(b) 嵌入 39nm 厚 ZnO 纳米晶隔层 (得到文献 [13]
复制许可，AIP Publishing LLC 2007 版权所有)

太阳电池所需的复合层，如图 14.1(a) 所示。事实上，在 14.1 节提到的高效率
叠层和三结聚合物/富勒烯太阳电池已包含胶体 ZnO 纳米晶构成的此复
合层[3]。

14.3　量子点敏化太阳电池

传统染料敏化太阳电池 (DSSC) 中，有机染料分子 (通常是金属有机复合
物) 用于捕获太阳光[25]。因此，有机染料作为多孔 TiO$_2$ 网状物顶部的涂层进入

器件,而此网状物位于透明导电氧化物(TCO,通常是 ITO 或 FTO)电极之上。其他电极通常由高功函数金属(如铂)制成。与本书讨论的其他器件结构相比较,传统 DSSC 包含位于染料涂覆 TCO/TiO$_2$ 电极和金属辅助电极空间内的液体电解质。图 14.4 给出 DSSC 结构并说明工作原理。染料吸收光后,激发到染料 LUMO 能级的电子转移到 TiO$_2$ 网状物的导带,再传导到 TCO 电极。然后,电子运行于外部电路,在金属电极注入回太阳电池。电解质含有一个氧化还原对,典型的碘负离子/三碘化物(I$^-$/I$_3^-$)。详细而言,碘(I$_2$)、碘负离子(I$^-$)和三碘化物(I$_3^-$)各类物质通过一个相当复杂的氧化还原系统而彼此相关[26]。从一个简化模型出发,可以认为电子在辅助电极注入将三碘化物分解为碘负离子。通过电子转移到染料分子的 HOMO 能级,碘负离子最终被氧化成三碘化物。采用这种方式,电路闭合接通,染料再生。涉及有机染料再生的氧化还原反应的更详尽讨论见文献[26]。

值得注意的是,考虑电极时要避免混淆。在 DSSC 领域染料涂覆 TCO/TiO$_2$ 电极称作光电阳极。因为当电子从分子移除时,染料在此电极被氧化。金属辅助电极形成相应的阴极,因为染料在此电极被分解。此命名法与体异质结太阳电池领域相反,在那里收集电子的电极是阴极,收集空穴的电极是阳极。

如上描述的 DSSC 功率转换效率可达 12%[27]。该技术的缺点在于液体电解质会引发与器件温度稳定性相关的问题。此外,有机染料分子的长期稳定性是一个关键问题。已经有人采用空穴导电聚合物替代液体电解质[28],在此例研究中,光激发后停留在染料 HOMO 能级上的空穴转移到聚合物,再传导到辅助电极。

在过去几年,通过将有机染料分子移动到具有适当吸收特性同时有高电子电导率的钙钛矿,DSSC 领域取得显著进展。同时钙钛矿太阳电池功率转换效率超过 12%[29]。2013 年专题科学会议上报告的钙钛矿太阳电池功率转换效率达到 15%。

改进 DSSC 的另一途径是使用半导体纳米晶作为替代敏化剂[30,31]。此例中使用半导体纳米晶代替金属有机染料分子来修饰纳米多孔 TiO$_2$ 结构(图14.4)。这类器件称为量子点敏化太阳电池(QDSSC)。例如,Im 等[32]采用层层沉积法制备太阳电池,先将 PbS 量子点沉积在 FTO 上介孔 TiO$_2$ 层顶部,再将作为空穴导体的 P3HT 渗透到量子点结构,再沉积溶液处理 PEDOT:PSS 隔层,最后热蒸发 Au 薄膜作为辅助电极。标准测试条件下,QDSSC 获得 3% 的功率转换效率[32]。Santra 和 Kamat[33]研究了 CdS 量子点敏化太阳电池。采用连续离子层吸附反应法(SILAR)将光敏半导体沉积在 FTO/TiO$_2$ 上[34],并使用硫化物/聚硫化物作为氧化还原对的液体电解质[33]。纯 CdS 太阳电池功率转换效率达到 1.6%。在 CdS 顶部涂覆 CdSe 后转换效率增加到 4.2%,在 CdS/CdSe 系统中

Mn^{2+} 掺杂到 CdS 后功率转换效率提升到 5.4%[33]。

利用低毒性半导体材料制备 QDSSC 也在尝试中。例如,Santra 等[35]制备了胶体 $CuInS_2$ 纳米晶并融入 QDSSC 中,再一次使用了硫化物/聚硫化物作为氧化还原对的液体电解质。该器件功率转换效率达到 1.1%。

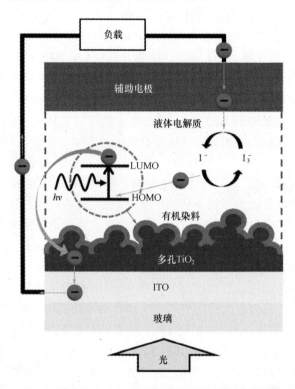

图 14.4 DSSC 可能结构示意图。注意金属辅助电极可以建造成半透明电极,例如,在透明导电氧化物上采用金属纳米粒子。为了说明工作原理,显示出电子穿越器件的路径

在同一研究中,只有当 $CuInS_2$ 纳米晶表面涂覆 CdS 层时,功率转换效率提高到 3.9%[35]。但遗憾的是又使用了剧毒化合物 CdS。另一个值得关注的材料是硫化锑(Sb_2S_3),Chang 等[36]使用化学水浴沉积法在 FTO/ TiO_2 上涂覆 Sb_2S_3。注意,此处的沉积方法如同以前提到的连续离子层吸附反应法,通常不会形成如同胶体合成的那样高度界定的纳米晶。相反,可形成粒子尺寸或薄膜状涂层的广泛分布。尽管采用化学水浴沉积法或连续离子层吸附反应法制备的光敏半导体不总是像界限清楚的量子点,但量子点敏化太阳电池这个术语通常已用于此类型无机纳米结构器件。基于 Sb_2S_3 的 QDSSC 采用 P3HT 作为空穴导电聚合物,PEDOT:PSS/Au 作为辅助电极[36],该材料类型的 QDSSC 已获得功率转换效率 5.1%[36]。在近期研究中,Sb_2S_3 作为敏化剂的 QDSSC 又采用

其他聚合物作为空穴导电体[37],使用 PCPDTBT 替代 P3HT,在一个太阳光照下转换功率提高到 6.2% ,效率改进主要归结于高光电流密度,但也与较高开路电压有关[37]。上述研究实例表明,采用无机半导体纳米结构可以制备有前途的量子点敏化太阳电池,特别是采用无 Cd 和无 Pb 材料可实现相对高的功率转换效率。

14.4　有机太阳电池中增强光吸收的金属纳米粒子

本章最后一节将讨论作为有机太阳电池组元的金属纳米粒子的应用前景。金属纳米粒子成为该领域引人注目的材料有如下三种因素。第一是使用金属纳米结构改进电荷输运,第二是将金属纳米粒子作为光散射中心纳入有机太阳电池,目的是增大光线穿越光敏层的路径长度[4]。第三与等离子体效应相关。事实上,光与薄金属结构(如金属纳米粒子)相互作用可导致等离子体激发[38],导带中存在电子的集体纵向振动量子。通过最简单的图景可以想像导带中的电子受到入射电磁波激发而集体移动,所以电子负电荷的质心与来自晶体离子核的正电荷质心不再一致。最终的库仑力引起一个排斥力,导致电子形成特定频率的振动。如果入射电磁辐射频率与纵向振动频率形成共振,等离子体激发可导致强的光吸收。图 14.5 给出了一个不同尺寸胶体金纳米晶的吸收谱实例[39],可以看到一个显著吸收峰值。在纳米粒子领域,术语"局域表面等离子体共振"(LSPR)经常用于描述导电电子的集体振动。LSPR 效应不仅限于给定例子中的金,还可在其他金属如银和铜纳米晶中观察到此效应[40-42]。

已经开发描述金属胶体吸收频谱的等离子体共振理论,说明此现象的基本理论是米氏理论,但也需要先进模型来描述重要特征,如吸收峰频谱位置的尺寸相关性[39,41,43]。与太阳电池相关的局域表面等离子体共振效应值得重视,因为在金属纳米粒子邻近会产生电磁场的局部增强[44],因此会引起有机太阳电池有源层内光吸收增强[4]。尽管动机很明显,但是使用胶体金属纳米粒子增强光吸收来改进有机太阳电池效率仍然在争论之中。Kim 和 Carroll 在一项早期研究中,将稳定于十二烷胺的胶体金和银纳米粒子加入到太阳电池有源层,此电池的体异质结由 P3OT 和 C$_{60}$ 组成。无金属纳米粒子的参考样品功率转换效率达到 1.2% ,加入金或银纳米粒子后观察到正面效应,转换效率提高了 50% ~70% ,原因在于改进的电子输运[45]。然而,混合物中金属纳米粒子的重量只占百分之几,转换成体积比,并考虑到相对厚配位体壳的绝缘特性,对改进电子输运的解释尚有讨论空间。

近期研究工作出现了有争议的结果。一些研究表明,向有机太阳电池有源层加入金属纳米粒子降低了器件性能[46,47]。例如,Topp 等[46]向 P3HT/PCBM

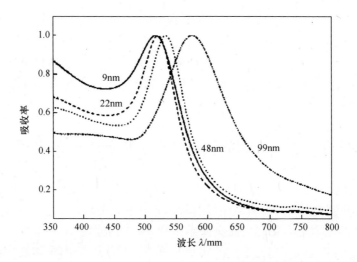

图 14.5　包含不同尺寸金纳米晶的水胶溶液紫外 – 可见光吸收谱。金纳米晶平均直径分别为 9nm、22nm、48nm 和 99nm。频谱在吸收峰处进行了归一化处理（得到文献 [39] 的复制许可，美国化学协会 1999 版权所有）

体异质结太阳电池加入胶体金纳米粒子,并对金属纳米粒子进行不同的表面修饰:P3HT 作为稳定剂直接合成金纳米粒子,十二烷胺包覆金纳米粒子,粒子的十二烷胺配位体壳再被吡啶所替代。然而,在所有实例中,金纳米粒子融入有源层后降低了功率转换效率[46]。在另一项研究[47]中,十二硫醇包覆金纳米粒子加入到 P3HT/PCBM 太阳电池有源层,但又一次观察到电池性能降低。

　　另一方面,有些报道阐述有机太阳电池有源层引入金或银纳米粒子后,器件性能显著改善[4,44,48]。王等[44]研究了向 PCBM 和导电聚合物 PSFDHTBT 组成的体异质结太阳电池加入稳定于聚乙二醇的金纳米粒子后产生的影响。金纳米粒子重量比在 0 ~ 6% 范围内系统改变后,观察到器件性能强烈依赖于所用金的含量。使用少量纳米粒子(0.5%(质量分数))时获得正面影响,但使用大量金属纳米粒子时器件性能却降低[44]。同一研究从实验和理论两方面探讨了局域表面等离子体共振效应导致的吸光度增强,实验发现增加金纳米粒子含量会使光吸收增强。然而,大量的金含量却对体异质结层形态有负面影响,从而降低了自单载波二极管测量到的载流子迁移率和激子分离概率。因此正面和负面效应的竞争导致只有在混合物中金纳米粒子含量较窄范围内才能提高功率转换效率[44]。如果希望从有机太阳电池的等离子体效应真正获益,器件优化是一个关键问题。

　　从有机太阳电池金属纳米粒子获益的另一种可能性涉及导电电极,作为本书的最后一个例子在此简述。根据有机太阳电池专著和许多综述文章的简要介绍,有机太阳电池的优势是可以从溶液处理有机材料层。有机层需要与适当电极相接触,通常从制备一个电极开始,比如,玻璃或塑料薄膜上涂覆 ITO,再沉积第二个电极,一般是利用热蒸发在有机层上沉积一种金属。基于低生产成本和节能制造工艺的考虑,有必要避免使用 ITO 以及最后的热蒸发步骤。从此考虑出发,Gaynor 等[49]建议一个有前景的概念——无须热蒸发工艺,银纳米线可作为顶电极的合适材料。图 14.6 给出此研究使用的器件结构并展示纳米线电极的扫描电子显微镜图像。详细而论,将 Cs$_2$CO$_3$、P3HT:PCBM 和 PEDOT:PSS 层按顺序旋涂于银衬底上即可制备出有机太阳电池[49]。在玻璃衬底上制备一个银纳米线网可以用作顶电极,纳米线网络再被挤压到有机太阳电池上。当支撑玻璃被移除时,纳米线保存在太阳电池顶部,并与 PEDOT:PSS 层形成一个导电电极。制备好的 P3HT/PCBM 太阳电池在标准测试条件下功率转换效率达到 2.5%[49]。作为电极材料的银纳米线的经济性应用远景可见文献[50]。本节给出的实例表明金属纳米粒子在有机太阳电池领域的各个方面都有感兴趣的应用场合。

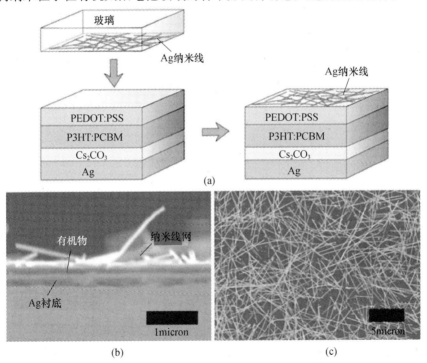

图 14.6 (a)具有银纳米线电极的完全溶液处理有机太阳电池器件结构和层压法示意图。纳米线下的所有层都采用旋涂法沉积在银衬底上。(b)可以看到银薄膜、有机层和顶部银纳米线网电极的横截面 SEM 图。可在界面看到陷入和黏附在有机层的纳米线。(c)器件 SEM 顶视图,纳米线网呈现连续网状(得到文献[49]的复制许可,美国化学协会 2010 版权所有)

参考文献

[1] M. C. Scharber, D. Mühlbacher, M. Koppe, P. Denk, C. Waldlauf, A. J. Heeger, C. J. Brabec, Adv. Mater. 18, 789 (2006)

[2] T. Ameri, G. Dennler, C. Lungenschmied, C. J. Brabec, Energy Environ. Sci. 2, 347(2009)

[3] W. Li, A. Furlan, K. H. Hendriks, M. M. Wienk, R. A. J. Janssen, J. Am. Chem. Soc. 135, 5529 (2013)

[4] T. Ameri, P. Khoram, J. Min, C. J. Brabec, Adv. Mater. 25, 4245 (2013)

[5] E. D. Peterson, G. M. Smith, M. Fu, R. D. Adams, R. C. Coffin, D. L. Carroll, Appl. Phys. Lett. 99, 073304 (2011)

[6] H. Fu, M. Choi, W. Luan, Y. – S. Kim, S. – T. Tu, Solid State Electron. 69, 50 (2012)

[7] M. Nam, S. Lee, J. Park, S. – W. Kim, K. – K. Lee, Jpn. J. Appl. Phys. 50, 06GF02(2011)

[8] W. Ma, C. Yang, X. Gong, K. Lee, A. J. Heeger, Adv. Funct. Mater. 15, 1617 (2005)

[9] Y – . Y. Yu, W. – C. Chien, Y. – H. Ko, S. – H. Chen, Thin Solid Films 520, 1503 (2011)

[10] H. – C. Liao, C. – S. Tsao, T. – H. Lin, M. – H. Jao, C. – M. Chuang, S. – Y. Chang, Y. – C. Huang, Y. – T. Shao, C. – Y. Chen, C. – J. Su, U. – S. Jeng, Y. – F. Chen, W. – F. Su, ACS Nano 6, 1657 (2012)

[11] M. S. White, D. C. Olson, S. E. Shaheen, N. Kopidakis, D. S. Ginley, Appl. Phys. Lett. 89, 143517 (2006)

[12] J. Y. Kim, S. H. Kim, H – . H. Lee, K. Lee, W. Ma, X. Gong, A. J. Heeger, Adv. Mater. 18, 572 (2006)

[13] J. Gilot, I. Barbu, M. M. Wienk, R. A. J. Janssen, Appl. Phys. Lett. 91, 113520(2007)

[14] H. Cheun, C. Fuentes – Hernandez, Y. Zhou, W. J. Potscavage Jr, S. – J. Kim, J. Shim, A. Dindar, B. Kippelen, J. Phys. Chem. C 114, 20713 (2010)

[15] C. Tao, G. Xie, F. Meng, S. Ruan, W. Chen, J. Phys. Chem. C 115, 12611 (2011)

[16] J. Huang, Z. Yin, Q. Zheng, Energy Environ. Sci. 4, 3861 (2011)

[17] E. L. Ratcliff, B. Zacher, N. R. Armstrong, J. Phys. Chem. Lett. 2, 1337 (2011)

[18] A. Bauer, T. Wahl, J. Hanisch, E. Ahlswede, Appl. Phys. Lett. 100, 073307 (2012)

[19] Y. Vaynzof, A. A. Bakulin, S. Gelinas, R. H. Friend, Phys. Rev. Lett. 108, 246605(2012)

[20] A. C. Arango, L. R. Johnson, V. N. Bliznyuk, Z. Schlesinger, S. A. Carter, H. Hörhold, Adv. Mater. 12, 1689 (2000)

[21] J. Gilot, M. M. Wienk, J. A. Jansen, Appl. Phys. Lett. 90, 143512 (2007)

[22] S. Wilken, D. Scheunemann, V. Wilkens, J. Parisi, H. Borchert, Org. Electron. 13, 2386(2012)

[23] H. Hoppe, S. Shokhovets, G. Gobsch, Phys. Status Solidi RRL 1, R40 (2007)

[24] R. Häusermann, E. Knapp, M. Moos, N. A. Reinke, T. Flatz, B. Ruhstaller, J. Appl. Phys. 106, 104507 (2009)

[25] M. Grätzel, J. Photochem. Photobiol. C: Photochem. Rev. 4, 145 (2003)

[26] G. Boschloo, A. Hagfeldt, Acc. Chem. Res. 42, 1819 (2009)

[27] M. A. Green, K. Emery, Y. Hishikawa, W. Warta, E. D. Dunlop, Prog. Photovoltaics Res. Appl. 21, 827 (2013)

［28］ G. Liang, Z. Zhong, S. Qu, S. Wang, K. Liu, J. Wang, J. Xu, J. Mater. Sci. 48, 6377 (2013)

［29］ J. M. Ball, M. M. Lee, A. Hey, H. J. Snaith, Energy Environ. Sci. 6, 1739 (2013)

［30］ P. V. Kamat, J. Phys. Chem. C 111, 2834 (2007)

［31］ I. Mora－Sero, S. Gimenez, F. Fabregat－Santiago, R. Gomez, Q. Shen, T. Toyoda, J. Bisquert, Acc. Chem. Res. 42, 1848 (2009)

［32］ S. H. Im, H.－J. Kim, S. W. Kim, S.－W. Kim, S. I. Seok, Energy Environ. Sci. 4, 4181 (2011)

［33］ P. K. Santra, P. V. Kamat, J. Am. Chem. Soc. 134, 2508 (2012)

［34］ D. R. Baker, P. V. Kamat, Adv. Funct. Mater. 19, 805 (2009)

［35］ P. K. Santra, P. V. Nair, K. G. Thomas, P. V. Kamat, J. Phys. Chem. Lett. 4, 722 (2013)

［36］ J. A. Chang, J. H. Rhee, S. H. Im, Y. H. Lee, H.－J. Kim, S. I. Seok, M. K. Nazeeruddin, M. Grätzel, Nano Lett. 10, 2609 (2010)

［37］ S. H. Im, C.－S. Lim, J. A. Chang, Y. H. Lee, N. Maiti, H.－J. Kim, M. K. Nazeeruddin, M. Grätzel, S. I. Seok, Nano Lett. 11, 4789 (2011)

［38］ C. Kittel, Introduction to Solid State Physics, 8th edn. (Wiley, New York, 2005)

［39］ S. Link, M. A. El－Sayed, J. Phys. Chem. B 103, 4212 (1999)

［40］ J. A. Creighton, D. G. Eadon, J. Chem. Soc. Faraday Trans. 87, 3881 (1991)

［41］ S. Link, M. A. El－Sayed, J. Phys. Chem. B 103, 8410 (1999)

［42］ S. D. Solomon, M. Bahadory, A. V. Jeyarajasingam, S. A. Rutkowsky, C. Boritz, J. Chem. Educ. 84, 322 (2007)

［43］ M. M. Alvarez, J. T. Khoury, T. G. Schaaff, M. N. Shafigullin, I. Vezmar, R. L. Whetten, J. Phys. Chem. B 101, 3706 (1997)

［44］ C. C. D. Wang, W. C. H. Choy, C. Duan, D. D. S. Fung, W. E. I. Sha, F.－X. Xie, F. Huang, Y. Cao, J. Mater. Chem. 22, 1206 (2012)

［45］ K. Kim, D. L. Carroll, Appl. Phys. Lett. 87, 203113 (2005)

［46］ K. Topp, H. Borchert, F. Johnen, A. V. Tunc, M. Knipper, E. von Hauff, J. Parisi, K. Al－Shamery, J. Phys. Chem. A 114, 3981 (2010)

［47］ Y.－J. Huang, W.－C. Lo, S.－W. Liu, C.－H. Cheng, C.－T. Chen, J.－K. Wang, Sol. Energy Mater. Sol. Cells 116, 153 (2013)

［48］ D. H. Wang, D. Y. Kim, K. W. Choi, J. H. Seo, S. H. Im, J. H. Park, O. O. Park, A. J. Heeger, Angew. Chem. Int. Ed. 50, 5519 (2011)

［49］ W. Gaynor, J.－Y. Lee, P. Peumans, ACS Nano 4, 30 (2010)

［50］ C. J. M. Emmott, A. Urbina, J. Nelson, Sol. Energy Mater. Sol. Cells 97, 14 (2012)